高职高专土建专业"互联网+"创新规划教材

建筑工程施工技术

（第 四 版）

主　编　钟汉华　薛　艳
副主编　罗　中　侯　琴　胡晓敏
参　编　余丹丹　石　硕
主　审　朱保才

北京大学出版社
PEKING UNIVERSITY PRESS

内 容 简 介

本书是按照高等职业教育土建类专业的教学要求,以国家现行建设工程标准、规范和规程为依据,以施工员、质量员、二级造价师等职业岗位能力的培养为导向,根据编者多年的工作经验和教学实践,在前三版教材的基础上修改、补充编撰而成。本书对房屋建筑工程施工工序、工艺、质量标准等做了详细的阐述,坚持以就业为导向,突出实用性、实践性;吸取了建筑施工的新技术、新工艺、新方法,其内容的深度和难度符合高等职业教育的特点,重点讲授理论知识在工程实践中的应用,培养高等职业院校学生的职业能力;内容通俗易懂,叙述规范、简练,图文并茂。全书共分 8 个单元,包括土方工程施工、地基与基础工程施工、砌筑工程施工、钢筋混凝土结构工程施工、钢结构工程施工、防水与屋面工程施工、装饰工程施工和数字化施工。

本书内容具有较强的针对性、实用性和通用性,既可作为高等职业教育土建类各专业的教学用书,也可作为建筑施工企业各类人员的学习参考用书。

图书在版编目(CIP)数据

建筑工程施工技术/钟汉华,薛艳主编. —4 版. —北京:北京大学出版社,2023.1
高职高专土建专业"互联网+"创新规划教材
ISBN 978-7-301-32765-4

Ⅰ.①建… Ⅱ.①钟…②薛… Ⅲ.①建筑工程—工程施工—高等职业教育—教材 Ⅳ.①TU74

中国版本图书馆 CIP 数据核字(2021)第 259434 号

书 名	建筑工程施工技术(第四版) JIANZHU GONGCHENG SHIGONG JISHU (DI-SI BAN)
著作责任者	钟汉华 薛 艳 主编
策 划 编 辑	杨星璐
责 任 编 辑	王莉贤 范超奕
数 字 编 辑	蒙俞材
标 准 书 号	ISBN 978-7-301-32765-4
出 版 发 行	北京大学出版社
地 址	北京市海淀区成府路 205 号 100871
网 址	http://www.pup.cn 新浪微博:@北京大学出版社
电 子 邮 箱	编辑部 pup6@pup.cn 总编室 zpup@pup.cn
电 话	邮购部 010-62752015 发行部 010-62750672 编辑部 010-62750667
印 刷 者	北京飞达印刷有限责任公司
经 销 者	新华书店
	787 毫米×1092 毫米 16 开本 20.5 印张 492 千字 2009 年 3 月第 1 版 2013 年 1 月第 2 版 2016 年 11 月第 3 版 2023 年 1 月第 4 版 2024 年 1 月修订 2024 年 1 月第 2 次印刷 (总第 25 次印刷)
定 价	59.00 元

未经许可,不得以任何方式复制或抄袭本书之部分或全部内容。
版权所有,侵权必究
举报电话:010-62752024 电子邮箱:fd@pup.cn
图书如有印装质量问题,请与出版部联系,电话:010-62756370

第四版前言 Preface

本书是根据高等职业教育土建类专业人才培养目标,以施工员、质量员、二级造价师等职业岗位能力的培养为导向,同时遵循高等职业院校学生的认知规律,以专业知识、职业技能、自主学习能力及综合素质培养为课程目标,紧密结合职业资格考试中相关的考核要求来确定内容的。本书根据编者多年的工作经验和教学实践,在前三版教材的基础上修改、补充编撰而成。

建筑工程施工技术是一门实践性很强的课程。为此,本书始终坚持"素质为本、能力为主、需要为准、够用为度"的原则进行编写。在内容上,本书对土方工程施工、地基与基础工程施工、砌筑工程施工、钢筋混凝土结构工程施工、钢结构工程施工、防水与屋面工程施工、装饰工程施工及数字化施工等土建工程施工工艺做了详细阐述,并结合我国建筑工程施工的实际情况,力求理论联系实际,注重对学生实践能力的培养,突出实用性和针对性,满足学生学习的需求。同时,本书还在一定程度上反映了国内外建筑工程施工的先进经验和技术成就。

本次再版,是在前三版教材的基础上,通过收集前三版教材使用者的意见而修订和提升的,增加了数字化施工的内容,依据现行施工规范对全书进行了修订,删除了工程上现已淘汰的施工工艺和材料,增加了近年来出现的新技术、新设备。本书建议安排60～80学时进行教学。

针对"建筑工程施工技术"课程的特点,为了使学生更加直观地认识和了解建筑工程施工工艺过程,也方便教师教学讲解,编者以"互联网+"的模式开发了本书配套的App,采用增强现实技术,应用3ds Max和Sketch Up等多种工具,将书中的图形转化成可360°旋转、无限放大和缩小的三维模型。在书中相关知识点的旁边,以二维码的形式添加了编者积累整理的视频、图片、文字、规范等资源,学生可在课内外通过扫描二维码来阅读更多学习资料。此外,编者也会根据行业发展情况,不定期更新二维码链接资源,使教材内容与行业发展结合得更为紧密。本次修订,融入了党的二十大精神,全面贯彻党的教育方针,把立德树人融入本教材,使其贯穿思想道德教育、文化知识教育和社会实践教育各个环节。

本书由湖北水利水电职业技术学院钟汉华、薛艳任主编；湖北水利水电职业技术学院罗中、侯琴、胡晓敏任副主编；湖北水利水电职业技术学院余丹丹、石硕参编；武汉城建工程有限公司朱保才任主审。本书具体编写分工如下：单元1、单元7由钟汉华编写；单元2由薛艳编写；单元3由罗中编写；单元4由侯琴编写；单元5由胡晓敏编写；单元6由余丹丹编写；单元8由石硕编写；广联达科技股份有限公司王全杰和刘思海提供了相关资料。前三版教材的编写人员为此书打下良好的基础，在此表示最诚挚的谢意！

另外，本书还参考和引用了许多相关专业文献和资料，未在书中一一注明出处，在此对这些文献和资料的作者表示衷心的感谢。

由于编者水平有限，加之时间仓促，书中难免存在不妥之处，恳请广大读者与同行批评指正。

编　者

资源索引

目录 Contents

单元 1　土方工程施工
- 课题 1.1　土的基本性质 …………… 2
- 课题 1.2　土方工程量计算 ………… 6
- 课题 1.3　土方开挖 ………………… 13
- 课题 1.4　土方的填筑与压实 ……… 17
- 课题 1.5　基坑支护 ………………… 20
- 课题 1.6　降、排水施工 …………… 31
- 课题 1.7　土方工程冬期和雨期施工 ……………………… 35
- 单元小结 ……………………………… 37
- 习题 …………………………………… 37

单元 2　地基与基础工程施工
- 课题 2.1　地基处理 ………………… 40
- 课题 2.2　浅基础施工 ……………… 62
- 课题 2.3　灌注桩基础施工 ………… 75
- 课题 2.4　预制桩基础施工 ………… 88
- 课题 2.5　地基与基础工程冬期和雨期施工 ……………………… 97
- 单元小结 ……………………………… 98
- 习题 …………………………………… 99

单元 3　砌筑工程施工
- 课题 3.1　常用施工机具 …………… 102
- 课题 3.2　砌筑工程脚手架 ………… 106
- 课题 3.3　砌筑材料的准备 ………… 112
- 课题 3.4　砌体结构施工方法 ……… 116
- 课题 3.5　新型墙体板材工程 ……… 126
- 课题 3.6　砌筑工程冬期和雨期施工 ……………………… 131
- 单元小结 ……………………………… 134
- 习题 …………………………………… 135

单元 4　钢筋混凝土结构工程施工
- 课题 4.1　模板工程施工 …………… 137
- 课题 4.2　钢筋工程施工 …………… 148
- 课题 4.3　现浇钢筋混凝土结构工程施工 ……………… 168
- 课题 4.4　预应力混凝土工程施工 … 181
- 课题 4.5　装配式钢筋混凝土工程施工 ……………………… 187
- 课题 4.6　钢筋混凝土工程冬期和雨期施工 ……………………… 199
- 单元小结 ……………………………… 203
- 习题 …………………………………… 204

单元 5　钢结构工程施工
- 课题 5.1　钢结构加工机具 ………… 209
- 课题 5.2　钢结构的制作工艺 ……… 210
- 课题 5.3　钢结构连接施工工艺 …… 215
- 课题 5.4　钢结构安装工艺 ………… 218
- 课题 5.5　钢结构涂装施工 ………… 227
- 单元小结 ……………………………… 229
- 习题 …………………………………… 230

单元 6　防水与屋面工程施工
- 课题 6.1　地下工程防水施工 ……… 232
- 课题 6.2　室内防水工程施工 ……… 244
- 课题 6.3　外墙防水施工 …………… 250
- 课题 6.4　屋面工程施工 …………… 252
- 课题 6.5　防水与屋面工程冬期和雨期施工 ……………………… 266
- 单元小结 ……………………………… 267
- 习题 …………………………………… 268

单元 7　装饰工程施工

课题 7.1　常用施工机具 ………… 271
课题 7.2　抹灰工程施工 ………… 271
课题 7.3　饰面板施工 …………… 278
课题 7.4　楼地面工程施工 ……… 282
课题 7.5　吊顶与轻质隔墙
　　　　　施工 ………………… 287
课题 7.6　门窗工程施工 ………… 293
课题 7.7　涂料工程施工 ………… 297
课题 7.8　裱糊工程施工 ………… 300
课题 7.9　幕墙工程施工 ………… 302
课题 7.10　装饰工程冬期和
　　　　　雨期施工 …………… 305
单元小结 ……………………………… 307
习题 …………………………………… 307

单元 8　数字化施工

课题 8.1　数字化施工基本概念 … 309
课题 8.2　数字化施工相关技术
　　　　　简介 ………………… 312
单元小结 ……………………………… 320
习题 …………………………………… 320

参考文献

全书知识点思维导图

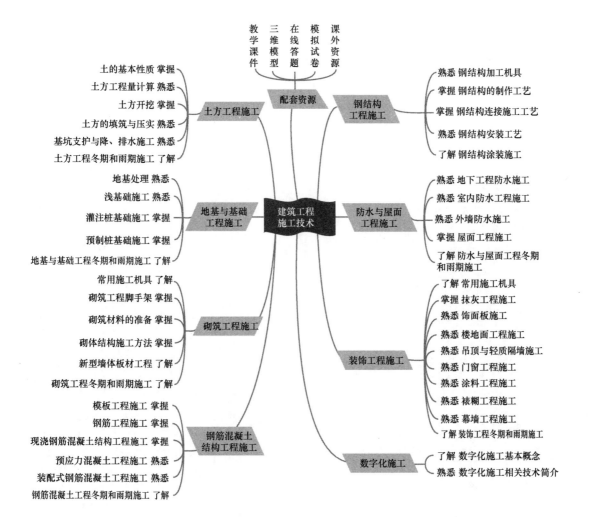

单元 1　土方工程施工

思维导图

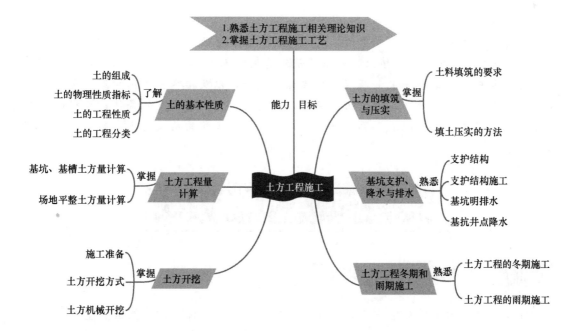

引 例

某大厦为钢筋混凝土框架-剪力墙结构,建筑面积为7630m²。地上32层,地下3层,基底标高-14.280m,基坑开挖深度-12.800m。根据岩土工程勘察报告,土层可分为两层:人工堆积层和第四季沉积层。拟建场区内地表以下的地下水,按含水层埋藏深度和地下水位高程划分为3层:上层滞水(埋深4.30～5.40m)、层间潜水(埋深15.32m)和潜水(埋深21.70～23.40m)。基坑北面边坡场地较宽阔,西面边坡的北段距离商场约为3.50m,南段距离住宅楼2.30m,东面边坡与学校间距约为3.50m。

思考:(1)基坑土方量如何计算?
(2)基坑支护方案。
(3)基坑土方开挖方式与机械选择。

知识点

土方工程是建筑工程施工中的主要工种之一。常见的土方工程有场地平整、基坑(基槽)与管沟开挖、地坪填土、路基填筑及基坑回填等。土方工程施工包括土(石)的挖掘、运输、填筑、平整和压实等主要施工过程,以及排水、降水和土壁支撑等准备工作与辅助工作。土方工程量大,施工条件复杂,施工中受气候条件、工程地质条件和水文地质条件影响很大,因此施工前应针对土方工程的施工特点,制定合理的施工方案。

课题1.1 土的基本性质

1.1.1 土的组成

土是一种松散的颗粒堆积物,由固体颗粒、液体和气体三部分组成。土的固体颗粒部分一般由矿物质组成,有时含有胶结物和有机物,该部分构成土的骨架。土的液体部分是指水和溶解于水中的矿物质。空气和其他气体构成土的气体部分。土骨架间的孔隙相互连通,被液体和气体充满。土的三相组成决定了土的物理力学性质。

1.1.2 土的物理性质指标

土的结构

如前所述土是三相体,是由固体颗粒、水(液体)和气体组成,随着土中三相之间的质量与体积的比例关系的变化,土的疏密性、软硬性、干湿性等物理性质随之变化。为了定量了解土的这些物理性质,就需要研究土的三相比例指标。因此,所谓土的物理性质指标就是表示土中三相比例关系的一些物理量。图1.1所示为土的三相简图。

图 1.1 中符号的意义如下。

m_s——土粒质量;

m_w——土中水质量;

m_a——土中气体质量($m_a \approx 0$);

m——土的总质量,$m = m_s + m_w + m_a$;

V_s——土粒体积;

V_w——土中水体积;

V_a——土中气体体积;

V_v——土中孔隙体积,$V_v = V_a + V_w$;

V——土的总体积,$V = V_a + V_w + V_s$。

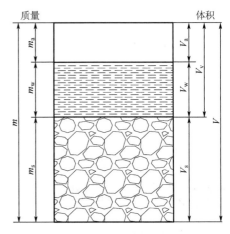

图 1.1 土的三相简图

1)土的天然密度 ρ 和天然重度 γ

单位体积天然土的质量,称为土的天然密度,简称土的密度,记为 ρ,单位为 g/cm^3。

土的天然密度表达式为

$$\rho = \frac{m}{V} \tag{1-1}$$

在计算土体自重时,常用到天然重度的概念,即 $\gamma = \rho g$,单位为 kN/m^3。

天然状态下的土的密度变化范围较大,黏性土和粉土为 $1.8 \sim 2.0 g/cm^3$,砂性土为 $1.6 \sim 2.0 g/cm^3$。

2)土的含水量 w

土中水的质量和土颗粒质量的比值称为含水量,也称含水率,用百分数表示,记为 w,其计算公式为

$$w = \frac{m_w}{m} \times 100\% \tag{1-2}$$

天然土层的含水量变化范围很大,与土的种类、埋藏条件及所处的自然地理环境有关。一般砂土的含水量为 $0\% \sim 40\%$,黏性土大些,为 $20\% \sim 60\%$,淤泥土含水量更大。黏性土的工程性质在很大程度上由其含水量决定,并随含水量的大小发生状态变化,含水量越大的土压缩性越大,强度越低。

3)孔隙率 n

孔隙率为土中孔隙体积与总体积之比,即单位土体中孔隙所占的体积,用百分数表示,记为 n,其计算公式为

$$n = \frac{V_v}{V} \times 100\% \tag{1-3}$$

孔隙率也可用来表示同一种土的松密程度,其值随土形成过程中所受的压力、粒径级配和颗粒排列的状况而变化。一般粗粒土的孔隙率小,细粒土孔隙率大。例如,砂类土的孔隙率一般是 $28\% \sim 35\%$,黏性土的孔隙率有时可高达 $60\% \sim 70\%$。

4)干密度 ρ_d 和干重度 γ_d

干密度为单位体积土中固体颗粒的质量,记为 ρ_d,单位为 g/cm^3,其计算公式为

$$\rho_d = \frac{m_s}{V} \tag{1-4}$$

单位体积土中固体颗粒的重力,称为土的干重度,记为 γ_d,单位为 kN/m^3,其计算公式为

$$\gamma_d = \frac{m_s g}{V} = \rho_d g \tag{1-5}$$

干密度反映了土的密实程度,工程上常用它来作为填方工程中土体压实质量的检查标准。干密度越大,土体越密实,工程质量越好。

1.1.3 土的工程性质

1. 土的渗透性

土的渗透性(透水性)是指水流通过土中孔隙的难易程度。

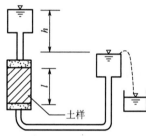

图 1.2 砂土渗透试验

为了说明水在土中渗流时的一个重要规律,可进行如图 1.2 所示的砂土渗透试验。试验时将土样装在长度为 l 的圆柱形容器中,水从土样上端注入并保持水头不变。由于土样两端存在水头差 h,故水在土样中产生渗流。试验证明,水在土中的渗透速度与水头差 h 成正比,而与水流过土样的距离 l 成反比,即

$$v = k \frac{h}{l} = ki \tag{1-6}$$

式中:v——水在土中的渗透速度,mm/s,它不是地下水在孔隙中流动的实际速度,而是在单位时间内流过土的单位截面积的水量;

i——水力梯度,又称水力坡降,$i = h/l$,即土中两点的水头差 h 与水流过土样的距离 l 的比值;

k——土的渗透系数,表示土的透水性质的常数,mm/s。

在式(1-6)中,当 $i=1$ 时,$k=v$,即土的渗透系数的数值等于水力梯度为 1 时的地下水的渗透速度。k 值的大小反映了土透水性的强弱。

土的渗透系数可以通过室内渗透试验或现场抽水试验来测定。各种土的渗透系数参考值见表 1-1。

表 1-1 各种土的渗透系数参考值

土的名称	渗透系数/(cm/s)	土的名称	渗透系数/(cm/s)
致密黏土	$<10^{-7}$	粉砂、细砂	$10^{-4} \sim 10^{-2}$
粉质黏土	$10^{-7} \sim 10^{-6}$	中砂	$10^{-2} \sim 10^{-1}$
粉土、裂隙黏土	$10^{-6} \sim 10^{-4}$	粗砂、砾石	$10^{-2} \sim 10^{-1}$

2. 土的可松性

自然状态下的土经开挖后,其体积因松散而增加,虽经回填夯实,仍不能完全恢复到

原状态土的体积,这种现象称为土的可松性。土的可松程度用最初可松性系数 K_S 及最终可松性系数 K'_S 表示,即

$$K'_S = \frac{V_3}{V_1} \quad (1-7)$$

$$K_S = \frac{V_2}{V_1} \quad (1-8)$$

式中:V_1——土在天然状态下的体积,m^3;

V_2——土挖出后的松散体积,m^3;

V_3——土经压(夯)实后的体积,m^3。

土的可松性对土方的平衡调配、基坑开挖时预留土量及运输工具数量的计算均有直接影响。

1.1.4 土的工程分类

从施工的角度看,按开挖的难易程度,把岩石和土共分为 8 类,其中岩石分为特坚石、坚石、次坚石和软石 4 类;土分为特坚土、坚土、普通土和松软土 4 类。类别不同,开挖的方法、手段、运用的机具、用工和费用都不同,土质越硬,消耗的机械作业量和劳动量越多,工程费用越大。

(1) 岩土的类别以勘察报告鉴定为准。

(2) 在施工现场根据积累的工程经验大致来分类,工程上常见岩土的现场鉴别方法见表 1-2。

(3) 除了表 1-2 中所列的工程上常见的岩土,自然界中还有湿陷性黄土、膨胀土、红黏土、盐渍土、软弱土、有机质土和泥炭土等,工程中若有遇到,需按勘察报告的提示,详细了解它们的特性,有针对性地采取相应措施来处理。

表 1-2 土的施工分类和现场鉴别方法

土的分类	土的名称	现场鉴别方法
一类土(松软土)	砂土,粉土,冲积砂土层,疏松的种植土,淤泥(泥炭)	容易用锹或锄头挖掘
二类土(普通土)	粉质黏土,夹有碎石、卵石的砂,粉土混卵(碎)石,种植土,填土	可用锹或锄头挖掘,少许用镐翻松
三类土(坚土)	软及中等密实的黏土,粉质黏土,砾石土,压实的填土	主要用镐,部分用撬棍开挖
四类土(特坚土)	坚硬密实的黏土,天然级配砂石,含碎石、卵石的中等密实黏土,软泥灰岩	整个要用镐、撬棍,部分要用楔子和大锤开挖
五类土(软石)	硬质黏土,中密的页岩,泥灰岩,软石灰岩,胶结不紧的砾岩	用镐、撬棍、大锤开挖,部分要用爆破方法

续表

土的分类	土的名称	现场鉴别方法
六类土（次坚石）	泥岩、砂岩、砾岩，坚实页岩、泥灰岩，密实石灰岩、风化花岗岩、片麻岩	用爆破方法开挖，部分要用风镐
七类土（坚石）	大理岩，辉绿岩，粗中粒花岗岩，坚实白云岩，风化玄武岩	用爆破方法开挖
八类土（特坚石）	安山岩，玄武岩，坚实细粒花岗岩，石英岩，闪长岩	用爆破方法开挖

课题 1.2　土方工程量计算

1.2.1　基坑、基槽土方量计算

1. 基坑土方量计算

基坑是指长宽比小于或等于 3，同时底面积小于或等于 150m^2 的矩形土体。基坑土方量可按立体几何中拟柱体（由两个平行的平面做底的一种多面体）体积公式计算，如图 1.3 所示，即

$$V=\frac{H}{6}(A_1+4A_0+A_2) \tag{1-9}$$

式中：H——基坑深度，m；

A_1、A_2——基坑上、下底面的面积，m^2；

A_0——基坑中截面的面积，m^2。

2. 基槽土方量计算

基槽土方量计算可沿长度方向分段后，按照上述同样的方法计算，如图 1.4 所示，即

$$V_1=\frac{L_1}{6}(A_1+4A_0+A_2) \tag{1-10}$$

式中：V_1——第一段的土方量，m^3；

L_1——第一段的长度，m；

A_0、A_1、A_2 的意义同前。

将各段土方量相加，即得总土方量

$$V=V_1+V_2+\cdots+V_n \tag{1-11}$$

式中：V_1，V_2，$\cdots$，V_n——各段土方量，m^3。

单元1 土方工程施工

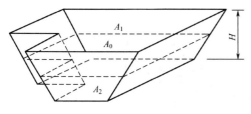

图1.3 基坑土方量计算

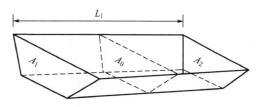

图1.4 基槽土方量计算

1.2.2 场地平整土方量计算

场地平整前,要确定场地设计标高,计算挖填土方量,以便据此进行土方挖填平衡计算,确定平衡调配方案,并根据工程规模、施工期限、现场机械设备条件,选用土方机械,拟定施工方案。

1. 场地平整高度的计算

对较大面积的场地平整,正确地选择场地平整高度(设计标高),对节约工程投资、加快建设速度具有重要意义。一般选择原则是:在符合生产工艺和运输的条件下,尽量利用地形,以减少挖方数量;场地内的挖方与填方量应尽可能达到互相平衡,以降低土方运输费用;同时应考虑最高洪水位的影响;等等。

计算场地平整高度常用的方法为"挖填土方量平衡法",因其概念直观、计算简便、精度能满足工程要求,故应用最为广泛,其计算步骤和方法如下。

1) 计算场地设计标高

如图1.5(a)所示,将地形图划分方格网(或利用地形图的方格网),求出每个方格的角点标高,一般可根据地形图上相邻两等高线的标高,用插入法求得。当无地形图时,也可在现场打设木桩定好方格网,然后用仪器直接测出。

一般要求是使场地内的土方量在平整前和平整后相等而达到挖方量和填方量平衡,如图1.5(b)所示。设达到挖填平衡的场地设计标高为 H_0,则由挖填平衡条件,H_0 的计算公式为

$$H_0 = \frac{\sum H_1 + 2\sum H_2 + 3\sum H_3 + 4\sum H_4}{4N} \qquad (1-12)$$

式中:N——方格网数,个;

H_1——一个方格共有的角点标高,m;

H_2——两个方格共有的角点标高,m;

H_3——三个方格共有的角点标高,m;

H_4——四个方格共有的角点标高,m。

2) 考虑设计标高的调整值

式(1-12)计算的 H_0 为一理论数值,实际尚需考虑如下一些因素。

(1) 土的可松性。

(2) 设计标高以下各种填方工程用土量,或设计标高以上的各种挖方工程量。

(3) 边坡填挖土方量不等。

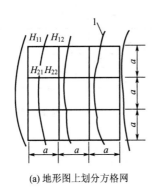 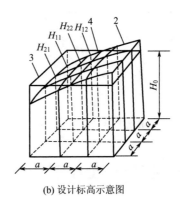

(a) 地形图上划分方格网　　　　(b) 设计标高示意图

1—等高线；2—自然地坪；3—设计标高平面；4—自然地面与设计标高平面的交线（零线）；
a—方格网边长；H_{11}、H_{12}、H_{21}、H_{22}—任一方格的四个角点的标高。

图 1.5　场地设计标高计算简图

（4）部分挖方就近弃土于场外，或部分填方就近从场外取土等因素。考虑这些因素所引起的挖填土方量的变化后，须适当提高或降低设计标高。

3) 考虑排水坡度对设计标高的影响

式(1-12) 计算的 H_0 未考虑场地的排水要求（即假定场地表面均处于同一个水平面上，但实际上均应有一定的排水坡度）。如果场地面积较大，则应有 2‰ 以上的排水坡度，故应考虑排水坡度对设计标高的影响。场地内任一点实际施工时所采用的标高 H_n（m）可由下式计算。

单向排水时

$$H_n = H_0 \pm li \quad (1-13)$$

双向排水时

$$H_n = H_0 \pm l_x i_x \pm l_y i_y \quad (1-14)$$

式中：l——该点至 H_0 的距离，m；

i——x 方向或 y 方向的排水坡度（不少于 2‰）；

l_x、l_y——该点于 x、y 方向距场地中心线的距离，m；

i_x、i_y——x 方向和 y 方向的排水坡度；

$\pm$——该点比 H_0 高就取"+"号，反之则取"-"号。

2. 场地平整土方量的计算

在编制场地平整土方工程施工组织设计或施工方案，进行土方的平衡调配及检查验收时，常需要进行土方工程量的计算，常用的计算方法有方格网法和横截面法。下面主要介绍方格网法。

方格网法用于地形较平缓或台阶宽度较大的地段。该计算方法较为复杂，但精度较高，其计算步骤和方法如下。

（1）划分方格网。根据已有地形图（一般用 1：500 的地形图）将欲计算场地划分成若干个方格网，尽量与测量的纵横坐标网对应，方格一般采用 20m×20m 或 40m×40m，将相应设计标高和自然地面标高分别标注在方格点的右上角和右下角。将自然地面标高与设计地面标高的差值，即各角点的施工高度（挖或填）填在方格网的左上角，挖方为"—"，填方为"+"。

(2) 计算零点位置。在一个方格网内同时有填方或挖方时，应先算出方格网上零点的位置，并标注于方格网上，连接零点即得填方区与挖方区的分界线（零线）。

零点的位置计算如图 1.6 所示，计算公式为

$$x_1 = \frac{h_1}{h_1+h_2} \times a \qquad x_2 = \frac{h_2}{h_1+h_2} \times a \tag{1-15}$$

式中：x_1、x_2——角点至零点的距离，m；

h_1、h_2——相邻两角点的施工高度，m，均用绝对值；

a——方格网的边长，m。

为省略计算，也可采用图解法直接求出零点位置，如图 1.7 所示，方法是用尺在各角上标出相应比例，用尺相接，与方格相交点即为零点位置。这种方法可避免计算（或查表）出现的错误。

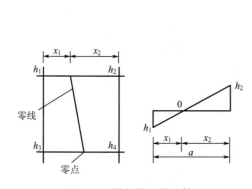

图 1.6 零点的位置计算

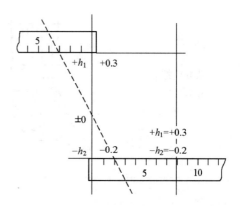

图 1.7 零点位置图解法

(3) 计算土方量。按方格网底面积图形和表 1-3 所列体积计算公式计算每个方格内的挖方或填方量，或用查表法计算，有关计算公式见表 1-3。

表 1-3 常用的方格网点计算公式

项 目	图 示	计 算 公 式
一点填方或挖方（三角形）		$V = \dfrac{bc}{2} \cdot \dfrac{\sum h}{3} = \dfrac{bch_3}{6}$ 当 $b=a=c$ 时，$V = \dfrac{a^2 h_3}{6}$

续表

项　　目	图　　示	计算公式
两点填方或挖方 （梯形）		$V_+ = \dfrac{b+c}{2} \cdot a \cdot \dfrac{\sum h}{4} = \dfrac{a}{8}(b+c)(h_1+h_3)$ $V_- = \dfrac{d+e}{2} \cdot a \cdot \dfrac{\sum h}{4} = \dfrac{a}{8}(d+e)(h_2+h_4)$
三点填方或挖方 （五角形）		$V = \left(a^2 - \dfrac{bc}{2}\right)\dfrac{\sum h}{5}$ $= \left(a^2 - \dfrac{bc}{2}\right)\dfrac{h_1+h_2+h_4}{5}$
四点填方或挖方 （正方形）		$V = \dfrac{a^2}{4}\sum h = \dfrac{a^2}{4}(h_1+h_2+h_3+h_4)$

注：1. a 为方格网的边长；b、c 为零点到一角的边长；h_1、h_2、h_3、h_4 为方格网四角点的施工高度，用绝对值代入；$\sum h$ 为填方或挖方施工高度总和，用绝对值代入；V 为填方或挖方的体积。

2. 本表计算公式是按各计算图形底面积乘以平均施工高度得出的。

（4）计算土方总量。将挖方区（或填方区）所有方格的计算土方量汇总，即得到该场地挖方和填方的土方总量。

目前，一般采用专用软件进行计算。

3. 边坡土方量计算

平整场地和修筑路基、路堑的边坡挖、填土方量的计算常用图算法。图算法是根据地形图和边坡竖向布置图或现场测绘，先将要计算的边坡划分为两种近似的几何形体，如图 1.8 所示，一种为三角棱体（如体积①～③、⑤～⑪）；另一种为三角棱柱体（如体积④），然后应用表 1-3 中的计算公式分别进行土方计算，最后将各块汇总即得场地总挖土（—）、填土（＋）的量。

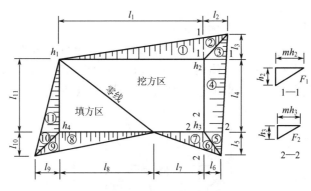

图 1.8　场地边坡计算简图

4. 土方的平衡与调配计算

计算出土方的施工标高、挖填区面积、挖填区土方量，并考虑各种变动因素（如土的松散率、压缩率、沉降量等）进行调整后，应对土方进行综合平衡与调配。土方平衡调配工作是土方规划设计的一项重要内容，其目的为在土方运输量或土方运输成本为最低的条件下，确定挖填区土方的调配方向和数量，从而达到缩短工期和提高经济效益的目的。

进行土方平衡与调配时，必须综合考虑工程和现场情况、进度要求和土方施工方法，以及分期分批施工的土方堆放和调运问题，经过全面研究，确定平衡调配的原则之后，才可着手进行土方平衡与调配工作，如划分土方调配区，计算土方的平均运距、单位土方的运价，确定土方的最优调配方案。

1) 土方的平衡与调配原则

（1）挖方与填方基本达到平衡，减少重复倒运。

（2）挖（填）方量与运距的乘积之和尽可能为最小，即总土方运输量或运输费用最小。

（3）好土应用在回填密实度要求较高的地区，以避免出现质量问题。

（4）取土或弃土应尽量不占农田或少占农田，对弃土尽可能有规划地造田。

（5）分区调配应与全场调配相协调，避免只顾局部平衡，任意挖填而破坏全局平衡。

（6）调配应与地下构筑物的施工相结合，地下设施的填土应留土后填。

（7）选择恰当的调配方向、运输路线、施工顺序，避免土方运输过程中出现对流和乱流现象，同时便于机具调配、机械化施工。

2) 土方平衡与调配的步骤及方法

（1）划分调配区。在平面图上先画出挖填区的分界线，并在挖方区和填方区适当划出若干调配区,确定调配区的大小和位置。划分时应注意以下几点。

① 划分应与房屋和构筑物的平面位置相协调,并考虑开工顺序、分期施工顺序。

② 调配区的大小应满足土方施工用主导机械行驶操作的尺寸要求。

③ 调配区的范围应和土方工程量计算用的方格网相协调。一般可由若干个方格组成一个调配区。

④ 当土方运距较大或场地范围内土方调配不能达到平衡时,可考虑就近借土或弃土,此时一个借土区或一个弃土区可作为一个独立的调配区。

(2) 计算各调配区的土方量并标注在图上。

(3) 计算各挖填区(调配区)之间的平均运距,即挖方区土方重心至填方区土方重心的距离。取场地或方格网中的纵、横两边为坐标轴,以一个角作为坐标原点,如图1.9所示,按式(1-16)和式(1-17)求出各挖方或填方调配区土方重心坐标 x_0 及 y_0。

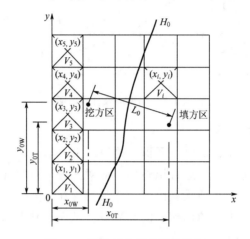

图 1.9 挖填区之间的平均运距

$$x_0 = \frac{\sum(x_i V_i)}{\sum V_i} \quad (1-16)$$

$$y_0 = \frac{\sum(y_i V_i)}{\sum V_i} \quad (1-17)$$

式中:x_i、y_i——i 块方格的重心坐标;

V_i——i 块方格的土方量。

挖填区之间的平均运距 L_0 为

$$L_0 = \sqrt{(x_{0T} - x_{0W})^2 + (y_{0T} - y_{0W})^2} \quad (1-18)$$

式中:x_{0T}、y_{0T}——填方区的重心坐标;

x_{0W}、y_{0W}——挖方区的重心坐标。

一般情况下,也可用作图法近似地求出调配区的形心位置 O 以代替重心坐标。重心求出后,标于图上,用比例尺量出每对调配区之间的平均运输距离(L_{11}、L_{12}、L_{13}…)。

所有调配区之间的平均运距均需一一计算,并将计算结果列于土方平衡与运距表内,见表1-4。

表 1-4 土方平衡与运距

挖方区	填方区						挖方量/m³
	B_1	B_2	B_3	B_j	…	B_n	
A_1	L_{11} x_{11}	L_{12} x_{12}	L_{13} x_{13}	L_{1j} x_{1j}	…	L_{1n} x_{1n}	a_1
A_2	L_{21} x_{21}	L_{22} x_{22}	L_{23} x_{23}	L_{2j} x_{2j}	…	L_{2n} x_{2n}	a_2
A_3	L_{31} x_{31}	L_{32} x_{32}	L_{33} x_{33}	L_{3j} x_{3j}	…	L_{3n} x_{3n}	a_3
A_4	L_{41} x_{41}	L_{42} x_{42}	L_{43} x_{43}	L_{4j} x_{4j}	…	L_{4n} x_{4n}	a_4
…	…				…	…	…
A_m	L_{m1} x_{m1}	L_{m2} x_{m2}	L_{m3} x_{m3}	L_{mj} x_{mj}	…	L_{mn} x_{mn}	a_m
填方量/m³	b_1	b_2	b_3	b_j	…	b_n	$\sum_{j=1}^{m} a_i = \sum_{j=1}^{n} b_j$

注：L_{11}、L_{12}、L_{13}…为挖填区之间的平均运距；x_{11}、x_{12}、x_{13}…为调配土方量。

当调配区之间的距离较远，采用自行式铲运机或其他运土工具沿现场道路或规定路线运土时，其运距应按实际情况进行计算。

（4）确定土方最优调配方案。对于线性规划中的运输问题，可以用"表上作业法"来求解，使总土方运输量为最小值，即为最优调配方案。总土方运输量为

$$W = \sum_{i=1}^{m} \sum_{j=1}^{n} L_{ij} x_{ij} \tag{1-19}$$

式中：L_{ij}——各调配区之间的平均运距，m；

x_{ij}——各调配区的土方量，m³。

（5）绘出土方调配图。根据以上计算，标出调配方向、土方数量及运距（平均运距再加施工机械前进、倒退和转弯必需的最短长度）。

课题 1.3 土方开挖

1.3.1 施工准备

1. 场地清理

对施工区域内的障碍物要调查清楚，制订方案，并征得主管部门的同意，拆除影响施

工的建筑物、构筑物；拆除和改造通信和电力设施、自来水管道、煤气管道和地下管道；迁移树木等。

2. 排除地面积水

尽可能利用自然地形和永久性排水设施，采用排水沟、截水沟或挡水坝等设施，把施工区域内的雨雪自然水、低洼地区的积水及时排除，使场地保持干燥，便于土方工程施工。

3. 测设地面控制点

在进行大型场地的平整工作时，利用经纬仪和水准仪将场地设计平面图的方格网在地面上测设固定下来，各角点用木桩定位，并在桩上注明桩号、施工高度，以便于施工。

4. 修筑临时设施

修筑临时道路、电力、通信及供水设施，以及用于生活和生产临时房屋。

1.3.2 土方开挖方式

在土方工程施工中合理选择土方机械，充分发挥机械的性能，并使各种机械相互配合，对加快施工进度，提高施工质量，降低工程成本，具有十分重要的意义。

1. 场地平整

大开挖土方施工

场地平整包括土方的开挖、运输、填筑和压实等工序。对地势较平坦、含水量适中的大面积平整场地，选用铲运机较适宜；对地形起伏较大，挖方、填方量大且集中的平整场地，且运距在1000m以上时，可选择正铲挖土机配合自卸车进行挖土、运土，在填方区配备推土机平整及压路机碾压施工；挖填方高度均不大，且运距在100m以内时，采用推土机施工，更为灵活、经济。

2. 基坑开挖

单个基坑和中小型基坑，多采用抓铲挖土机和反铲挖土机开挖。抓铲挖土机适用于一、二类土质和较深的基坑，反铲挖土机适用于四类以下土质、深度在4m以内的基坑。

3. 基槽、管沟开挖

在地面上开挖具有一定截面尺寸、长度的基槽或沟槽，挖大型厂房的柱列基础和管沟，宜采用反铲挖土机挖土。如果水中开挖土质为淤泥且坑底较深，则可选择抓铲挖土机挖土。如果土质干燥、槽底开挖不深、基槽长度在30m以上，则可采用推土机或铲运机施工。

4. 整片开挖

基坑较浅，开挖面积大且土质干燥，可采用正铲挖土机开挖。若基坑内土质潮湿，含水量较大，则应采用拉铲或反铲挖土机作业。

5. 柱基础基坑、条形基础基槽开挖

对于独立柱基础的基坑及小截面条形基础基槽，可采用小型液压轮胎式反铲挖土机配以自卸汽车来完成。

1.3.3 土方机械开挖

土方工程施工包括土方的开挖、运输、填筑和压实等。由于土方工程量大、劳动繁重，施工时应尽量采用机械化施工，以减少繁重的体力劳动，加快施工进度。

1. 推土机施工

推土机由拖拉机和推土铲刀组成。按铲刀的操纵机构不同，推土机可分为钢索式和液压式两种，目前最常用的是液压式推土机。

推土机能够单独完成挖土、运土和卸土的工作，具有操作灵活、运转方便、所需工作面小、行驶速度快、易于转移等特点。

推土机的经济运距在 100m 以内，效率最高的运距为 60m。为提高生产效率，可采用槽形推土、下坡推土及并列推土等方法。

2. 铲运机施工

铲运机是一种能独立完成铲土、运土、卸土、填筑、场地平整的土方施工机械。其按行走方式可分为牵引式铲运机和自行式铲运机，按铲斗操纵系统可分为液压操纵和机械操纵两种。

铲运机对道路要求较低，操纵灵活，具有生产效率较高的特点。它适用在一至三类土中直接挖、运土。铲运机的经济运距为 600～1500m，当运距为 800m 时效率最高。铲运机常用于坡度在 20°以内的大面积场地平整、大型基坑开挖及填筑路基等情况，不适用于淤泥层、冻土地带及沼泽地区。

为了提高铲运机的生产效率，可以采用下坡铲土、推土机推土助铲等方法，缩短装土时间，使铲斗的土装得较满。铲运机在运行时，应根据填、挖方区的分布情况，结合当地的具体条件，合理选择运行路线（一般有环形路线和"8"字形路线两种形式），提高生产效率。

3. 单斗挖土机施工

单斗挖土机是土方开挖常用的一种机械，按工作装置不同，可分为正铲挖土机、反铲挖土机、抓铲挖土机和拉铲挖土机 4 种，如图 1.10 所示；按其行走装置不同，可分为履带式挖土机和轮胎式挖土机两类；按操纵机构的不同，可分为机械式挖土机和液压式挖土机两类。其中，液压式挖土机调速范围大，作业时惯性小，转动平稳，结构简单，一机多用，操纵省力，易实现自动化。

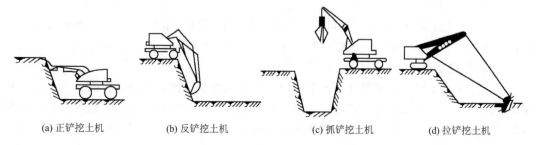

图 1.10 单斗挖土机的类型

1)正铲挖土机

正铲挖土机的工作特点是前进行驶,铲斗由下向上强制切土,挖掘力大,生产效率高,适用于开挖停机面以上的一至三类土,且能与自卸汽车(运输车辆)配合完成整个挖掘运输作业,可用于挖掘大型干燥土质的基坑和土丘等。

正铲挖土机的开挖方式,根据开挖路线与运输车辆相对位置的不同,可分为正向挖土、反向卸土和正向挖土、侧向卸土两种,如图1.11所示。

(1)正向挖土、反向卸土。挖土机沿前进方向挖土,运输车辆停在挖土机后方装土。这种作业方式所开挖的工作面较大,但挖土机卸土时动臂回转角度大,生产效率低,运输车辆要倒车开入,一般只适用于开挖工作面较小且较深的基坑。

(2)正向挖土、侧向卸土。挖土机沿前进方向挖土,运输车辆停在侧面装土。采用这种作业方式,挖土机卸土时动臂回转角度小,运输工具行驶方便,生产率效高,使用广泛。

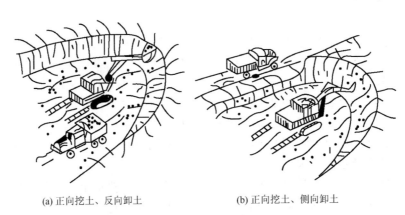

(a) 正向挖土、反向卸土　　　　(b) 正向挖土、侧向卸土

图 1.11　正铲挖土机的开挖方式

2)反铲挖土机

反铲挖土机的工作特点是后退行驶,铲斗由上而下强制切土;挖土能力比正铲挖土机小;用于开挖停机面以下的一至三类土,适用于挖掘深度不大于4m的基坑、基槽、管沟,也可用于湿土、含水量较大及地下水位以下的土壤开挖。

反铲挖土机的开挖方式有沟端开挖和沟侧开挖两种。沟端开挖,如图1.12(a)所示,反铲挖土机停在沟端,向后倒退挖土,自卸汽车停在两旁装土,开挖工作面宽。沟侧开挖,如图1.12(b)所示,反铲挖土机沿沟槽一侧直线移动挖土,反铲挖土机的移动方向与挖土方向垂直,此法能将土弃于距沟较远处,但挖土宽度受到限制。

3)抓铲挖土机

抓铲挖土机主要用于开挖土质比较松软、施工面比较狭窄的基坑、沟槽和沉井等工程,特别适用于水下挖土。土质坚硬时不能用抓铲挖土机施工。

4)拉铲挖土机

拉铲挖土机工作是利用惯性,把铲斗甩出后靠收紧和放松钢丝绳进行挖土或卸土,铲斗由上而下,靠自重切土。拉铲挖土机可以开挖一、二类土壤的基坑、基槽和管沟,特别适用于含水量较大的水下松软土和普通土的挖掘。拉铲挖土机的开挖方式与反铲挖土机相似,有沟端开挖和沟侧开挖两种。

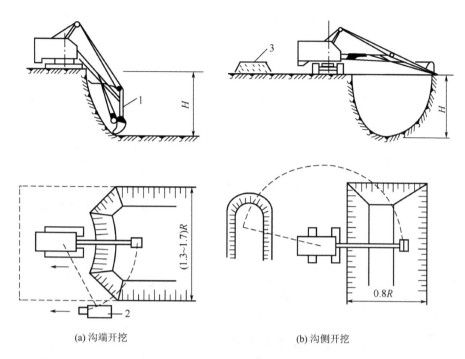

1—反铲挖土机;2—自卸汽车;3—弃土堆;H—最大挖掘深度;R—最大回转半径。

图 1.12　反铲挖土机的开挖方式

4. 装载机

装载机按行走方式可分为履带式装载机和轮胎式装载机两种;按工作方式可分为单斗式装载机、链式装载机和轮斗式装载机。土方工程中主要使用单斗式装载机,它具有操作灵活、轻便和快速等特点,既适用于装卸土方和散料,也可用于松软土的表层剥离、地面平整和场地清理等工作。

课题 1.4　土方的填筑与压实

建筑工程的回填土主要有地基、基坑(槽)、室内地坪、室外场地、管沟和散水等,回填土一定要密实,以保证回填后的土体不会产生较大的沉陷。

1.4.1　土料填筑的要求

碎石类土、砂土和爆破石渣可用作表层以下的填料。当填方土料为黏土时,填筑前应检查其含水量是否在控制范围内,含水量大的黏土不宜作为填土用。另外,含有大量有机质的土,吸水后容易变形,其承载能力会降低;含水溶性硫酸盐大于5%的土,在地下水的作用下,硫酸盐会逐渐溶解消失,形成孔洞,影响土的密实性。所以这两种土及淤泥、冻土、膨胀土等均不应作为填土使用。

填土应分层进行，并尽量采用同类土填筑。如采用不同土填筑，应将透水性较大的土层置于透水性较小的土层之下，不能将各种土混杂在一起使用，以免填方内形成水囊。

碎石类土或爆破石渣作填料时，其最大粒径不得超过每层铺土厚度的2/3，振动碾压时，不得超过每层铺土厚度的3/4。铺填时，大块料不应集中，且不得填在分段接头或填方与山坡连接处。

1. 密实度要求

填方的密实度要求和质量指标通常以压实系数 λ_c 表示。压实系数为土的控制（实际）干密度 ρ_d 与最大干密度 $\rho_{d,max}$ 的比值。最大干密度 $\rho_{d,max}$ 是在最优含水量时，通过击实法确定的土体的干密度。密实度要求一般根据工程结构性质、使用要求及土的性质确定，如未做规定，可参考表1-5中的数值。

表1-5 压实填土的质量控制

结 构 类 型	填 土 部 位	压实系数 λ_c	控制含水量/(%)
砌体承重结构和框架结构	在地基主要受力层范围内	≥0.97	$w_{op} \pm 2$
	在地基主要受力层范围以下	≥0.95	
排架结构	在地基主要受力层范围内	≥0.96	$w_{op} \pm 2$
	在地基主要受力层范围以下	≥0.94	

注：1. 压实系数 λ_c 为压实填土的控制干密度 ρ_d 与最大干密度 $\rho_{d,max}$ 的比值，w_{op} 为最优含水量。
2. 地坪垫层以下及基础底面标高以上的压实填土，压实系数不应小于0.94。

2. 含水量控制

在同一压实功条件下，填土的含水量对压实质量有直接影响。对于较为干燥的土，因其颗粒之间的摩擦阻力较大，故不易被压实。当含水量超过一定限度时，土颗粒之间的孔隙因水的填充而呈饱和状态，也不能被压实。当土的含水量适当时，水起到润滑作用，土颗粒之间的摩擦阻力减小，可以获得较好的压实效果。每种土都有其最佳含水量。土在这种含水量的条件下，使用同样的压实功进行压实，所得到的密度最大。土的干密度与含水量的关系如图1.13所示。不同土有不同的最佳含水量，如砂土为8%～12%、黏土为19%～23%、粉质黏土为12%～15%、粉土为15%～22%。工地上简单检验黏性土含水量的方法是以手握成团，落地散开为适宜。

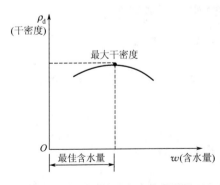

图1.13 土的干密度与含水量的关系

为了保证填土在压实过程中处于最佳含水量状态；当土过湿时，应予翻松晾干，也可掺入同类干土或吸水性土料；当土过干时，则应预先洒水润湿。

3. 铺土厚度和压实遍数

填土每层铺土厚度和压实遍数视土的性质、设计要求的压实系数和使用的压（夯）实机具性能而定，一般应通过现场碾（夯）压试验确定。表 1-6 为填土施工时的分层厚度及压实遍数的参考数值，如无试验依据，可参考使用。

表 1-6 填土施工时的分层厚度及压实遍数的参数数值

压实机具	分层厚度/mm	每层压实遍数
光面碾	250～300	6～8
振动压实机	250～350	3～4
柴油打夯机	200～250	3～4
人工打夯	不大于 200	3～4

1.4.2 填土压实的方法

填土压实的方法一般有碾压法、夯实法和振动压实法，如图 1.14 所示。

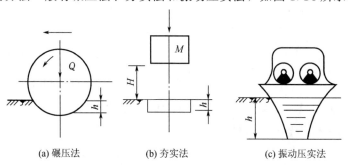

(a) 碾压法　　(b) 夯实法　　(c) 振动压实法

图 1.14 填土压实的方法

1. 碾压法

碾压法是利用机械滚轮的压力压实土壤，使之达到所需的密实度，此法多用于大面积填土工程。碾压机械有光面碾（压路机）、羊足碾和气胎碾。光面碾对砂土、黏性土均可压实；羊足碾需要较大的牵引力，且只宜压实黏性土；气胎碾在工作时是弹性体，其压力均匀，填土压实质量较好。此外，还可利用运土机械进行碾压，也是较经济合理的压实方法，施工时使运土机械的行驶路线能大体均匀地分布在填土区域内，并达到一定的重复行驶遍数，使其满足填土压实质量的要求。

碾压机械压实填方时，行驶速度不宜过快，一般光面碾控制在 2km/h，羊足碾控制在 3km/h，否则会影响压实效果。

2. 夯实法

夯实法是利用夯锤自由下落的冲击力来夯实土壤，主要用于小面积回填。夯实法分人工夯实和机械夯实两种。常用的夯实机械有夯锤、内燃夯土机和蛙式打夯机。夯实法适用于夯实砂性土、湿陷性黄土、杂填土及含有石块的填土。

羊足碾的构造和蛙式打夯机

3. 振动压实法

振动压实法是将振动压实机械放在土层表面，借助振动机械使压实机械振动，土颗粒在振动力的作用下发生相对位移而达到紧密状态。这种方法对非黏性土的效果较好。

课题 1.5 基坑支护

1.5.1 支护结构

支护结构按其工作机理和围护墙的形式可分为多种类型，如图 1.15 所示。

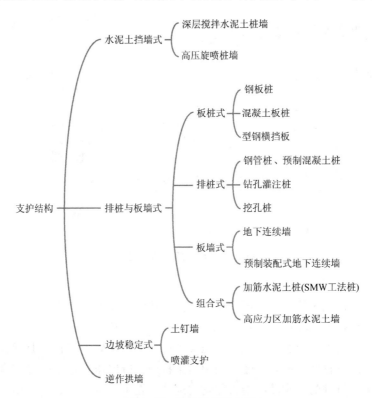

图 1.15 支护结构的类型

支护结构的构造可分为围护墙和支撑体系两部分。

1. 围护墙

常见的围护墙有以下几种。

（1）深层搅拌水泥土桩墙。深层搅拌水泥土桩墙是用深层搅拌机就地将土和输入的水泥浆强制搅拌，形成的连续搭接的水泥土柱状加固体挡墙。水泥土柱状加固体挡墙的渗透系数不大于 10^{-7} cm/s，能止水防渗。这种围护墙属重力式挡墙，利用其自重和刚度进行挡土和防渗，具

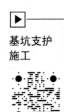

基坑支护施工

有双重作用。

（2）钢板桩。钢板桩有槽钢钢板桩和热轧锁口钢板桩等类型。

① 槽钢钢板桩是一种简易的钢板桩围护墙，由槽钢正反扣搭接或并排组成。槽钢的长度为 6～8m，型号由计算确定。打入地下后在顶部接近地面处设一道拉锚或支撑。其截面抗弯能力弱，一般用于深度不超过 4m 的基坑。由于搭接处不严密，一般不能完全止水。如果地下水位高，需要时可用轻型井点降低地下水位。槽钢钢板桩一般用于一些小型工程。其优点是材料来源广、施工简便、可以重复使用。

② 热轧锁口钢板桩（图 1.16）的形式有 U 形、L 形、一字形、H 形和组合型等。热轧锁口钢板桩的优点是材料质量可靠，在软土地区打设方便，施工速度快而且简便；有一定的挡水能力（小趾口者挡水能力更好）；可多次重复使用；一般费用较低。其缺点是一般的钢板桩刚度不够大，用于较深的基坑时支撑（或拉锚）工作量大，否则变形较大；在透水性较好的土层中不能完全挡水；拔除时易带土，如处理不当会引起土层移动，可能危害周围的环境。

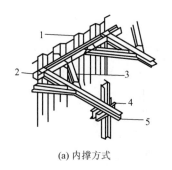 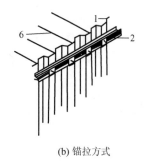 

(a) 内撑方式　　　　　　　　(b) 锚拉方式

1—钢板桩；2—围檩；3—角撑；4—立柱与支撑；5—支撑；6—拉锚。

图 1.16　热轧锁口钢板桩

其中，U 形钢板桩多用于对周围环境要求不很高的、深度为 5～8m 的基坑，具体使用需视支撑（拉锚）加设情况而定。

（3）型钢横挡板。型钢横挡板如图 1.17 所示。这种围护墙是由工字钢（或 H 形钢）和横挡板（也称衬板），再加上围檩、支撑等组成的一种支护体系。施工时先按一定间距打设工字钢或 H 形钢，然后在开挖土方时边挖边加设横挡板。施工结束后拔出工字钢或 H 形钢，并在安全允许的条件下尽可能回收横挡板。

横挡板直接承受土压力和水压力，由横挡板传给工字钢，再通过围檩传至支撑或拉锚。横挡板的长度取决于工字钢的间距和厚度，由计算确定，横挡板多用厚度为 60mm 的木板或预制钢筋混凝土薄板制成。

型钢横挡板多用于土质较好、地下水位较低的地区。

（4）钻孔灌注桩。根据目前的施工工艺，钻孔灌注桩（图 1.18）为间隔排列，缝隙不小于 100mm，因此，它不具备挡水功能，需另做挡水帷幕。目前我国应用较多的是厚度为 1.2m 的水泥土搅拌桩挡水帷幕。当钻孔灌注桩用于地下水位较低的地区时，不需要做挡水帷幕。

钻孔灌注桩施工时无噪声、无振动、无挤土，刚度大，抗弯能力强，变形较小，在全

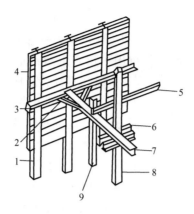

1—工字钢；2—八字撑；3—腰梁；4—横挡板；5—水平联系杆；
6—立柱上的支撑件；7—横撑；8—立柱；9—垂直联系杆。

图 1.17　型钢横挡板

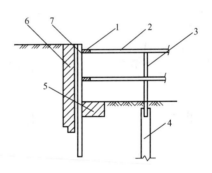

1—围檩；2—支撑；3—立柱；4—工程桩；5—坑底水泥土搅拌桩加固；
6—水泥土搅拌桩挡水帷幕；7—钻孔灌注桩。

图 1.18　钻孔灌注桩

国都有应用。钻孔灌注桩多用于基坑侧壁安全等级为一、二、三级、坑深为 7～15m 的基坑工程，在土质较好的地区可设置 8～9m 的悬臂桩，在软土地区多加设支撑（或拉锚），悬臂式结构不宜大于 5m。桩径和配筋由计算确定，常用直径为 600mm、700mm、800mm、900mm、1000mm。

（5）挖孔桩。挖孔桩属于排桩式围护墙，多在我国东南沿海地区使用。其成孔是人工挖土，多为大直径桩，宜用于土质较好的地区。如土质松软、地下水位高，需边挖土边施工衬圈（衬圈多为混凝土结构）。在地下水位较高的地区施工挖孔桩时，还要注意挡水问题，否则地下水会大量流入桩孔，而且大量的抽排水又会引起邻近地区地下水位下降，并因土体固结而出现较大的地面沉降。

挖孔桩施工时，人要下到桩孔内开挖，这样便于检验土层，也易扩孔。可多桩同时施工，加快施工速度。大直径挖孔桩施工时可不设或少设支撑。但挖孔桩劳动强度高、施工条件差，如遇有流砂还有一定的危险性。

（6）地下连续墙。地下连续墙是利用专用的挖槽机械在泥浆护壁下开挖一定长度（一个单元槽段），挖至设计深度并清除沉渣后，插入接头管，再将在地面上加工好的钢筋笼用起重机吊入充满泥浆的沟槽内,最后用导管浇筑混凝土,待混凝土初凝后拔出接头管,一个单元槽段即施工完毕,如此逐段施工,即形成地下连续的钢筋混凝土墙。图1.19为地下连续墙施工过程示意图。

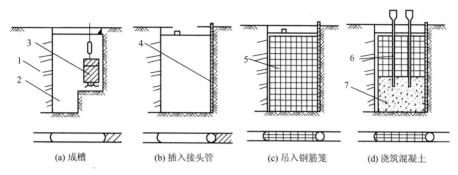

1—已完成的单元槽段;2—泥浆;3—成槽机;4—接头管;5—钢筋笼;6—导管;7—浇筑的混凝土。

图1.19 地下连续墙施工过程示意图

(7)加筋水泥土桩(SMW工法桩)。加筋水泥土桩是在水泥土搅拌桩内插入H形钢,使之成为同时具有受力和抗渗两种功能的支护结构围护墙,如图1.20所示。开挖深度大时也可加设支撑。

加筋水泥土桩的施工机械应为带有三根搅拌轴的深层搅拌机,全断面搅拌,H形钢靠自重可顺利下插至设计标高。加筋水泥土桩内的水泥掺入比达20%,水泥的强度较高,与H形钢黏结牢固,能共同作用。

(8)土钉墙。土钉墙(图1.21)是一种边坡稳定式的支护,其作用与被动起挡土作用的上述围护墙不同,它起主动嵌固作用,能增加边坡的稳定性,使基坑开挖后坡面保持稳定。

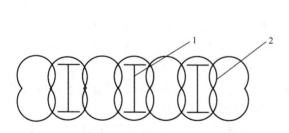

1—插在水泥土搅拌桩中的H形钢;2—水泥土搅拌桩。

图1.20 加筋水泥土桩

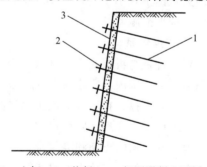

1—土钉;2—垫板;3—细石混凝土面层。

图1.21 土钉墙

施工时,每挖深1.5m左右,挂细钢筋网,喷射细石混凝土面层(厚度为50~100mm),然后钻孔插入钢筋(长度为10~15m,纵、横间距约为1.5m×1.5m),加垫板并灌浆,依次进行直至坑底。

土钉墙用于基坑侧壁安全等级为二、三级的非软土场地;基坑深度不宜大于12m;当地下水位高于基坑底面时,应采取降水或截水措施。

(9)逆作拱墙。当基坑平面形状适合时,可采用拱墙作为围护墙。拱墙有圆形闭合拱墙、椭圆形闭合拱墙和组合拱墙。对于组合拱墙,可将局部拱墙视为两铰拱。

拱墙截面宜为Z形，如图1.22(a)所示，拱墙壁（肋壁）的上、下端宜加肋梁；当基坑较深，一道Z形拱墙不够时，可由数道拱墙叠合组成，如图1.22(b)所示，或沿拱墙高度设置数道肋梁，如图1.22(c)所示，肋梁的竖向间距不宜小于2.5m；也可不加设肋梁而用加厚肋壁的办法解决，如图1.22(d)所示。

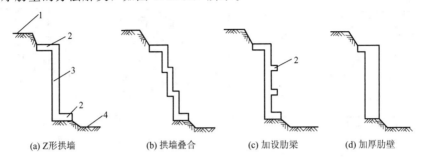

(a) Z形拱墙　　(b) 拱墙叠合　　(c) 加设肋梁　　(d) 加厚肋壁

1—地面；2—肋梁；3—肋壁；4—基坑底。

图1.22　拱墙截面

圆形拱墙壁的厚度不宜小于400mm，其他拱墙壁的厚度不宜小于500mm。混凝土强度等级不宜低于C25。拱墙的水平方向应通长双面配筋，钢筋总配筋率不小于0.7%。

拱墙在垂直方向应分道施工，每道施工高度视土层直立高度而定，不宜超过2.5m。待上道拱墙合拢且混凝土强度达到设计强度的70%后，才可进行下道拱墙施工。上下两道拱墙的竖向施工缝应错开，错开距离不应小于2m。拱墙宜连续施工，每道拱墙的施工时间不宜超过36h。

逆作拱墙宜用于基坑侧壁安全等级为三级者；淤泥和淤泥质土场地不宜应用；拱墙轴线的矢跨比不宜小于1/8；基坑深度不宜大于12m；当地下水位高于基坑底面时，应采取降水或截水措施。

2. 支撑体系

对于排桩与板墙式支护结构，当基坑深度较大时，为使围护墙受力合理且受力后变形控制在一定范围内，需沿围护墙竖向增设支撑点，以减小跨度。在坑内对围护墙加设支撑，称为内支撑；在坑外对围护墙设拉支撑，则称为拉锚（土锚）。

内支撑受力合理、安全可靠，易于控制围护墙的变形，但内支撑的设置也给基坑内挖土和地下室结构的支模和浇筑带来一些不便，需通过换撑加以解决。

支护结构的内支撑由腰梁或冠梁（围檩）、支撑和立柱等组成。腰梁固定在围护墙上，将围护墙承受的侧压力传给支撑（纵、横两个方向）。支撑是受压构件，当其长度超过一定限度时稳定性不好，所以需在中间加设立柱，立柱下端需稳固，立柱插入工程桩内，实在对不准工程桩时，需另外专门设置桩（灌注桩）。

1.5.2　支护结构施工

主要介绍以下几种支护结构施工方法。

1. 深层搅拌水泥土桩墙施工

深层搅拌水泥土桩墙，是采用水泥浆作为固化剂，通过特制的深层搅拌机械，在地基深处就地将软土和水泥浆强制搅拌形成水泥土，利用水泥浆和软土之间所产生的一系列物理-化学反应，使软土硬化成整体性的并有一定强度的挡土防渗墙。

深层搅拌水泥土桩墙施工工艺可采用喷浆式深层搅拌（湿法）、喷粉式深层搅拌（干法）和高压喷射注浆法（高压旋喷法）三种方法。

（1）采用湿法工艺施工时注浆量较易控制，成桩质量较为稳定，桩体均匀性好。迄今为止，绝大部分深层搅拌水泥土桩墙都采用湿法工艺，因此，在设计与施工方面积累了丰富的经验，故一般应优先考虑湿法工艺施工。

（2）采用干法工艺施工时，水泥土桩墙强度较高，但其喷粉量不易控制，搅拌难以均匀，桩体强度离散较大，出现事故的概率较高，目前已很少应用。

（3）采用高压旋喷法工艺施工时，利用高压水、气切削土体并将水泥与土搅拌形成水泥土桩墙。该工艺施工简便，只需在土层中钻一个直径为50～300mm的小孔，便可在土中喷射成直径为0.4～2.0m的加固水泥土桩墙，因而其能在狭窄施工区域或贴近已有基础施工。但该工艺水泥用量大、造价高，一般当场地受到限制，湿法机械无法施工，或一些特殊场合下可选用此工艺。

2．钢板桩施工

1）钢板桩施工前的准备工作

（1）钢板桩的检验。

① 外观检验。外观检验包括表面缺陷、长度、宽度、高度、厚度、端头矩形比、平直度和锁口形状等项内容。检查中要注意以下几个方面。

a. 对打入钢板桩有影响的焊接件应予以割除。

b. 有割孔、断面缺损的应予以补强。

c. 若钢板桩有严重锈蚀，应测量其实际断面厚度，以便决定在计算时是否需要折减。原则上要对全部钢板桩进行外观检查。

② 材质检验。材质检验是对钢板桩母材的化学成分及机械性能进行全面试验。材质检验包括钢材的化学成分分析，构件的拉伸、弯曲试验，锁口的强度试验和延伸率试验等项内容。每一种规格的钢板桩至少进行一个拉伸、弯曲试验。每25～50t 的钢板桩应抽取两个试件试验。

（2）钢板桩的矫正。钢板桩为多次周转使用的材料，在使用过程中会发生板桩的变形、损伤。对偏差超过规范数值者，使用前应进行矫正与修补。

（3）打桩机的选择。打设钢板桩时，使用自由落锤、蒸汽锤、柴油锤、振动锤等皆可，但使用较多的是振动锤。如使用柴油锤，为避免桩顶因受冲击而损伤和控制打入方向，在桩锤和钢板桩之间需设置桩帽。

（4）导架安装。为保证沉桩轴线位置的正确和桩的竖直，控制桩的打入精度，防止钢板桩的屈曲变形和提高桩的贯入质量，一般都需要设置一定刚度的、坚固的导架，也称围檩。

导架通常由导梁和导桩等组成。它的形式，在平面上有单面和双面之分，在高度上有单层和双层之分。一般用的是单层双面导架。

导架的位置不能与钢板桩相碰。导桩不能随着钢板桩的打设而下沉或变形。导梁的高度要适宜，要有利于控制钢板桩的施工高度和提高工作效率，要用经纬仪和水平仪控制导梁的位置和标高。

2)钢板桩的打设

钢板桩的打入方式有单独打入法和屏风式打入法。

(1)单独打入法是从钢板桩的一角开始,逐块(或两块为一组)打设,直至工程结束。这种打入方法简便、迅速,不需要其他辅助支架,但是易使钢板桩向一侧倾斜,且误差积累后不易纠正。为此,这种方法只适用于施工要求不高且钢板桩长度较小(如小于10m)的情况。

(2)屏风式打入法(图1.23)是将10～20根钢板桩成排插入导架内,呈屏风状,然后再分批施打。施打时先将两端的钢板桩打至设计标高或一定深度,成为定位钢板桩,然后在中间按顺序分1/3、1/2钢板桩高度呈阶梯状打入。

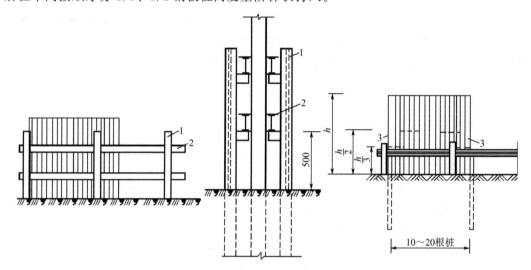

1—围檩桩;2—围檩;3—两端先打入的定位钢板桩;h—钢板桩的高度。

图1.23 屏风式打入法

钢板桩的打设是用吊车将钢板桩吊至插桩点处进行插桩,插桩时锁口要对准,每插入一块即套上桩帽轻轻加以锤击。在打桩过程中,为保证钢板桩的垂直度,应用两台经纬仪在两个方向加以控制。为防止锁口中心线平面位移,可在打桩进行方向的钢板桩锁口处设卡板,阻止钢板桩位移。同时在围檩上预先算出每块钢板桩的位置,以便随时检查校正。钢板桩分几次打入,如第一次由20m高打至15m,第二次则打至10m,第三次打至导梁高度,待导架拆除后,第四次才打至设计标高。

打桩时,要确保开始打设的第一、二块钢板桩的打入位置和方向的精度,因为它可以起到样板导向作用,一般每打入1m应测量一次。

3)钢板桩的拔出

在进行基坑回填时,要拔出钢板桩,以便修整后重复使用。

钢板桩的拔出,从克服钢板桩的阻力着眼,根据所用的拔桩机械,拔桩方法有静力拔桩、振动拔桩和冲击拔桩三种。

(1)静力拔桩主要是用卷扬机或液压千斤顶,但该法效率低,有时难以顺利拔出,故较少应用。

(2)振动拔桩是利用机械的振动激起钢板桩振动,以克服和削弱阻力,将钢板桩拔出。此法效率高，大功率的振动拔桩机可将多根钢板桩一起拔出。目前该法应用较多。

（3）冲击拔桩是以高压空气、蒸汽为动力，利用冲击式拔桩器给钢板桩以向上的冲击力，同时利用卷扬机将钢板桩拔出。

3. 地下连续墙施工

地下连续墙施工时，先用特制的挖槽机械在泥浆护壁作用下开挖一定长度（一个单元槽段）的沟槽，待挖至设计深度并清除沉淀下来的泥渣后，将在地面上加工好的钢筋骨架（称为钢筋笼）用起重机械吊起放入充满泥浆的沟槽内，再用导管向沟槽内浇筑混凝土。因为混凝土是由沟槽底部开始逐渐向上浇筑的，所以随着混凝土的浇筑即将泥浆置换出来，待混凝土浇筑至设计标高后，一个单元槽段即施工完毕，各个单元槽段之间由特制的接头连接，进而形成连续的地下钢筋混凝土墙。

地下连续墙施工

对于现浇钢筋混凝土壁板式地下连续墙，其施工工艺如图1.24所示。其中，修筑导墙、制备泥浆、挖深槽、钢筋笼制作与吊放，以及浇筑混凝土是其施工中的主要工序。

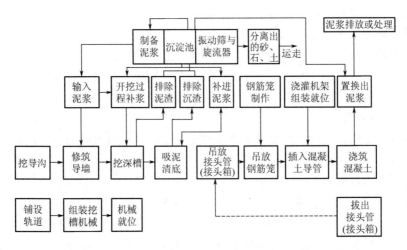

图1.24 现浇钢筋混凝土壁板式地下连续墙的施工工艺

4. 土钉墙施工

1）基坑开挖

基坑要按设计要求严格分层分段开挖，在完成上一层作业面土钉施工，混凝土面层达到设计强度的70%以前，不得进行下一层土层的开挖。每层开挖的最大深度，取决于支护投入工作前土壁可以自稳而不发生滑动破坏的能力，实际工程中常取基坑每层挖深与土钉竖向间距相等。每层开挖的水平分段宽度也取决于土壁自稳能力，且与支护施工流程相互衔接，一般为10～20m长。当基坑面积较大时，允许在距离基坑四周边坡8～10m的基坑中部自由开挖，但应注意与分层作业区的开挖相协调。

基抗开挖要选用对坡面土体扰动小的挖土设备和方法，严禁边壁出现超挖或造成边壁土体松动。坡面经机械开挖后要采用小型机械或铲锹进行切削清坡，以使坡度及坡面平整度达到设计要求。

2）喷第一道面层

开挖后应尽快做好面层，即对修整后的边壁喷上一层薄混凝土或砂浆。若土层地质条件好，可省去该道面层。

3）设置土钉

设置土钉时可以是采用专门设备将土钉击入土体，但通常的做法是先在土体中成孔，然后置入土钉并沿全长注浆。

（1）钻孔。钻孔前，应根据设计要求定出孔位并做出标记及编号。当成孔过程中遇到障碍物需调整孔位时，不得损害支护结构设计原定的安全程度。

采用的机具应符合土层特点、满足设计要求，在进钻和抽出钻杆的过程中不得引起土体坍孔。在易坍孔的土体中钻孔时宜采用套管成孔或挤压成孔的方法。

（2）插入土钉。在土钉置入孔中前，要先在土钉上安装对中定位支架，以保证土钉处于孔位中心且注浆后其保护层厚度不小于25mm。支架沿钉长的间距可为2~3m，支架可为金属或塑料件，以不妨碍浆体自由流动为宜。

（3）注浆。注浆前要验收土钉的安设质量是否达到设计要求。一般可采用重力、低压（0.4~0.6MPa）或高压（1~2MPa）注浆方式，水平孔应采用低压或高压注浆方式。压力注浆时应在孔口或规定位置设置止浆塞，注满后保持压力3~5min。重力注浆以满孔为止，但在浆体初凝前需补浆1~2次。

对于向下倾斜的土钉，注浆采用重力或低压注浆方式时宜采用底部注浆的方法，注浆导管的底端应插至距孔底250~500mm处，在注浆的同时将导管匀速缓慢地撤出。注浆的过程注浆导管口应始终埋在浆体表面以下，以保证孔中气体能全部逸出。

4）喷第二道面层

在喷混凝土之前，先按设计要求绑扎、固定钢筋网片。面层内的钢筋网片应牢固固定在边壁上并符合设计规定的保护层厚度要求。钢筋网片可用插入土中的钢筋固定，但在喷射混凝土时不应出现振动。

喷射混凝土的配合比应通过试验确定，粗骨料的最大粒径不宜大于12mm，水灰比不宜大于0.45，并应通过外加剂来调节所需工作强度和早强时间。当采用干法施工时，应事先对操作人员进行技术考核，以保证喷射混凝土的水灰比和质量达到设计要求。

喷射混凝土前，应对机械设备、管路和电路进行全面检查和试运转。

为保证喷射混凝土厚度达到均匀的设计值，可在边壁上隔一定距离打入垂直短钢筋段作为厚度标志。当设计面层厚度超过100mm时，混凝土应分两层喷射，一次喷射厚度不宜小于40mm，且接缝错开。在混凝土接缝中继续喷射混凝土之前，应将浮浆碎屑进行清除，并喷少量水润湿。

面层喷射混凝土终凝后2h应喷水养护，养护时间宜为3~7d。

5）排水设施的设置

水是土钉墙非常敏感的问题，不但要在施工前做好降排水工作，还要充分考虑土钉墙工作期间地表水及地下水的处理，设置好排水构造设施。

对基坑四周地表应加以修整并构筑明沟排水，严防地表水再向下渗流，图1.25为地面排水。

当基坑边壁有透水层或渗水土层时，混凝土面层内要做泄水孔，即按间距1.5~2.0m均匀设置长度为0.4~0.6m、直径不小于40mm的塑料排水管，外管口略向下倾斜，管壁上半部分可钻些透水孔，管中填满粗砂或圆砾作为滤水材料，以防止土颗粒流失。图1.26为面层内排水管。

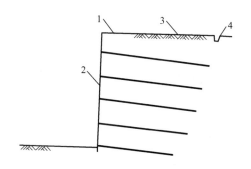

1—喷射混凝土面层；2—喷射混凝土护坡；
3—防水地面；4—排水沟。
图 1.25　地面排水

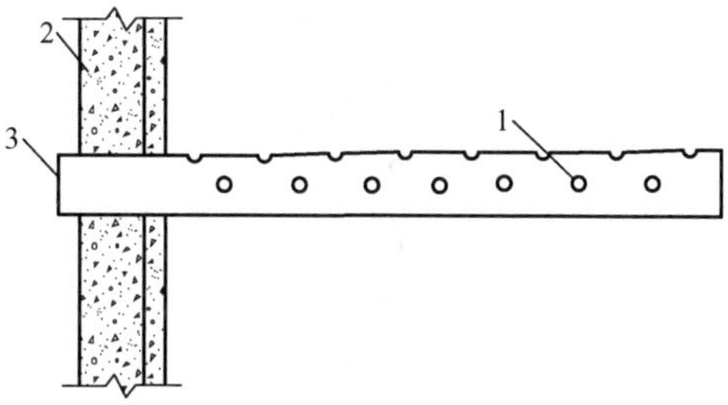

1—透水孔；2—面层；3—排水管。
图 1.26　面层内排水管

为了排除积聚在基坑内的渗水和雨水，应在坑底设置排水沟和集水井。排水沟应离坡脚 0.5～1.0m，严防冲刷坡脚。排水沟和集水井宜用砖衬砌并用砂浆抹内表面以防止渗漏，坑中积水应及时排除。

5. 逆作拱墙施工

对于深度大的多层地下室结构，传统的方法是开敞式自下而上施工，即放坡开挖或支护结构围护后垂直开挖，挖土至设计标高后，浇筑混凝土底板，然后自下而上逐层施工各层地下室结构，出地面后再逐层进行地上结构施工。

逆作拱墙施工的工艺原理是在土方开挖之前，先沿建筑物地下室轴线（适用于"两墙合一"的情况）或建筑物周围浇筑地下连续墙，使其作为地下室的边墙或基坑支护结构的围护墙，同时在建筑物内部的有关位置（多为地下室的柱子或隔墙处，需要经计算确定）浇筑中间支承柱（也称中柱桩）。然后开挖土方至地下一层顶面底标高处，浇筑该层的楼盖结构（留有部分工作孔），此时已完成的地下一层顶面楼盖结构即作为周围地下连续墙的支撑。然后人和设备通过工作孔下去逐层向下施工。与此同时，因为地下一层的顶面楼盖结构已完成，为进行上部结构施工创造了条件，所以在向下施工时可同时向上逐层施工，这样上、下同时进行施工，直至工程结束。

6. 内支撑施工

1) 钢支撑施工

钢支撑常用 H 形钢支撑与钢管支撑。

当基坑平面尺寸较大，支撑长度超过 15m 时，需设立柱，防止水平支撑弯曲，发生失稳破坏。

立柱通常用钢立柱，其长细比一般小于 25。由于基坑开挖结束后浇筑底板时，立柱不能拆除，为此立柱最好做成格构式，以利于底板钢筋通过。钢立柱不能支承于地基上，而需支承在立柱支承桩上，目前多用混凝土灌注桩作为立柱支承桩，灌注桩混凝土浇至基坑底面，钢立柱插在灌注桩内，插入长度一般不小于 4 倍立柱边长，在可能的情况下尽可能利用工程桩作为立柱支承桩。立柱通常设于支撑交叉部位，施工时立柱支承桩应准确定位。图 1.27 为钢格构立柱与灌注桩支承。

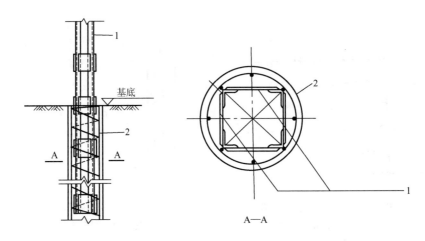

1—钢格构立柱；2—灌注桩。

图 1.27　钢格构立柱与灌注桩支承

腰（冠）梁是一个受弯剪的构件，其作用一是将围护墙上承受的土压力、水压力等外荷载传递到支撑上，二是加强围护墙体的整体性。所以，增强腰梁的刚度和强度对整个支护结构体系有着重要意义。

钢支撑都用钢腰梁，钢腰梁多用 H 形钢或双拼槽钢等，通过设于围护墙上的钢牛腿或锚固于墙内的吊筋加以固定。钢腰梁固定如图 1.28 所示。钢腰梁的分段长度不宜小于支撑间距的 2 倍，拼装点尽量靠近支撑点。如支撑与腰梁斜交，则腰梁上应设传递剪力的构造。腰梁安装后与围护墙间的空隙，要用细石混凝土填塞。

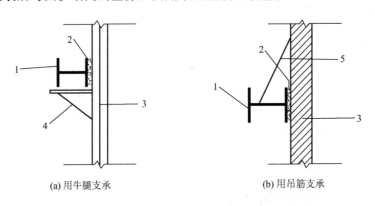

(a) 用牛腿支承　　　　　(b) 用吊筋支承

1—腰梁；2—细石混凝土；3—围护墙；4—钢牛腿；5—吊筋。

图 1.28　钢腰梁固定

2) 钢筋混凝土支撑施工

钢筋混凝土支撑的腰梁与支撑整体浇筑，在平面内形成整体。位于支撑顶部的冠梁，多与支撑整体浇筑，位于支撑中部处的腰梁也通过支撑内预埋筋和吊筋加以固定，如图 1.29 所示。

当基坑挖土至规定深度时，按设计工况要及时浇筑支撑和腰梁，以减少时效作用，减小变形。支撑受力钢筋在腰梁内的锚固长度不应小于 $30d$（d 为钢筋直径）。要待支撑混凝土强度达到80%设计强度时，才允许开挖支撑以下的土方。支撑和腰梁浇筑时的底模（模板或细石混凝土薄层等），挖土开始后要及时去除，以防坠落伤人。支撑如穿越外墙，要设止水片。

在浇筑地下室结构时，如要换撑，也需底板、楼板的混凝土强度达到设计强度的80%时才允许换撑。

7. 锚杆支护施工

锚杆支护施工，包括钻孔、安放拉杆、压力灌浆和张拉锚固。

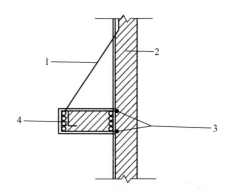

1—吊筋；2—钢筋混凝土支撑；
3—预埋筋；4—钢筋混凝土腰梁。
图1.29 钢筋混凝土支撑

1) 钻孔

钻孔工艺影响锚杆支护的承载能力、施工效率和成本。

钻孔方法的选择主要取决于土质和钻孔机械。常用的锚杆支护钻孔方法有螺旋钻孔干作业法、压水钻进成孔法和潜钻成孔法。

2) 安放拉杆

锚杆支护用的拉杆，常用的有钢管、钢筋、钢丝束和钢绞线，主要根据锚杆的承载能力和现有材料的情况来选择。当承载能力较小时，多用粗钢筋；当承载能力较大时，多用钢绞线。

3) 压力灌浆

压力灌浆是锚杆支护施工中的一个重要工序。施工时，应将有关数据记录下来，以备将来查用。灌浆有三个作用：形成锚固段，将锚杆锚固在土层中；防止钢拉杆腐蚀；充填土层中的孔隙和裂缝。

灌浆的浆液为水泥砂浆（细砂）或水泥浆。水泥一般不宜用高铝水泥，因为氯化物会引起钢拉杆腐蚀。拌和水泥浆或水泥砂浆所用的水，一般应避免采用含高浓度氯化物的水，因为它会加速钢拉杆的腐蚀。若对水质有疑问，应事先进行化验。灌浆方法有一次灌浆法和二次灌浆法两种。

4) 张拉锚固

锚杆压力灌浆后，待锚固段的强度大于15MPa并达到设计强度的75%后方可进行张拉。

锚杆宜张拉至设计荷载的0.9～1.0倍后，再按设计要求锁定。锚杆张拉控制应力，不应超过拉杆强度标准值的75%。

锚杆张拉时，其张拉顺序要考虑对邻近锚杆的影响。

课题1.6 降、排水施工

在基坑开挖过程中，当基坑底面低于地下水位时，由于土壤的含水层被切断，地下水将不断渗入基坑。这时如不采取有效措施进行排水，降低地下水位，不但会使施工条件恶化，而且基坑经水浸泡后会导致地基承载力下降和边坡塌方。因此，为了保证工程质量和施工安全，在基坑开挖前或开挖过程中，必须采取措施降低地下水位，使基坑在开挖中坑底始终保持干燥。对于地面水（雨水、生活污水），一般采用在基坑四周或水流的上游设排水沟、截水沟或挡水土堤等办法。对于地下水则常采用人工降低地下水位的方法，使地下水位降至所需开挖的深度以下。无论采用何种方法，降水工作都应持续到基础工程施工完毕并回填土后才可停止。

1.6.1　基坑明排水

1. 明沟、集水井的排水布置

基坑明排水是在基坑开挖过程中，在坑底设置集水井，并沿坑底的周围或中央开挖排水沟，使水流入集水井内，然后用水泵抽出坑外。明排水法包括普通明沟排水法和分层明沟排水法两种。

1）普通明沟排水法

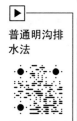

普通明沟排水法是采用截、疏、抽的方法进行排水，即在开挖基坑时，沿坑底周围或中央开挖排水沟，再在沟底设置集水井，使基坑内的水经排水沟流入集水井内，然后用水泵抽出坑外，如图 1.30 和图 1.31 所示。

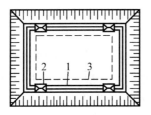

1—排水沟；2—集水井；3—基础外边线。

图 1.30　坑内明沟排水

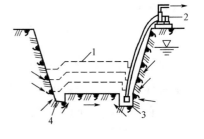

1—基坑；2—水泵；3—集水井；4—排水沟。

图 1.31　集水井降水

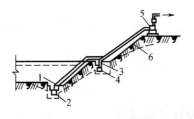

1—底层排水沟；2—底层集水井；
3—二层排水沟；4—二层集水井；
5—水泵；6—水位降低线。

图 1.32　分层明沟排水

2）分层明沟排水法

如果基坑较深，开挖土层由多种土壤组成，中部夹有透水性强的砂类土壤时，为避免上层地下水冲刷下部边坡，造成塌方，可在基坑边坡上设置 2～3 层排水沟及相应的集水井，分层阻截土层中的地下水，如图 1.32 所示。这样一层一层地加深排水沟和集水井，逐步达到设计要求的基坑断面和坑底标高，其排水沟与集水井的设置及基本构造与普通明沟排水法基本相同。

2. 水泵的选用

基坑明排水是用水泵从集水井中排水,常用的水泵有潜水泵、离心泵和泥浆泵。排水所需水泵的功率按下式计算。

$$N=\frac{K_1 QH}{75\eta_1 \eta_2} \tag{1-20}$$

式中:K_1——安全系数,一般取 2;

Q——基坑涌水量,m^3/d;

H——包括扬水、吸水及各种阻力造成的水头损失在内的总高度,m;

η_1——水泵效率,取 0.4~0.5;

η_2——动力机械效率,取 0.75~0.85。

1.6.2 基坑井点降水

回灌井点原理

在软土地区,当基坑开挖深度超过 3m 时,一般要用井点降水。开挖深度浅时,也可边开挖边用排水沟和集水井进行排水。地下水的控制方法有很多种,其适用条件见表 1-7,选择时应根据土层情况、降水深度、周围环境、支护结构种类等进行综合考虑。当因降水而危及基坑及周边环境安全时,宜采用截水或回灌的方法。

表 1-7 地下水控制方法的适用条件

方法名称		土 类	渗透系数/(m/d)	降水深度/m	水文地质特征
明沟排水			7.0~20.0	<5	
降水	真空井点	填土、粉土、黏性土、砂土	0.1~20.0	单级<6 多级<20	上层滞水或水量不大的潜水
	喷射井点		0.1~20.0	<20	
	管井	粉土、砂土、碎石土、可溶岩、破碎带	1.0~200.0	>5	含水丰富的潜水、承压水、裂隙水
截水		黏性土、粉土、砂土、碎石土、岩溶土	不限	不限	—
回灌		填土、粉土、砂土、碎石土	0.1~200.0	不限	—

轻型井点系统是沿基坑周围以一定的间距埋入井点管(下端为滤管),在地面上用水平铺设的集水总管将各井点管连接起来,在一定位置设置离心泵和水力喷射器,离心泵驱动工作水,当水流通过喷嘴时形成局部真空,地下水在真空吸力的作用下经滤管进入井点管,然后经集水总管排出,从而降低了水位。

轻型井点系统由井点管、连接管、集水总管及抽水设备等组成,如图 1.33 所示。

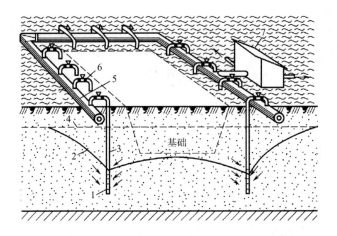

1—滤管；2—降低各地下水位线；3—井点管；
4—原有地下水位线；5—集水总管；6—连接管；7—抽水设备。

图 1.33 轻型井点系统

1. 井点管

井点管多用无缝钢管，长度一般为 5～7m，直径为 38～55mm。井点管的下端装有滤管和管尖。

2. 连接管与集水总管

连接管用胶皮管、塑料透明管或钢管弯头制成，直径为 38～55mm。每个连接管均宜装设阀门，以便检修井点。集水总管一般用直径为 100～127mm 的钢管连接，每节长约 4m，其上装有与井点管相连接的短接头，间距为 0.8m、1.2m 或 1.6m。

3. 抽水设备

现在抽水设备多使用射流泵，如图 1.34 所示。射流泵采用离心泵驱动工作水运转，当水流通过喷嘴时，由于截面收缩，流速突然增大，从而在周围产生真空，把地下水吸出，而水箱内的水呈一个大气压的天然状态。射流泵能产生较高真空度，但排气量小，稍有漏气则真空度易下降，因此，它带动的井点管根数较少。但它具有耗电少、质量轻、体积小、机动灵活的优点。

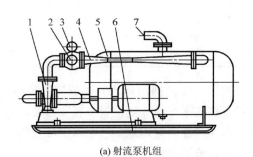

(a) 射流泵机组

图 1.34 射流泵

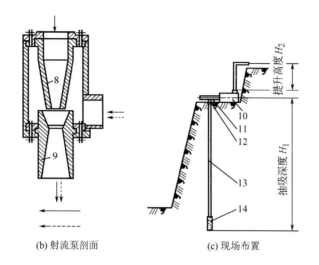

(b) 射流泵剖面　　　　(c) 现场布置

1—离心泵；2—进水口；3—真空表；4—射流器；5—水箱；6—底座；7—出水口；8—喷嘴；
9—喉管；10—机组；11—总管；12—软管；13—井点管；14—滤管。

图 1.34　射流泵（续）

课题 1.7　土方工程冬期和雨期施工

1.7.1　土方工程的冬期施工

冬期施工，是指室外日平均气温连续 5 天稳定低于 5℃ 的施工过程，当室外日平均气温连续 5 天稳定高于 5℃ 即解除冬期施工。土方工程冬期施工的造价高、功效低，故施工一般应在入冬前完成。如果必须在冬期施工时，其施工方法应根据当地气候、土质和冻结情况，并结合施工条件进行技术比较后确定。

1. 地基土的保温防冻

土在冬期由于受冻变得坚硬，挖掘困难。土的冻结有其自然规律，在整个冬期，土层的冻结厚度（冻结深度）可参见有关的建筑施工手册。

土方工程冬期施工时应采取防冻措施，常用的方法有松土防冻法、覆盖雪防冻法和隔热材料防冻法等。

（1）松土防冻法。进入冬期，在挖土的地表层先翻松 25～40cm 厚表层土并耙平，其宽度应不小于土冻结深度的两倍与基底宽之和。在翻松的土中有许多充满空气的孔隙，可以降低土层的导热性，达到防冻的目的。

（2）覆盖雪防冻法。降雪量较大的地区，可利用较厚的雪层覆盖作保温层，防止地基土冻结。对于大面积的土方工程，可在地面上与主导风向垂直的方向设置篱笆，栅栏或雪堤（高度为 0.5～1.0m，间距为 10～15m），人工积雪防冻。对于面积较小的基槽（坑），在土冻结前，可以在地面上挖积雪沟（深度为 30～50cm），并随即用雪将沟填满，以防止未挖土层冻结。

(3) 隔热材料防冻法。对于面积较小的基槽（坑）的地基土，可在土层表面直接覆盖炉渣、锯末、草垫、树叶等保温材料，其宽度为土层冻结深度的两倍与基槽宽度之和。

2. 冻土的融化

冻土的开挖比较困难，可加热融化后再进行挖掘。这种方式只有在面积不大的工程上采用，费用较高。

(1) 烘烤法。烘烤法适用面积较小、冻土不深、燃料充足的地区。常用锯末、谷壳和刨花等作燃料。在冻土上铺上杂草、木柴等引火材料，然后撒上锯末，上面再压数厘米的土，让其阴燃。250mm厚的锯末经一夜燃烧可融化冻土300mm左右，开挖时应分层分段进行。

(2) 蒸汽融化法。当热源充足、工程量较小时，可采用蒸汽融化法，即把带有喷气孔的钢管插入预先钻好的冻土孔中，通蒸汽融化冻土。

3. 冻土的开挖

冻土的开挖方法有人工开挖、机械开挖和爆破开挖三种。

(1) 人工开挖。人工开挖适用于开挖面积较小、场地狭窄、不具备其他方法进行土方破碎开挖的情况。开挖时一般用大铁锤和铁楔子劈冻土。

(2) 机械开挖。机械开挖适用于大面积的冻土开挖。破土机械根据冻土层的厚度和工程量的大小选用。当冻土层厚度小于0.25m时，可直接用铲运机、推土机、挖土机挖掘；当冻土层厚度为0.6~1.0m时，用打桩机将楔形劈块按一定顺序打入冻土层，劈裂破碎冻土，或用起重设备将质量为3~4t的尖底锤吊至5~6m高时，脱钩自由落下，击碎冻土层（击碎厚度可达1~2m），然后用铲斗容量大的挖土机进行挖掘。

(3) 爆破开挖。爆破开挖适用于面积较大、冻土层较厚的土方工程。采用打炮眼、填药的爆破方法将冻土破碎后，用机械挖掘施工。

4. 冬期回填土施工

由于冻结土块坚硬且不易破碎，回填过程中又不易被压实，待温度回升、土层解冻后会造成较大的沉降。因此，为保证冬期回填土的工程质量，在冬期回填土施工时必须按照施工及验收规范的规定组织施工。

冬期回填土施工之前（填方之前），要清除基底的冰雪和保温材料，排除积水，挖除冻块或淤泥。对于基础和地面工程范围内的回填土，冻土块的含量不得超过回填土总体积的15%，且冻土块的粒径应小于15cm。填方宜连续进行，且应采取有效的保温防冻措施，以免地基土或已填土受冻。填方时，每层的虚铺厚度应比常温施工时减少20%~25%。填方的上层应用未冻的、不冻胀的或透水性好的土料填筑。

1.7.2 土方工程的雨期施工

1. 雨期施工准备

在雨期到来之际，对施工现场、道路及设施必须做好有组织的排水；对施工现场临时设施、库房要做好防雨排水的准备；对现场的临时道路进行加固、加高，或在雨期加铺炉渣、砂砾或其他防滑材料；在施工现场应准备足够的防水、防汛材料（如草袋、油毡雨布等）和器材工具等。

2. 雨期施工

雨期开挖基槽（坑）或管沟时，开挖的施工面不宜过大，应从上至下分层分段依次施工，随时将底部做成一定的坡度，应经常检查边坡的稳定，适当放缓边坡或设置支撑。雨期不要在滑坡地段进行施工。大型基坑开挖时，为防止被雨水冲塌，可在边坡上加钉钢丝网片，再浇筑50mm厚的细石混凝土。地下的池、罐构筑物或地下室完工后，应抓紧进行基坑四周回填土和上部结构的施工，否则会引发池、罐构筑物或地下室上浮。

单元小结

土方工程包括场地平整、基坑（基槽）与管沟开挖、地坪填土、路基填筑及基坑回填等。土方工程施工包括土（石）的挖掘、运输、填筑、平整和压实等施工过程，以及排水、降水和土壁支撑等准备工作与辅助工作。土方工程量大，施工条件复杂，施工中受气候条件、工程地质条件和水文地质条件影响很大，施工前必须制定合理的施工方案。

土的性质指标包括土的含水量、土的密度、孔隙率、土的可松性和土的渗透性。土的性质对土方工程施工有着直接影响，其指标也是确定土方施工方案的基本资料。

场地平整土方量的计算有方格网法和横截面法两种。当场地地形较平坦时，一般采用方格网法。

土方工程施工包括土方开挖、运输、填筑和压实等。由于土方工程量大，劳动繁重，施工时应尽量采用机械化施工，以减少繁重的体力劳动，加快施工进度。

填土的压实方法有碾压法、夯实法和振动压实法。填土压实的质量与许多因素有关，其中主要影响因素有压实遍数、土的含水量及每层铺土厚度。

支护结构包括围护墙和支撑体系。

施工降排水一般布置明沟、集水井进行明排，使用井点降水进行暗排。

土方工程冬期施工时对地基土可进行保温防冻，冻土的开挖比较困难，可加热融化后再进行挖掘。冻土的开挖方法有人工开挖、机械开挖、爆破开挖三种。雨期到来之际，对施工现场、道路及设施必须做好有组织的排水；在施工现场应准备足够的防水、防汛材料（如草袋、油毡、雨布等）和器材工具等。雨期开挖基槽（坑）或管沟时，开挖的施工面不宜过大，应从上至下分层分段依次施工，随时将底部做成一定的坡度，应经常检查边坡的稳定，适当放缓边坡或设置支撑。

一、简答题

1. 土方工程施工中，根据土体开挖的难易程度，土体是如何分类的？
2. 土的可松性对土方施工有何影响？

3. 基坑及基槽的土方量如何计算？

4. 试述方格网法计算场地平整土方量的方法和步骤。

5. 土方调配应遵循哪些原则？调配区如何划分？

6. 单斗挖土机有哪几种类型？其工作特点和适用范围如何？正铲、反铲挖土机开挖方式有哪几种？如何选择？

7. 填土压实有哪几种方法？各有什么特点？影响填土压实的主要因素有哪些？

8. 什么是土的最佳含水量？土的含水量和实际干密度对填土压实质量有何影响？

9. 为何要进行基坑降排水？

10. 基坑降水方法有哪些？指出其适用范围。

11. 试述轻型井点系统的组成和布置。

12. 基坑降水会给环境带来什么样的影响？如何治理？

13. 土方工程冬期施工有哪些防冻措施？雨期施工应注意哪些问题？

二、计算题

1. 某个基坑底部长度为85m、宽度为60m、深度为8m，工作面宽度为0.5m，四边放坡，放坡系数为0.5。试计算土方开挖工程量。

2. 某建筑物地下室的平面尺寸为51m×11.5m，基底标高为－5.00m，自然地面标高为－0.45m，地下水位为－2.80m，不透水层在地面下12m，地下水为无压水，实测渗透系数 $k=5$m/d，基坑边坡坡度为1∶0.5，现采用轻型井点降低地下水位，试进行轻型井点系统平面和高程布置，并计算井点管的数量和间距。

拓展案例1

单元1
在线答题

单元 2　地基与基础工程施工

思维导图

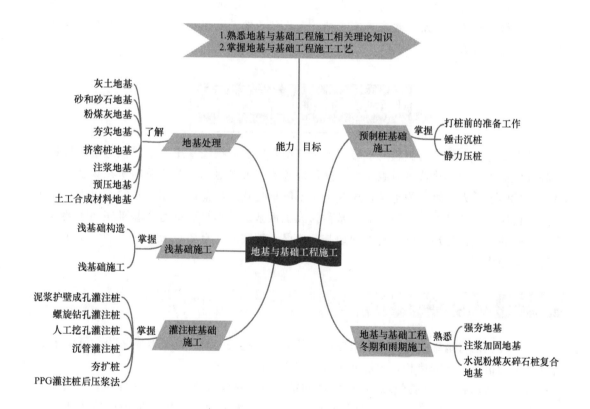

引 例

任何建筑物必须有可靠的地基与基础。若建筑荷载较小,一般采用天然地基或加固处理后的地基。随着社会进步及工程建设领域的迅速发展,近年来各种大型建筑物、构筑物日益增多,规模越来越大,对基础工程的要求越来越高。建筑物为了有效地把结构的上部荷载传递到土壤深处承载能力较大的土层上,广泛地使用深基础。

思考:(1) 基础是否越深越好?

(2) 浅基础与深基础使用范围有何区别?浅基础与深基础形式各有哪些?

知识点

土质条件较好,建筑层数低,多采用浅基础。浅基础造价低、施工简便,常用形式有无筋扩展基础、扩展基础、柱下条形基础、十字交叉条形基础、筏形基础、箱形基础。

当浅层土层无法满足建筑物对地基的变形和承载力要求时,需要利用下部土层或坚实的土层、岩层作为持力层,常采用深基础;深基础的常见类型有桩基础、墩基础、深井基础和地下连续墙等。

课题2.1 地基处理

地基是承受上部结构荷载的土层,若建筑物直接建造在地基土层上,该土层不经过人工处理便能直接承受建筑物荷载作用,这种地基称为天然地基。若建筑物所在场地地基为软土、软弱土、人工填土等土层,这些土层不能承受建筑物荷载作用,必须经过人工处理后才能使用,这种经人工处理后的地基称为人工地基。基础垫层就是将基础底面下要求范围内的软弱土进行处理,以起到加固地基、确保基础底筋的有效位置、使底筋和土壤隔离不受污染等作用。

2.1.1 灰土地基

灰土地基是将基础底面下要求范围内的软弱土层挖去,用一定比例的石灰、土,在最优含水量的情况下充分拌和,分层回填夯实或压实而成。

灰土地基具有一定的强度、水稳定性和抗渗性,施工工艺简单、取材容易、费用较低,是一种应用广泛、经济、实用的地基加固方法。灰土地基适用于加固厚度为1~4m的软弱土、湿陷性黄土、杂填土等,还可用作结构的辅助防渗层。

1. 材料要求

灰土地基是用石灰与土的拌合料压实而成的,其对材料的主要要求如下。

(1) 土料。土料采用就地挖掘的黏性土及塑性指数大于14的粉土。土内不得含有松软杂质和耕植土。土料应过筛,其颗粒不应大于15mm。严禁采用冻土、膨胀土、盐渍土等活动性较强的土料。

(2) 石灰。石灰应用三级以上新鲜的块灰,含氧化钙、氧化镁越高越好。使用前1～2d应消解并过筛,其颗粒不得大于5mm,且不应夹有未熟化的生石灰块粒及其他杂质,也不得含有过多水分。

灰土的配合比采用体积比,除设计有特殊要求外,一般为2∶8或3∶7。基础垫层灰土必须过标准斗,严格控制配合比。拌和时必须均匀一致,至少翻拌两次,拌和好的灰土颜色应一致。

灰土施工时,应适当控制含水量。现场检验方法是:用手将灰土紧握成团,两指轻捏即碎为宜。如土料水分过大或不足时,应晾干或洒水润湿。

2. 作业条件

(1) 基坑(槽)在铺灰土前必须先进行钎探验槽,并按要求处理地基,办理隐检手续。

(2) 当地下水位高于基坑(槽)底时,施工前应采取排水或降低地下水位的措施,使地下水位经常保持在施工面以下0.5m左右。

(3) 基础施工前,应做好水平高程的标志。如在基坑(槽)或管沟的边坡上每隔3m钉上表示灰土上表面的木橛,在室内和散水的边墙上弹上水平线或在地坪上钉好控制标高的标准木桩。

(4) 房心灰土和管沟灰土,应在完成上下水管道的安装或管沟墙间加固之后进行施工,并且将管沟、槽内、地坪上的积水或杂物、垃圾等清除干净。

(5) 基础外侧灰土施工时,必须对基础、地下室墙和地下防水层、保护层进行检查,发现损坏时应及时修补处理,办理隐检手续。现浇的混凝土基础墙、地梁等均应达到规定的强度,不得碰坏或损伤混凝土。

3. 工艺流程

灰土地基施工工艺流程如图2.1所示。

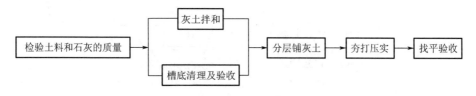

图2.1 灰土地基施工工艺流程

4. 施工要点

(1) 对基槽(坑)应先验槽。消除松土,并打两遍底夯,要求平整干净。如有积水、淤泥,应晾干;局部如有软弱土层或孔洞,应及时挖除后用灰土分层回填夯实。

(2) 灰土应分层摊铺并夯实。灰土每层最大虚铺厚度,可根据不同夯实机具按照表2-1选用。每层灰土的夯压遍数,应根据设计要求的灰土干密度在现场试验确定,一般不少于3遍。人工打夯应一夯压半夯,做到夯夯相接、行行相接、纵横交叉。

(3) 灰土回填每层夯(压)实后,应根据规范规定进行质量检验。达到设计要求时,才能进行下一层灰土的铺摊。

(4) 当日铺填夯压,入槽(坑)灰土不得隔日夯打。夯实后的灰土在3d内不得受水浸泡,并应及时进行基础施工与基坑回填,或在灰土表面做临时性覆盖,避免日晒雨淋。

(5) 灰土分段施工时,不得在墙角、柱基及承重窗间墙下接缝,上下两层的接缝距离不得小于500mm,接缝处应夯压密实,并做成直槎。

(6) 对基础、基础墙或地下防水层、保护层,以及从基础墙伸出的各种管线,均应妥善保护,防止回填灰土时碰撞或损坏。

(7) 灰土最后一层完成后,应拉线或用靠尺检查标高和平整度,超高处用铁锹铲平;低洼处应及时补打灰土。

(8) 施工时应注意妥善保护定位桩、轴线桩,防止碰撞,发生位移,并应经常复测。

表 2-1 灰土每层最大虚铺厚度

序号	夯实机具	质量/t	虚铺厚度/mm	备 注
1	石夯、木夯	0.04~0.08	200~250	人力送夯,落距为400~500mm,每夯搭接半夯,夯实后的厚度为80~100mm
2	轻型夯实机械	0.12~0.40	200~250	蛙式打夯机或柴油打夯机,夯实后的厚度为100~150mm
3	压路机	6~10	200~300	双轮

2.1.2 砂和砂石地基

砂和砂石地基是采用砂石(碎石)混合物,经分层夯实作为地基的持力层,提高基础下部地基强度,并通过垫层的扩散作用来降低地基的压应力,减少变形量。砂和砂石地基如图2.2所示。砂和砂石垫层还可起到排水作用,地基土中的孔隙水可通过砂和砂石垫层快速排出,能加速下部土层的沉降和固结。

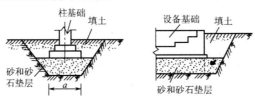

图 2.2 砂和砂石地基

1. 材料要求

砂石宜用颗粒级配良好,质地坚硬的中砂、粗砂、砾砂、卵石或碎石、石屑,也可用细砂,但宜同时掺入一定数量的卵石或碎石。人工级配的砂石垫层,应将砂石拌和均匀。砂砾中石子的含量应在50%以内,石子的最大粒径不宜大于50mm。砂、石子中均不得含有草根、垃圾等杂物,含泥量不应超过5%;用作排水垫层时,含泥量不得超过3%。

2. 作业条件

砂和砂石地基作业条件参照前面灰土地基作业条件。

3. 工艺流程

砂和砂石地基施工工艺流程如图2.3所示。

图 2.3　砂和砂石地基施工工艺流程

4. 施工要点

(1) 垫层铺设时，严禁扰动垫层下卧层及侧壁的软弱土层，防止软弱土层被践踏、受冻或受浸泡，降低其强度。如垫层下有厚度较小的淤泥或淤泥质土层，在碾压荷载下抛石能挤入该层底面时，可采用挤淤处理的方法，即先在软弱土层上堆填块石、片石等，然后将其压入以置换和挤出软弱土，再做垫层。

(2) 砂和砂石地基底面宜铺设在同一标高上。如深度不同时，地基底面应挖成踏步和斜坡形，踏步宽度不小于 500mm，高度同每层铺设厚度，斜坡坡度应大于 1∶1.5，接槎处应注意压（夯）实。施工应按先深后浅的顺序进行。

(3) 应分层铺筑砂石，铺筑砂石的每层厚度为 150～200mm，不宜超过 300mm，也不宜小于 100mm。分层厚度可用样桩控制。根据不同条件，可选择夯实或压实的方法。大面积的砂石垫层，铺筑厚度可达 350mm，宜采用 6～10t 的压路机碾压。

(4) 砂和砂石地基的压实，可采用平振法、插振法、水撼法、夯实法和碾压法。

砂和砂石地基每层铺筑厚度及最优含水量见表 2-2。

表 2-2　砂和砂石地基每层铺筑厚度及最优含水量

项次	捣实方法	每层铺筑厚度/mm	施工时最优含水量/(%)	施工说明	备　注
1	平振法	200～250	15～20	用平板式振捣器往复振捣	—
2	插振法	振捣器插入深度	饱和	(1) 用插入式振捣器； (2) 插入间距可根据机械振幅大小决定； (3) 不应插至下卧黏性土层； (4) 插入振捣器后所留的孔洞，应用砂填实	不宜用于细砂或含泥量较大的砂所铺的砂垫层
3	水撼法	250	饱和	(1) 注水高度应超过每次铺筑面； (2) 钢叉摇撼捣实，插入点间距为 100mm； (3) 钢叉分四齿，齿的间距为 30mm，长度为 30mm，柄长为 900mm，质量为 4kg	湿陷性黄土、膨胀土地区不得使用
4	夯实法	150～200	8～12	(1) 用木夯或机械夯； (2) 木夯质量为 40kg，落距为 400～500mm； (3) 一夯压半夯，全面夯实	适用于砂石垫层

续表

项次	捣实方法	每层铺筑厚度/mm	施工时最优含水量/(%)	施工说明	备注
5	碾压法	250～350	8～12	6～10t压路机往复碾压，一般不少于4遍	（1）适用于大面积砂垫层；（2）不宜用于地下水位以下的砂垫层

注：在地下水位以下的地基，其最下层的铺筑厚度可比上层增加50mm。

（5）砂垫层每层夯实后的密实度应达到中密标准，即孔隙比不应大于0.65，干密度不小于$1.60g/cm^3$。

（6）分段施工时，接槎处应做成斜坡，每层接槎处的水平距离应错开0.5～1.0m，并应充分压（夯）实。

（7）铺筑的砂石应级配均匀。如发现砂窝或石子成堆的现象，应将该处砂子或石子挖出，分别填入级配好的砂石。同时，适当地洒水以保持砂石的最佳含水量，含水量一般为8%～12%。

（8）夯实或碾压的遍数，由现场试验确定。

（9）当采用水撼法或插振法施工时，以振捣棒振幅半径的1.75倍间距（一般为400～500mm）插入振捣，依次振实，以不再冒气泡为准，直至完成。

2.1.3 粉煤灰地基

粉煤灰地基是以粉煤灰为材料，经压实而成的地基。粉煤灰可用于道路、堆场和小型建筑、构筑物等的地基换填。

1. 材料要求

（1）粉煤灰作为建筑物基础时应符合有关放射性安全标准的要求。

（2）大量填筑时应考虑对地下水和土壤环境的影响。

（3）可用电厂排放的硅铝型低钙粉煤灰，SiO_2、Al_2O_3、Fe_2O_3的含量越高越好，SO_2的含量宜小于0.4%，以免对地下金属管道等产生腐蚀。

（4）颗粒粒径宜为0.001～2.00mm。

（5）烧失量宜低于12%。

（6）粉煤灰中严禁混入植物、生活垃圾及其他有机杂质。

（7）粉煤灰进场时，其含水量应控制在31%±4%。

2. 作业条件

粉煤灰地基作业条件可参照灰土地基作业条件。

3. 工艺流程

粉煤灰地基施工工艺流程如图2.4所示。

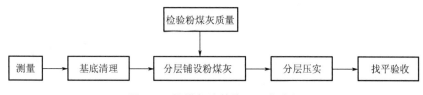

图 2.4 粉煤灰地基施工工艺流程

4. 施工要点

(1) 铺设前应先验槽,清除地基表面垃圾杂物。

(2) 粉煤灰地基应分层铺设与碾压。

(3) 粉煤灰铺设时的含水量应控制在最优含水量约为 31%±4%。

(4) 每层铺完经检测合格后,应及时铺筑上层,以防干燥、松散、起尘、污染环境,并应禁止车辆在其上行驶。

(5) 粉煤灰地基全部铺设完成并经验收合格后,应及时浇筑混凝土垫层,以防日晒、雨淋的破坏。

(6) 夯实或碾压时,如出现"橡皮土"现象,应暂停压实,可采用将垫层开槽、翻松、晾晒或换粉煤灰等办法处理。

(7) 在软弱地基上填筑粉煤灰地基时,应先铺设 200mm 厚的中、粗砂或高炉干渣,这样不仅可以避免下卧软土层表面受到扰动,而且有利于下卧软土层的排水固结,以切断毛细水的上升通道。

2.1.4 夯实地基

夯实地基采用较多的是重锤夯实法和强夯法。

1. 重锤夯实法

重锤夯实法是利用起重机械将夯锤提升到一定高度,然后自由落下,重复夯击地基土表面,使地基表面形成一层比较密实的硬壳层,从而使地基得到加固。其适于地下水位在 0.8m 以上、稍湿的黏性土、砂土、饱和度 $S_r \leqslant 60$ 的湿陷性黄土、杂填土以及分层填土地基的加固处理,但当夯击对邻近建筑物有影响,或地下水位高于有效夯实深度时,不宜采用。重锤夯实法的加固深度一般为 1.2~2.0m。湿陷性黄土地基经重锤夯实后,透水性会显著降低,可消除湿陷性,地基土密度增大,强度可提高 30%;对杂填土则可以减少其不均匀性,提高承载力。

夯锤的形状如图 2.5 所示,夯锤的材料是用整个铸钢(或铸铁),或用钢板内填筑混凝土,夯锤的质量为 8~40t。夯锤的底面积取决于表面土层,对砂石、碎石、黄土,一般面积为 2~4m²;黏性土一般为 3~4m²;淤泥质土为 4~6m²。为消除作业时夯坑对夯锤的气垫作用,夯锤上应对称性设置 4~6 个直径为 250~300mm 上下贯通的排气孔。

起重机可采用配置有摩擦式卷扬机的履带式起重机、悬臂式桅杆起重机或龙门式起重机等,当采用自动脱钩时,其起重能力应大于夯锤重量的 1.5 倍;当直接用钢丝绳悬吊夯锤时,其起重能力应大于夯锤重量的 3 倍。

重锤夯实法施工要点如下。

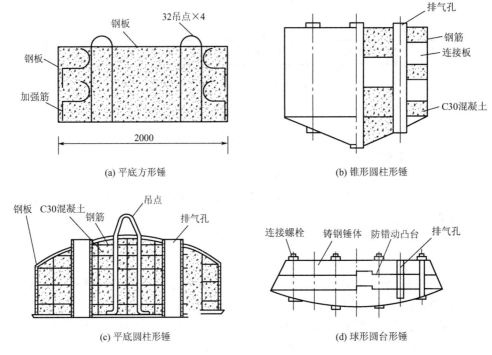

图 2.5 夯锤的形状

(1) 施工前应进行试夯，确定有关技术参数，如夯锤质量、底面直径及落距、最后下沉量及相应的夯击遍数和总下沉量。落距宜大于 4m，一般为 4～6m。最后下沉量是指最后 2 击平均夯沉量，对黏性土和湿陷性黄土取 10～20mm；对砂土取 5～10mm；对细颗粒土不宜超过 10～20mm。夯击遍数由试验确定，通常比试夯确定的遍数多 1～2 遍，一般为 8～12 遍。土被夯实的有效影响深度，一般约为重锤直径的 1.5 倍。

(2) 夯实前，基槽、基坑底面的标高应高出设计标高，预留土层的厚度可为试夯时的总下沉量再加 50～100mm；基槽、基坑的坡度应适当放缓。

(3) 夯实时地基土的含水量应控制在最优含水量范围内。

(4) 夯实大面积基坑或条形基槽时，应"一夯换一夯"顺序进行 [图 2.6 (a)]，即第一遍按一夯换一夯进行，在一次循环中同一夯位应连夯两下，下一循环的夯位，应与前一循环错开1/2锤底直径搭接，如此反复进行，在夯打最后一循环时，可以采用"一夯压半夯"的打法。在独立柱基础夯打时，可采用先周边后中间或先外后里的跳打法，如图 2.6(b) 和图 2.6(c) 所示，以使夯锤底面落下时与土接触严密，各次夯迹之间不互相压叠，而是相切或靠近。压叠易使锤底面倾斜，与土接触不严，降低夯实效率。当采用悬臂式桅杆起重机或龙门式起重机夯实时，可用图 2.6(d) 所示的顺序法，以提高功效。

(5) 基底标高不同时，应按先深后浅的顺序逐层挖土夯实，不宜一次挖成阶梯形，以免夯打时在高低相交处发生坍塌。

(6) 重锤夯实填土地基时，应分层进行，每层的虚铺厚度以相当于锤底直径为宜。

(7) 重锤夯实在建筑物 10～15m 以外时对建筑物振动影响较小，可不采取防护措施，

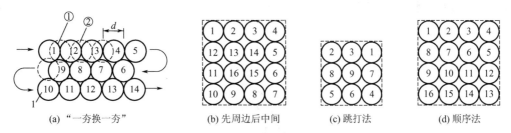

①—夯位；②—重叠夯；d—夯锤直径。

图 2.6　重锤夯打顺序

在 10~15m 以内时应进行隔振处理，如挖防振沟等。

（8）夯实结束后，应及时将夯松的表层浮土清除或将浮土在接近最优含水量的状态下重新用 1m 的落距夯实至设计标高。

2. 强夯法

强夯法是用起重机械吊起质量为 8~30t 的夯锤，从 6~30m 高处自由落下，以强大的冲击能量夯击地基土，使土中出现冲击波和冲击应力，迫使土层孔隙压缩，土体局部液化，在夯击点周围产生裂隙，形成良好的排水通道，孔隙水和气体逸出，使土粒重新排列，经时效压密达到固结，从而提高地基承载力，降低其压缩性的一种有效的地基加固方法。

强夯法适用于处理碎石土、砂土、低饱和度的粉土与黏性土、湿陷性黄土、素填土和杂填土等地基，也可用于防止粉土、粉砂的液化。

夯锤常采用钢板作外壳，内部焊接钢骨架后浇筑 C30 混凝土，混凝土夯锤如图 2.7 所示。夯锤形状有圆形和方形两种，圆形不易旋转，定位方便，稳定性和重合性好，消耗量少，采用较广。夯锤的底面积取决于表层土质，对于砂质土和碎石类土，夯锤底面积一般为 3~4m²；对于黏性土或淤泥质土等软弱土，不宜小于 6m²。夯锤质量一般为 8t、10t、12t、16t、25t。夯锤上宜设 1~4 个直径为 250~300mm 上下贯通的排气孔，以利空气排出和减小坑底的吸力。

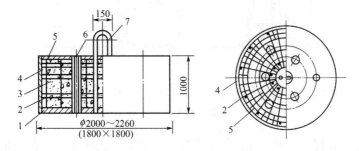

1—30mm 厚钢板底板；2—钢筋骨架 $\phi14@400$；3—C30 混凝土；4—18mm 厚钢板外壳；
5—水平钢筋网片 $\phi16@200$；6—6×$\phi159$ 钢管；7—$\phi50$ 吊环。

图 2.7　混凝土夯锤（圆柱形质量为 12t，方形质量为 8t）

起重机械可用 15t、20t、25t、30t、50t 带有离合摩擦器的履带式起重机。当履带式起重机起重能力不够时，为增大机械设备的起重能力和提升高度，防止落锤时臂杆回弹后仰,也可采用加钢制辅助人字桅杆或龙门架的方法,如图 2.8 和图 2.9 所示。

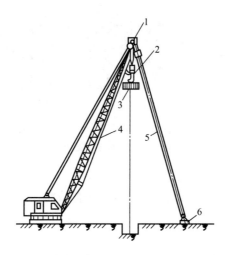

1—弯脖接头;2—自动脱钩器;3—夯锤;4—拉绳;5—钢制辅助人字桅杆;6—底座。
图 2.8 履带式起重机加钢制辅助人字桅杆

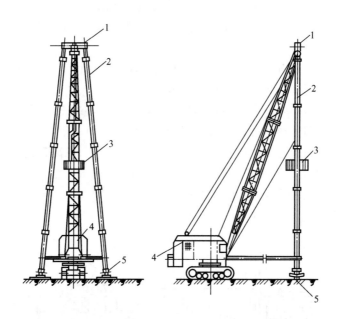

1—龙门架横梁;2—龙门架支杆;3—夯锤;4—履带式起重机;5—底座。
图 2.9 履带式起重机加钢制龙门架

(1)施工技术参数的确定。强夯施工参数包括有效加固深度、夯锤质量和落距、单位夯击能、夯击点布置及间距、夯击点的夯击遍数、两遍夯击的间歇时间、加固处理范围等。

① 强夯法的有效加固深度应根据现场试夯或当地经验确定。

② 夯锤质量和落距。夯锤质量(M)和落距(h)是影响夯击能和加固深度的重要因素,直接决定每一击的夯击能。M 一般不宜小于 8t,h 不宜小于 6m。

③ 单击夯击能。夯击能过小，加固效果差；夯击能过大，不仅浪费能源、增加费用，而且，对饱和黏性土还会破坏土体结构，形成橡皮土，降低强度。

④ 夯击点的布置及间距。夯击点的布置，对大面积地基一般采用梅花形或正方形网格排列，如图 2.10 所示；对条形基础，夯击点可成行布置；对独立基础，可按柱网设置夯击点。夯击点的间距通常取夯锤直径的 3 倍，一般为 5~15m；一般第一遍夯击点的间距宜大，以便夯击能向深部传递。

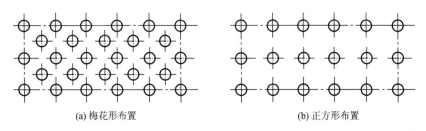

图 2.10 夯击点的布置

⑤ 夯击点夯击遍数。夯击遍数应根据地基土的性质确定，可采用点夯 2~3 遍，对于渗透性较差的细颗粒土，必要时夯击遍数可适当增加。最后再以低能量满夯 2 遍，满夯可采用轻锤或低落距锤多次夯击，锤印应搭接。

⑥ 两遍夯击的间歇时间。两遍夯击之间应有一定的时间间隔，间隔时间取决于土中超静孔隙水压力的消散时间。当缺少实测资料时，可根据地基土的渗透性确定，对于渗透性较差的黏性土地基，间隔时间不应少于 3~4 周；对于渗透性好的地基可连续夯击。

⑦ 加固处理范围。强夯法的处理范围应大于建筑物的基础范围，每边超出基础外缘的宽度宜为基底下设计处理深度的 1/2~2/3，并不宜小于 3m。

（2）强夯法施工程序。

① 清理、平整场地。

② 标出第一遍夯击点位置、测量场地高程。

③ 起重机械就位。

④ 夯锤对准夯击点位置。

⑤ 将夯锤吊到预定高度后脱钩，自由下落进行夯击。

⑥ 往复夯击，按规定的夯击遍数及控制标准完成一个夯击点的夯击。

⑦ 重复以上工序，完成第一遍全部夯击点的夯击。

⑧ 用推土机将夯坑填平，测量场地高程。

⑨ 在规定的间隔时间后，按上述程序完成全部夯击遍数。

⑩ 用低能量满夯将场地表层松土夯实，并测量夯后场地高程。

（3）强夯法的施工要点。

① 强夯法施工前，应先平整场地，查明场地范围内的地下构筑物和各种管线的位置及标高等，并采取必要措施，以免因强夯施工而造成破坏。填土前应清除表层腐殖土、草根等。场地整平与挖方时，应在强夯范围预留与夯沉量相当的土层。

② 当地下水位较高，夯坑底积水影响施工时，宜采用人工降水或铺填一定厚度的松散材料（一般为 0.5~2.0m 的中砂或砂石垫层）。夯坑内或场地积水应及时排除。

③ 强夯应分段进行，从边缘夯向中央。强夯法的加固顺序是先深后浅，即先加固深层土，再加固中层土，最后加固表层土。最后一遍夯完后，再以低能量满夯一遍。

④ 雨季填土区强夯，应在场地四周设排水沟、截洪沟，防止雨水流入场内；填土应使中间稍高，认真分层回填，分层推平、碾压，并使表面保持1%～2%的排水坡度。回填土应控制含水量在最优含水量范围内，如低于最优含水量，可钻孔灌水或洒水浸渗。

⑤ 夯击时应按试验和设计确定的强夯参数进行，落锤应保持平稳，夯击点位置应准确。在每一遍夯击后，要用新土或周围的土将夯坑填平，再进行下一遍夯击。

⑥ 做好施工过程中的检测和记录工作，包括检查夯锤质量和落距，对夯击点放线进行复核，检查夯坑位置，按要求检查每个夯击点的夯击次数和每击的夯沉量等，并对各项参数及施工情况进行详细记录，作为质量控制的根据。

2.1.5 挤密桩地基

挤密桩地基是用冲击或振动方法，把圆柱形钢质桩管打入原地基，拔出后形成桩孔，然后进行素土、灰土、石灰土、水泥土等物料的回填和夯实，从而形成增大直径的桩体，并同原地基一起形成复合地基。其特点在于不取土，挤压原地基成孔；回填物料时，夯实物料进一步扩孔。

素土、灰土等挤密桩地基适用于处理地下水位以上的湿陷性黄土、素填土和杂填土等地基，可处理地基的深度为5～20m。当以消除地基土的湿陷性为主要目的时，宜选用素土挤密桩地基；当以提高地基土的承载力或增强其水稳性为主要目的时，宜选用灰土挤密桩地基；当地基土的含水量大于24%、饱和度大于65%时，不宜选用灰土挤密桩地基或素土挤密桩地基。

1. 灰土挤密桩地基

灰土挤密桩地基是利用锤击将桩管打入土中，侧向挤密成孔，将桩拔出后，在桩孔中分层回填2∶8或3∶7灰土夯实而成。灰土挤密桩与桩间土共同组成复合地基以承受上部荷载。

灰土挤密桩地基与其他地基处理方法比较有以下特点：灰土挤密桩地基成桩时为横向挤密，可达到所要求加密处理后的最大干密度，可消除地基土的湿陷性，提高承载力，降低压缩性；与换土垫层法相比，不需要大量开挖回填，可节省土方开挖和回填土方工程量，工期可缩短50%以上；处理深度较大，可达12～15m；可就地取材，应用廉价材料，降低工程造价2/3；机具简单，施工方便，工作效率高。灰土挤密桩地基适于加固地下水位以上、天然含水量为12%～25%、厚度为5～15m的新填土、杂填土、湿陷性黄土及含水率较大的软弱地基。当地基含水量大于23%及其饱和度大于0.65时，打管成孔质量不好，且易对邻近已回填的桩体造成破坏，拔管后容易颈缩，遇此情况时不宜采用灰土挤密桩。

灰土强度较高，桩身强度大于周围地基，可以分担大部分荷载，使桩间土承受的应力减小，而到深度2～4m及以下则与土桩地基相似。一般情况下，如果为了消除地基湿陷性或提高地基的承载力或水稳性，降低压缩性，宜选用灰土挤密桩。

1) 桩的构造和布置

(1) 桩孔直径。桩孔直径根据工程量、挤密效果、施工设备、成孔方法及经济等情况而定，一般选用 300～600mm。

(2) 桩长。桩长根据土质情况、处理地基的深度、工程要求和成孔设备等因素确定，一般为 5～15m。

(3) 桩距和排距。桩孔一般按等边三角形布置，其间距和排距由设计确定。

(4) 处理宽度。处理地基的宽度一般大于基础的宽度，由设计确定。

(5) 地基的承载力和压缩模量。灰土挤密桩地基的承载力标准值及压缩模量，应由设计通过原位测试或结合当地经验确定。

2) 机具设备及材料要求

(1) 成孔设备。成孔设备一般采用 0.6t 或 1.2t 柴油打桩机或自制锤击式打桩机，也可采用冲击钻机或洛阳铲成孔。

(2) 夯实机具。常用夯实机具有偏心轮夹杆式夯实机和卷扬机提升式夯实机两种，后者在工程中应用较多。夯锤用铸钢制成，质量一般选用 100～300kg，其竖向投影面积的静压力不小于 20kPa。夯锤最大部分的直径应较桩孔直径小 100～150mm，以便填料顺利通过夯锤四周。夯锤形状下端应为抛物线形锥体或尖锥形锥体，上段呈弧形。

(3) 桩孔内的填料。桩孔内的填料应根据工程要求或处理地基的目的确定。在土料、石灰的质量要求、工艺要求、含水量控制等方面同灰土垫层。夯实质量应用压实系数控制，压实系数应不小于 0.97。

3) 施工工艺要点

(1) 施工前应在现场进行成孔、夯填工艺和挤密效果试验，以确定分层填料厚度、夯击次数和夯实后干密度等要求。

(2) 桩施工时一般应先将基坑挖好，预留 20～30cm 厚的土层，然后在坑内施工灰土桩。桩的成孔方法可根据现场机具条件选用沉管（振动、锤击）法、爆扩法、冲击法或洛阳铲成孔法等。

① 沉管法是用打桩机将与桩孔同直径的桩管打入土中，使土向孔的周围挤密，然后缓慢拔管成孔。桩管顶设桩帽，下端做成锥形（约成 60°），桩尖可以上下活动，以利空气流动，减少拔管时的阻力，避免坍孔，桩管构造如图 2.11 所示。成孔后应及时拔出桩管，不应在土中搁置时间过长。成孔施工时，地基土的含水量宜接近最优含水量，当含水量低于 12% 时，宜加水增湿至最优含水量。本方法简单易行，孔壁光滑平整，挤密效果好，应用范围广泛，但处理深度受桩架限制，一般不宜超过 8m。

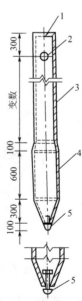

1—10mm 厚封头板（设 φ300mm 排气孔）；
2—φ45mm 管焊于桩管内，穿 M40 螺栓；
3—上端 φ275mm 无缝钢管；
4—下端 φ300mm 无缝钢管；
5—桩尖。

图 2.11 桩管构造

② 爆扩法是用钢钎打入土中形成直径为 25～40mm 的孔或用洛阳铲打成直径为 60～80mm 的孔，然后在孔中装入条形炸药卷和 2～3 个雷管，爆扩成直径为 20～45cm 的桩孔。本方法工艺简单，但孔径不易控制。

③ 冲击法是使用冲击钻钻孔，将 0.6～3.2t 重的锥形锤头提升 0.5～2.0m 高度后落下，反复冲击成孔，用泥浆护壁，直径可达 50～60cm，深度可达 15m 以上，适于处理湿陷性较大的土层。

（3）桩的施工顺序为先外排后里排，同排内应间隔 1～2 孔进行；对大型工程可分段施工，以免因振动挤压造成相邻孔缩孔或坍孔。成孔后应清底夯实、夯平，夯实次数不应少于 8 击，并应立即夯填灰土。

（4）桩孔应分层回填夯实，每次回填厚度为 250～400mm，人工夯实时使用质量为 25kg 带长柄的混凝土锤，机械夯实时用偏心轮夹杆式夯实机或卷扬机提升式夯实机（图 2.12），或链条传动摩擦轮提升连续式夯实机，一般落锤高度不小于 2m，每层夯实遍数不少于 10 击。施打时，逐层以量斗定量向孔内下料，逐层夯实。当采用链条传动摩擦轮提升连续式夯实机时，应用铁锹不间断地下料，每下 2 锹夯 2 击，均匀地向桩孔下料、夯实。桩顶应高出设计标高 15cm，挖土时将高出部分铲除。

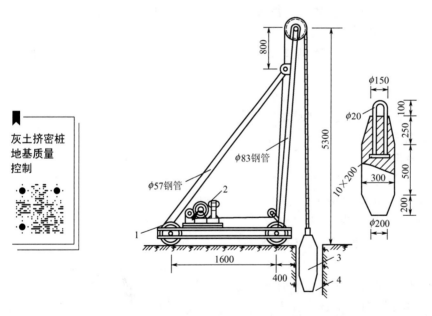

1—机架；2—卷扬机；3—铸钢夯锤；4—桩孔。

图 2.12 卷扬机提升式夯实机（桩直径为 350mm）

（5）当孔底出现饱和软弱土层时，可加大成孔间距，以防由于振动而造成已打好的桩孔内挤塞；当孔底有地下水流入时，可采用井点降水后再回填填料或向桩孔内填入一定数量的干砖渣和石灰，经夯实后再分层填入填料。

2. 砂石桩地基

砂石桩地基是挤密桩地基的一种，砂桩和砂石桩统称砂石桩。砂石桩地基是指用振动、冲击或水冲等方式在软弱地基中成孔后，再将砂或砂卵石（或砾石、碎石）挤压入孔中，形成大直径的砂或砂卵石（碎石）密实桩体，它是处理软弱地基的一种常用方法。这种方法经济、简单且有效。对于松砂地基，可通过挤压、振动等作用使地基达到密实，从而增加地基承载力，降低孔隙比，减小建筑物沉降，提高松砂地基抵抗振动液化的能力；对于软黏土地基，砂石桩可起到置换和排水砂井的作用，加速土的固结，形成置换桩，与固结后软黏土一起形成复合地基，可显著提高地基抗剪强度。砂石桩地基施工机具常规，操作工艺简单，可节省水泥、钢材，就地使用廉价地方材料，速度快，工程成本低，故应用较为广泛。砂石桩适用于处理松散砂土、素填土和杂填土等地基。

1) 机具设备及材料要求

（1）振动打桩机或锤击打桩机及其配套桩管、吊斗、1t机动翻斗车等。

（2）桩填料用天然级配的中砂、粗砂、砾砂、圆砾、角砾、卵石或碎石等，含泥量不大于5%，并且不宜含有粒径大于50mm的颗粒。

2) 施工工艺要点

（1）打砂石桩时地基表面会产生松动或隆起，砂石桩的施工标高要比基础底面高1~2m，以便在开挖基坑时消除表层松土；如基坑底仍不够密实，可辅以人工夯实或机械碾压。

（2）砂石桩的施工顺序，应从外围或两侧向中间进行，如砂石桩间距较大，也可逐排进行，以挤密为主的砂石桩同一排应间隔进行。

（3）砂石桩的成桩工艺有振动成桩法和锤击成桩法两种。

① 振动成桩法。振动成桩法是采用振动打桩机（图2.13）将与带活瓣桩尖的砂石桩同直径的桩管沉下，往桩管内灌砂石后，边振动边缓慢拔出桩管；或在振动拔管的过程中，每拔0.5m停拔振动20~30s；或将桩管压下后再拔，以便将落入桩孔内的砂石压实，并可使桩径扩大。振动力以30~70kN为宜，不应太大，以防过分扰动土体。拔管速度应控制在1.0~1.5m/min。直径为500~700mm的砂石桩通常使用大吨位KM2-1200A型振动打桩机，因其振动方向是垂直的，故桩径扩大有限，但该法机械化、自动化水平和生产效率较高（150~200m/d），适用于松散砂土和软黏土。

② 锤击成桩法。锤击成桩法是将带有活瓣桩尖或混凝土桩尖的桩管用锤击打桩机打入土中，往桩管内灌砂后缓慢拔出，或在拔出的过程中低锤击管，或将桩管压下再拔，砂石从桩管内排入桩孔，形成桩体并使其密实。由于桩管对土有冲击力作用，使得桩周围的土被挤密，并使桩径向外扩展。但拔管不能过快，以免形成中断、颈缩而造成事故。对特别软弱的土层，也可二次打入桩管，形成扩大砂石桩。如没有锤击打管机，也可采用蒸汽锤、落锤或柴油锤打桩机，另配一台起重机拔管。

（4）施工前应进行成桩挤密试验，桩数宜为7~9根。振动成桩法应根据桩管和挤密情况，确定灌砂石量、提升高度和速度、挤压次数和时间、电动机工作电流等，作为控制质量的标准，以保证挤密均匀和桩身的连续性。

（5）灌砂石时应对含水量加以控制。对饱和土层，砂石可采用饱和状态；对非饱和土或杂填土，或能形成直立的桩孔壁的土层，含水量可采用7%~9%。

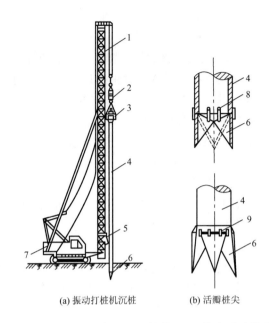

(a) 振动打桩机沉桩　　(b) 活瓣桩尖

1—桩机导架；2—减震器；3—振动锤；4—桩管；5—装砂石下料斗；6—活瓣桩尖；
7—机座；8—活门开启限位装置；9—锁轴。

图 2.13　振动打桩机

（6）砂石桩应控制灌砂石量。

砂桩的灌砂量通常按桩孔的体积和砂在中密状态时的干密度计算（一般取 2 倍桩管入土体积）。砂石桩实际灌砂石量（不包括水的含量）不得少于设计值的 95%。如发现砂石量不够或砂石桩中断等情况，可在原位进行复打灌砂石。

砂石桩地基质量控制

3. 水泥粉煤灰碎石桩地基

水泥粉煤灰碎石桩地基是一种挤密桩地基，水泥粉煤灰碎石桩（简称 CFG 桩）是在碎石桩的基础上掺入适量石屑、粉煤灰和少量水泥，加水拌和后制成的具有一定强度的桩体。其骨料仍为碎石，用掺入石屑的方法来改善颗粒级配；用掺入粉煤灰的方法来改善混合料的和易性，并利用其活性减少水泥用量；用掺入少量水泥的方法使其具有一定的黏结强度。

CFG 桩适于多层和高层建筑地基的砂土、粉土、松散填土、粉质黏土、淤泥质黏土等的处理。

施工工艺要点如下。

（1）CFG 桩施工工艺流程如图 2.14 所示。

（2）CFG 桩施工工序为：桩机就位→沉管至设计深度→停振下料→振动捣实后拔管→留振 10s→振动拔管、复打。应考虑隔排隔桩跳打，新打桩与已打桩的间隔时间不应少于 7d。

（3）桩机就位须平整、稳固，桩管与地面保持垂直，垂直度偏差不大于 1.5%；如带预制混凝土桩尖，则需埋入地面以下 300mm。

（4）在沉管过程中用料斗在空中向桩管内投料，待沉管至设计标高后须尽快投料，直

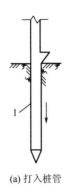 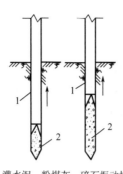 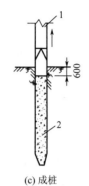

(a) 打入桩管　　(b) 灌水泥、粉煤灰、碎石振动拔管　　(c) 成桩

1—桩管；2—水泥、粉煤灰、碎石。

图 2.14　CFG 桩施工工艺流程

至混合料与桩管上部投料口齐平。

（5）桩体经 7d 达到一定强度后，才可进行基槽开挖；如桩顶离地面 1.5m 以内，宜用人工开挖；如桩顶离地面大于 1.5m，下部 700mm 宜用人工开挖，以避免损坏桩头部分。为使桩与桩间土更好地共同工作，宜在基础下铺一层 150～300mm 厚的碎石或灰土垫层。

水泥粉煤灰碎石桩地基质量控制

4. 夯实水泥土复合地基

夯实水泥土复合地基是一种挤密桩地基，是用洛阳铲或螺旋钻机成孔，在孔中分层填入水泥土混合料，经夯实成桩，与桩间土共同组成复合地基。

夯实水泥土复合地基具有提高地基承载力（50%～100%），降低压缩性；材料易于解决；施工机具设备、工艺简单；工作效率高；地基处理费用低等优点。它适于加固地下水位以上，天然含水量为 12%～23%，厚度在 10m 以内的新填土、杂填土、湿陷性黄土及含水率较大的软弱土地基。

施工工艺要点如下。

（1）施工前应在现场进行成孔、夯填工艺和挤密效果试验，以确定分层填料厚度、夯击次数和夯实后桩体干密度。

（2）夯实水泥土复合地基的工艺流程为：场地平整→测量放线→基坑开挖→布置桩位→第一批桩成孔→水泥、土料拌和→填料并夯实→剩余桩成孔→水泥、土料拌和→填料并夯实→养护→检测→铺设灰土褥垫层。

（3）按设计顺序定位放线，严格布置桩孔，并记录布桩的根数，以防止遗漏。

夯实水泥土复合地基质量控制

（4）采用洛阳铲或螺旋钻机成孔时，按梅花形布置并及时成桩，以避免大面积成孔后再成桩时，由于夯机自重和夯锤的冲击，地表水灌入孔内而造成塌孔。

（5）回填拌和料的配合比应用量斗计量准确，拌和均匀；含水量控制应以手握成团，落地散开为宜。

（6）向孔内填料前，先夯实孔底，采用"二夯一填"的连续成桩工艺。每根桩要求一气呵成，不得中断，防止出现松填或漏填现象。

(7) 其他施工工艺要点及注意事项同灰土挤密桩地基有关部分。

5. 振冲地基

振冲地基,又称振冲桩复合地基,也是一种挤密桩地基,是以起重机吊起振冲器,启动潜水电动机带动偏心块,使振冲器产生高频振动,同时开动水泵,通过喷嘴喷射高压水成孔,然后分批填以砂石骨料形成桩体,桩体与原地基构成复合地基。振冲地基是提高地基承载力,减小地基沉降量的一种快速、经济有效的加固方法。振冲地基具有技术可靠、机具设备简单、操作技术易于掌握、施工简便、省"三材"(钢材、木材、水泥)、加固速度快、地基承载力高等特点。

振冲地基施工要点如下。

(1) 施工前应先在现场进行振冲试验,以确定成孔合适的水压、水量、成孔速度、填料方法、达到土体密实时的电流值、填料量和留振时间。

(2) 振冲前,应按设计图定出桩孔的中心位置并编号。

(3) 启动水泵和振冲器,使振冲器以 1~2m/min 的速度徐徐沉入土中。每沉入 0.5~1.0m,宜留振 5~10s 进行扩孔,待孔内泥浆溢出时再继续沉入。当下沉到设计深度时,振冲器应在孔底适当停留并减小射水压力,以便排除泥浆进行清孔。如此往复 1~2 次,使孔内泥浆变稀,排泥清孔 1~2min 后,将振冲器提出孔口。

(4) 成桩的操作过程。成孔后,先将振冲器提出孔口,从孔口往下填料,然后再下降振冲器至填料中进行振密,待电流达到规定的数值时将振冲器提出孔口,如此自下而上反复进行,直至桩顶施工完成。

(5) 振冲地基施工时桩顶部约 1m 范围内的桩体密实度难以保证,一般应予挖除,另做地基,或用振动碾压使之压实。图 2.15 为振冲地基施工工艺。

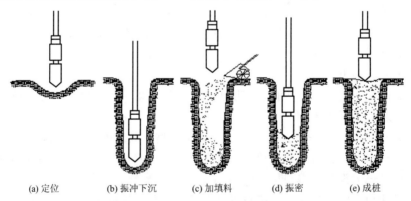

(a) 定位　　(b) 振冲下沉　　(c) 加填料　　(d) 振密　　(e) 成桩

图 2.15　振冲地基施工工艺

2.1.6　注浆地基

注浆地基有水泥注浆地基和硅化注浆地基两种。

1. 水泥注浆地基

水泥注浆地基是将水泥浆通过压浆泵、灌浆管均匀地注入土体中,以填充、渗透和挤密等方式驱走岩石裂隙中或土颗粒间的水分和气体,并填充其位置,硬化后将岩土胶结成一个整体,形成一个强度大、压缩性低、抗渗性高和稳定性良好的新的岩土体,从而使地基得到加固。水泥注浆地基可以防止或减少渗透和不均匀沉降,在建筑工程中的应用较为广泛。

水泥注浆适用于软黏土、粉土、新近沉积黏性土、砂土提高强度的加固和渗透系数大于2~10cm/s的土层的止水加固,以及已建工程局部松软地基的加固。

水泥注浆地基有以下两种施工方法。

1)高压喷射注浆法

高压喷射注浆法就是利用钻机把带有喷嘴的灌浆管钻入(或置入)至土层预定的深度,以20~40MPa的压力把浆液或水从喷嘴中喷射出来,形成喷射流冲击破坏土层及预定形状的空间,当能量大、速度快、脉冲喷射流的动压力大于土层结构强度时,土颗粒便从土层中剥落下来,一部分细粒土随浆液或水冒出地面,其余土颗粒在射流的冲击力、离心力和重力等作用下,与浆液搅拌混合,并按一定的浆土比例和质量大小,有规律地重新排列。这样注入的浆液将冲下的部分土混合凝结成加固体,从而达到加固土体的目的。它具有增大地基强度,提高地基承载力,止水防渗,减少支挡结构物的土压力,防止砂土液化和降低土的含水量等多种功能。

高压喷射注浆法的注浆形式分为旋转喷射注浆(旋喷)、定向喷射注浆(定喷)和在某一角度范围内摆动喷射注浆(摆喷)三种。其中,旋转喷射注浆形成的水泥土加固体呈圆柱状,称为旋喷桩。旋喷桩的施工顺序为:开始钻进(a)→钻进结束(b)→高压旋喷开始(c)→边旋转边提升(d)→喷射完毕,桩体形成(e),旋喷桩的施工顺序如图2.16所示。

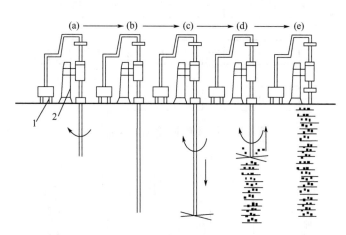

1—超高压力水泵;2—钻机。
图2.16 旋喷桩的施工顺序

高压喷射注浆法适用于淤泥、淤泥质土、黏性土、粉土、黄土、砂土、人工填土和碎石等地基。当土中含有较多的大粒径块石、坚硬黏性土、大量植物根茎或过多的有机质时,应根据现场试验结果确定其适用程度。

高压喷射注浆法的施工工艺流程如图2.17所示。

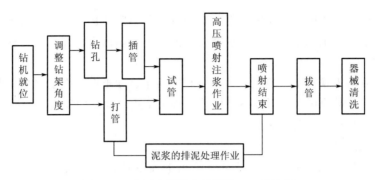

图 2.17　高压喷射注浆法的施工工艺流程

2) 深层搅拌法

深层搅拌法是以水泥作为固化剂的主剂,通过特制的搅拌机械边钻边往软土中喷射浆液或雾状粉体,在地基深处将软土和固化剂(浆液或粉体)强制搅拌,使喷入软土中的固化剂与软土充分拌和在一起,利用固化剂和软土之间产生的一系列物理化学反应形成抗压强度比天然土强度高得多,并具有整体性、水稳定性和一定强度的水泥加固土桩体,由若干根这类加固土桩体和桩间土构成复合地基,从而达到提高地基承载力和增大变形模量的目的。深层搅拌法是用于加固饱和黏性土地基的一种新技术。

深层搅拌法的施工工艺流程如图 2.18 所示。其施工顺序为:定位下沉(a)→沉入到设计深度(b)→喷浆搅拌提升(c)→原位重复搅拌下沉(d)→重复搅拌提升(e)→搅拌完毕形成加固体(f),如图 2.19 所示。

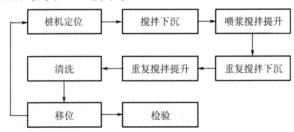

图 2.18　深层搅拌法的施工工艺流程

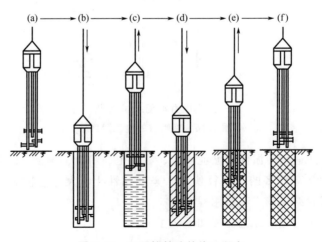

图 2.19　深层搅拌法的施工顺序

2. 硅化注浆地基

硅化注浆法是将以硅酸钠（水玻璃）为主剂的混合溶液（或水玻璃水泥浆）通过灌浆管均匀地注入地层，浆液赶走土粒间或岩土裂隙中的水分和空气，并将岩土胶结成一个整体，形成强度较大、防水性能较好的岩土体，从而使地基得到加强，本法也称硅化法。

水泥（硅化）注浆地基的质量检验标准

（1）施工前，应先在现场进行灌浆试验，确定各项技术参数。

（2）灌注溶液的灌浆管可采用内径为20～50mm，壁厚大于5mm的无缝钢管。它由管尖、孔管、无孔接长管及管头等组成。压力硅化灌浆管排列及构造如图2.20所示。

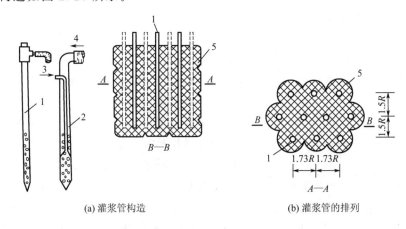

(a) 灌浆管构造　　(b) 灌浆管的排列

1—单液灌浆管；2—双液灌浆管；3—第一种溶液；4—第二种溶液；5—硅化加固区。

图2.20　压力硅化灌浆管排列及构造

（3）设置灌浆管时，借打入法或钻孔法（振动拔管机、振动钻或三脚架穿心锤）沉入土中，保持垂直和距离正确，管子四周孔隙用土填塞夯实。

（4）硅化加固的土层上侧应保留1m厚的不加固土层，以防溶液上冒，必要时须夯填素土或打灰土层。

（5）土的加固程序一般自上而下进行，如土的渗透系数随深度而增大，则应自下而上进行。如相邻土层的土质不同，则渗透系数较大的土层应先进行加固。

（6）电动硅化是在灌注溶液的同时通入直流电。灌注溶液与通电工作要连续进行，通电时间最长不超过36h。为了提高加固的均匀性，可每隔一定时间后变换电极改变电流方向。

（7）土的硅化完毕，用桩架或三脚架借倒链或绞磨将灌浆管和电极拔出，遗留孔洞用1∶5水泥砂浆或黏土填实。

2.1.7　预压地基

预压法是在建筑物建造前，对建筑场地进行预压，使土体中的水排出，逐渐固结，地基发生沉降，同时强度逐步提高的方法。预压法适用于处理淤泥质土、淤泥和冲填土等饱和黏性土地基。预压法可使地基的沉降在加载预压期间基本完成或大部分完成，使建筑物在使用期间不致产生过大的沉降和沉降差。同时，可增加地基土的抗剪强度，从而提高地基的承载力和稳定性。

预压法包括砂井堆载预压法和真空预压法两大类。砂井堆载预压法是以建筑场地上的堆载作为加载系统，在加载预压下使地基的固结沉降基本完成，提高地基土强度的方法。对于持续荷载下体积发生很大的压缩和强度会增长的土，而其又有足够的时间进行压缩时，这种方法特别适用。真空预压法是在需要加固的软黏土地基上覆盖一层不透气的密封膜使之与大气隔绝，用真空泵抽气使膜内保持较高的真空度，在土的孔隙中产生负的孔隙水压力，孔隙水逐渐被吸出从而达到预压效果。真空预压法适用于超软黏性土地基、边坡、码头岸坡等地基稳定性要求较高的工程地基加固，土越软，加固效果越明显。

1. 砂井堆载预压地基

砂井堆载预压法是在软弱地基中用钢管打孔、灌砂、设置砂井作为竖向排水通道，并在砂井顶部设置砂垫层作为水平排水通道，在砂垫层上部压载以增加土中附加应力，使土体中孔隙水较快地通过砂井和砂垫层排出，从而加速土体固结，使地基得到加固。

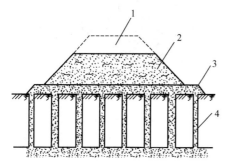

1—临时超载填土；2—永久性填土；
3—砂垫层；4—砂井。

图 2.21 砂井堆载预压地基

一般软黏土的结构呈蜂窝状或絮状，在固体颗粒周围充满水，当受到应力作用时，土体中的孔隙水慢慢排出，孔隙因体积变小而发生体积压缩，常称为固结。由于黏土的孔隙率很小，故这一过程是非常缓慢的。一般黏土的渗透系数很小，为 $10^{-9} \sim 10^{-7}\,\mathrm{cm/s}$，而砂的渗透系数为 $10^{-3} \sim 10^{-2}\,\mathrm{cm/s}$，两者相差很大。因此，当地基黏土层的厚度很大，仅采用堆载预压而不改变黏土层的排水边界条件时，黏土层的固结将十分缓慢，使预压时间变长。当在地基内设置砂井等竖向排水体系时，可缩短排水距离，有效地加速土体固结，砂井堆载预压地基如图 2.21 所示。

砂井堆载预压法可加速饱和软黏土的排水固结，使沉降及早完成（下沉速度可加快 2.0～2.5 倍），同时可大大提高地基的抗剪强度和承载力，防止地基土滑动破坏；而且施工机具及施工方法简单，可就地取材，可缩短施工期限，降低造价。砂井堆载预压法适用于透水性低的饱和软黏土加固；用于机场跑道、油罐、冷藏库、水池、水工结构、道路、路堤、堤坝、码头、岸坡等工程的地基处理。对于泥炭等有机沉积地基则不适用。

2. 真空预压地基

真空预压法是以大气压力作为预压载荷，它是先在需加固的软土地基表面铺设一层透水砂垫层或砂砾层，再在其上覆盖一层不透气的塑料薄膜或橡胶布，将四周密封好，使其与大气隔绝，在砂垫层内埋设渗水管道，然后与真空泵连通进行抽气，使透水材料保持较高的真空度，在土的孔隙中产生负的孔隙水压力，将土中孔隙水和空气逐渐吸出，从而使土体固结。对于渗透系数小的软黏土，为加速孔隙水的排出，也可在加固部位设置砂井等竖向排水系统。图 2.22 为真空预压地基。

真空预压法适用于饱和均质黏土及含薄层砂夹层的黏土，特别适合淤填土、超软土地

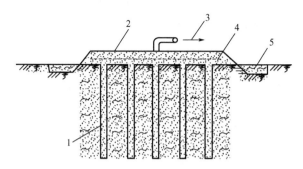

1—砂井；2—薄膜；3—抽水、气；4—砂垫层；5—黏土。

图 2.22　真空预压地基

基的加固，但不适合在加固范围内有足够水源补给的透水土层，以及无法堆载的倾斜地面和施工场地狭窄的工程进行地基处理。

2.1.8　土工合成材料地基

1. 土工织物地基

土工织物地基又称土工聚合物地基、土工合成材料地基，是在软弱地基中或边坡上埋设土工织物作为加筋，使其共同作用形成弹性复合土体。土工织物具有排水、反滤、隔离、加固和补强等方面的作用，可以提高土体承载力，减少沉降和增加地基的稳定。图 2.23 为土工织物加固地基、边坡的几种应用。

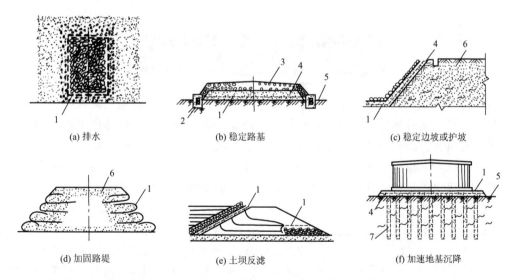

(a) 排水　　　(b) 稳定路基　　　(c) 稳定边坡或护坡

(d) 加固路堤　　　(e) 土坝反滤　　　(f) 加速地基沉降

1—土工织物；2—渗水盲沟；3—道砟；4—砂垫层；5—软土层；6—填土或填料夯实；7—砂井。

图 2.23　土工织物加固地基、边坡的几种应用

土工织物适用于加固软弱地基，以加速土体固结，提高土体强度；用于公路、铁路路基作加强层，防止路基翻浆、下沉；用于堤岸边坡，可使结构坡角加大，又能充分压实；作挡土墙后的加固，可代替砂井。此外，还可用于河道和海港岸坡的防冲；水库、渠道的防渗及土石坝、灰坝、尾矿坝与闸基的反滤层和排水层，可取代砂石级配良好的反滤层，达到节约投资、缩短工期、保证安全的目的。

2. 加劲土地基

加劲土地基是由填土和填土中一定量的带状筋体（或称拉筋）以及直立的墙面板三部分组成的一个整体的复合结构，加劲土地基如图 2.24 所示。这种结构内部存在着墙面土压力、拉筋的拉力、填土与拉筋间的摩擦力等相互作用的内力，并维持相互平衡，从而可保证这个复合结构的内部稳定。同时这一复合结构又能抵抗拉筋尾部后面填土所产生的侧压力，使整个复合结构保持稳定。

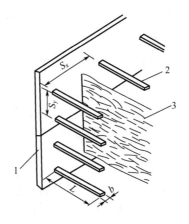

1—墙面板；2—拉筋；3—填土。

图 2.24 加劲土地基

课题 2.2 浅基础施工

任何建筑物都建造在地层上，建筑物的全部荷载均由它下面的地层来承担。受建筑物荷载影响的那一部分地层称为地基；建筑物在地面以下并将上部荷载传递至地基的结构称为基础；在基础上面建造的是上部结构，地基及基础如图 2.25 所示。基础底面至地面的距离，称为基础的埋置深度，简称埋深。直接支承基础的地层称为持力层，在持力层下方的地层称为下卧层。地基基础是保证建筑物安全和满足使用要求的关键之一。

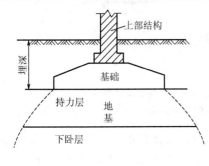

图 2.25 地基及基础

基础的作用是将建筑物的全部荷载传递给地基。和上部结构一样，基础应具有足够的强度、刚度和耐久性。地基和基础是建筑物的根基，又属于地下隐蔽工程，故它的勘察、设计和施工质量直接关系到建筑物的安危。在建筑工程事故中，地基基础方面的事故最多，而且地基基础事故一旦发生，补救异常困难。从造价或施工工期上看，基础工程在建筑物中所占比例很大，有的工程可达 30% 以上。因此，地基及基础在建筑工程中的重要性是显而易见的。

2.2.1 浅基础构造

浅基础一般指基础埋深小于基础宽度或深度不超过5m的基础。浅基础根据结构形式可分为无筋扩展基础、扩展基础、柱下条形基础、柱下交叉条形基础、筏形基础、箱形基础等。

1. 无筋扩展基础

无筋扩展基础是由砖、毛石、混凝土或毛石混凝土、灰土或三合土等材料组成的，且不需配置钢筋的墙下条形基础或柱下独立基础，如图2.26所示。无筋扩展基础适用于多层民用建筑和轻型厂房。

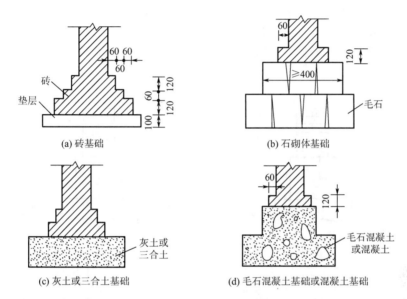

图 2.26 无筋扩展基础

1）砖基础构造

砖基础有条形基础和独立基础，基础下部扩大部分称为大放脚、上部为基础墙。砖基础的大放脚通常采用等高式砌法和间隔式砌法两种形式，如图2.27所示。

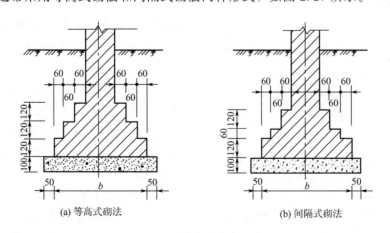

图 2.27 基础大放脚形式

2）石砌体基础构造

（1）毛石基础。毛石基础是用毛石与水泥砂浆或水泥混合砂浆砌成的。所用毛石强度等级一般为 MU20 以上，砂浆宜用水泥砂浆，强度等级应不低于 M5。

毛石基础可作墙下条形基础或柱下独立基础。按其断面形式有矩形、阶梯形和梯形。基础的顶面宽度应比墙厚大 200mm，即每边宽出 100mm，每阶高度一般为 300～400mm，并至少砌两皮毛石。上级阶梯的石块应至少压砌下级阶梯的 1/2，相邻阶梯的毛石应相互错缝搭砌，阶梯形毛石基础如图 2.28 所示。

毛石基础必须设置拉结石，同皮内每隔 2m 左右设置一块。拉结石的长度，如基础宽度等于或小于 400mm，则应与基础宽度相等；如基础宽度大于 400mm，可用两块拉结石内外搭接，搭接长度不应小于 150mm，且其中一块拉结石的长度不应小于基础宽度的 2/3。

（2）料石基础。砌筑料石基础的第一皮石块应用丁砌层坐浆砌筑，以上各层料石可按一顺一丁进行砌筑。阶梯形料石基础，上级阶梯的料石至少压砌下级阶梯料石的 1/3，如图 2.29 所示。

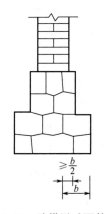

图 2.28 阶梯形毛石基础

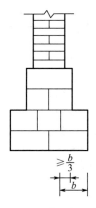

图 2.29 阶梯形料石基础

3）灰土或三合土基础构造

灰土或三合土基础构造如图 2.30 所示，两者构造相似，只是填料不同。灰土基础材料的配合比宜为 3∶7 或 2∶8（体积配合比）。土料宜采用不含松软杂质的粉质黏土及塑性指数大于 4 的粉土。对土料应过筛，其粒径不得大于 15mm，土中的有机质含量不得大于 5%。

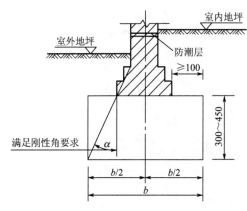

图 2.30 灰土或三合土基础构造

灰土用的熟石灰应在使用前的 1d 将生石灰浇水消解。熟石灰中不得含有未熟化的生石灰块和过多的水分。生石灰消解 3～4d 后筛除生石灰块使用。过筛粒径不得大于 5mm。

三合土基础材料的配合比宜为（1∶2∶4）～（1∶3∶6）（体积配合比），宜采用消石灰、砂、碎砖配置。砂宜采用中、粗砂和泥沙。砖应粉碎，其粒径为 20～60mm。

4）混凝土基础与毛石混凝土基础构造

当荷载较大、地下水位较高时常采用混凝土基础。混凝土基础的强度较高，耐久性、抗冻性、抗渗性、耐腐蚀性都很好。基础的截面形式常采用台阶形式，阶梯高度一般不小于 300mm。

毛石混凝土基础与混凝土基础的构造相同，当基础体积较大时，为了节约混凝土的用量，降低造价，可掺入一些毛石，掺入量不宜超过 30%，形成毛石混凝土基础。毛石混凝土基础或混凝土基础构造详图如图 2.31 所示。

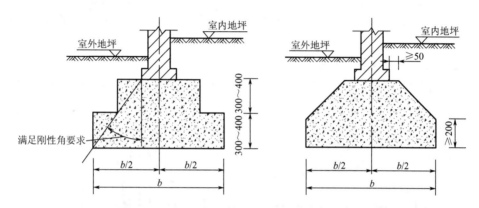

图 2.31　毛石混凝土基础或混凝土基础构造详图

2. 扩展基础

用钢筋混凝土建造的基础抗弯能力强，不受刚性角限制，称为扩展基础，如图 2.32 所示。扩展基础将上部结构传来的荷载通过向侧边扩展，形成一定底面积，使作用在基底的压应力等于或小于地基土的允许承载力，而基础内部的应力应同时满足材料本身的强度要求。扩展基础包括柱下钢筋混凝土独立基础和墙下钢筋混凝土条形基础。

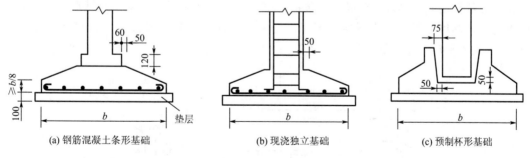

(a) 钢筋混凝土条形基础　　(b) 现浇独立基础　　(c) 预制杯形基础

图 2.32　扩展基础

1）柱下钢筋混凝土独立基础

柱下钢筋混凝土独立基础有现浇台阶形基础、现浇锥形基础和预制柱的杯口形基础三种，如图 2.33 所示。杯口形基础又可分为单肢杯口形基础和双肢杯口形基础、低杯口形基础和高杯口形基础。轴心受压柱下基础的底面形状为正方形，而偏心受压柱下基础的底面形状为矩形。

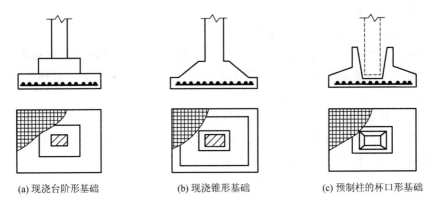

(a) 现浇台阶形基础　　(b) 现浇锥形基础　　(c) 预制柱的杯口形基础

图 2.33　柱下钢筋混凝土独立基础

2) 墙下钢筋混凝土条形基础

墙下钢筋混凝土条形基础根据受力条件可分为不带肋和带肋两种，如图 2.34 所示。

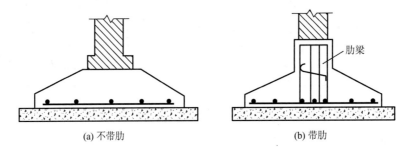

(a) 不带肋　　(b) 带肋

图 2.34　墙下钢筋混凝土条形基础

3. 柱下条形基础与柱下交叉条形基础

1) 柱下条形基础

当上部荷载较大，地基承载力较低，独立基础的底面积不能满足设计要求时，可把若干柱子的基础连成一整条，构成柱下条形基础，以扩大基底面积，减小地基反力，并可以形成整体来调整可能产生的不均匀沉降。把一个方向的单列柱基连在一起就形成了单向（柱下）条形基础，柱下条形基础如图 2.35 所示。

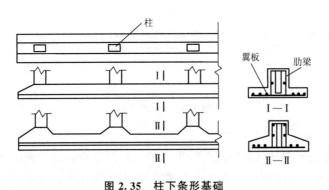

图 2.35　柱下条形基础

2) 柱下交叉条形基础

当上部荷载较大，采用单向条形基础仍不能满足承载力要求时，可以把纵、横柱基础连在一起,组成十字交叉条形基础,柱下交叉条形基础如图 2.36 所示。

4. 筏形基础

当地基承载力低,而上部结构的荷载又较大,以致十字交叉条形基础仍不能提供足够的底面积来满足地基承载力的要求时,可采用钢筋混凝土满堂板基础,这种平板基础称为筏形基础。

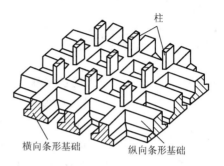

图 2.36 柱下交叉条形基础

筏形基础具有比十字交叉条形基础更大的整体刚度,有利于调整地基的不均匀沉降,能较好地适应上部结构荷载分布的变化。筏形基础还可满足抗渗要求。

筏形基础分为平板式和梁板式。平板式一般采用等厚度平板,如图 2.37(a) 所示;当柱荷载较大时,可局部加大柱下板厚或设墩基以防止筏板被冲剪破坏,如图 2.37(b) 所示;当柱距较大,柱荷载相差也较大时,宜沿柱轴纵横向设置基础梁,即梁板式基础,如图 2.37(c) 和图 2.37(d) 所示。

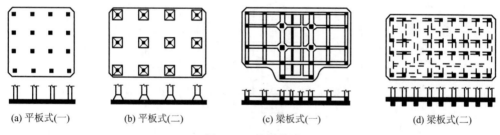

图 2.37 筏形基础

5. 箱形基础

箱形基础是由现浇的钢筋混凝土底板、顶板和纵横内外隔墙组成,形成一只刚度极大的箱子,故称为箱形基础,如图 2.38 所示。

箱形基础具有比筏形基础更大的抗弯刚度,相对弯曲很小,可视为绝对刚性基础。为了加大底板刚度,可进一步采用"套箱式"箱形基础,如图 2.38(b) 所示。箱形基础埋深较深,基础空腹,从而卸除了基底处原有地基的自重应力,因此,也就大大减小了作用于基础底面的附加应力,减少了建筑物的沉降,这种基础又称为补偿性基础。

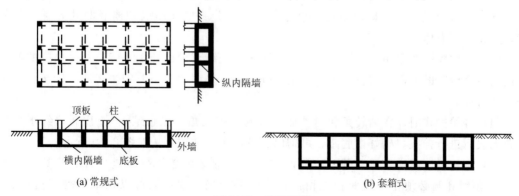

图 2.38 箱形基础

2.2.2 浅基础施工

砖基础施工

1. 无筋扩展基础施工

1) 砖基础施工

砖基础施工包括地基验槽、砖基放线、材料见证取样、配制砂浆、排砖摆底、墙体盘角、立皮数杆、立杆挂线、砌砖基础、验收、养护等步骤，其工艺流程如图 2.39 所示。

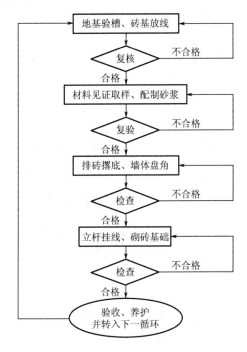

图 2.39 砖基础施工的工艺流程

(1) 砌砖基础前，应先将垫层清扫干净，并用水润湿，立好皮数杆，检查防潮层以下砌砖的层数是否相符。

(2) 从相对设立的龙门板上拉大放脚准线，根据准线交点在垫层面上弹出位置线，即为基础大放脚边线。大放脚转角处要放七分头，七分头应在山墙和檐墙两处分层交替放置，一直砌到墙体。

(3) 大放脚一般采用"一顺一丁"的砌筑法，竖缝至少错开 1/4 砖长。大放脚的最下一皮及各个台阶的上面一皮应以丁砌为主，砌筑时宜采用"三一"砌法，即一铲灰、一块砖、一挤揉。

(4) 开始操作时，在墙转角和内外墙交接处应砌大角，先砌筑 4～5 皮砖，经水平尺检查无误后进行挂线，砌好摆底砖，再砌以上各皮砖。挂线方法如图 2.40 所示。

(5) 砌筑时，所有承重墙基础应同时进行。基础接槎必须留斜槎，高低差不得大于 1.2m。预留孔洞必须在砌筑时预先留出，位置要准确。地沟墙可以在基础砌完后再砌，但基础墙上放地沟盖板的出檐砖，必须同时砌筑。

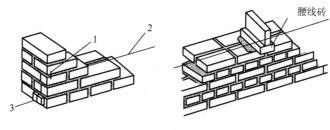

1—别线棍；2—准线；3—简易挂线坠。

图 2.40　挂线方法

（6）有高低台的基础底面，应从低处砌起，并按大放脚的底部宽度由高台向低台搭接。如设计无规定时，搭接长度不应小于基础大放脚的高度，大放脚搭接长度做法如图 2.41 所示。

（7）砌完基础大放脚，开始砌墙体部位时，应重新抄平放线，确定墙的中线和边线，再立皮数杆。砌到防潮层时，必须用水平仪找平，并按图纸规定铺设防潮层。如设计未作具体规定，宜用 1∶2.5 水泥砂浆加适量的防水剂铺设，其厚度一般为 20mm。砌完基础经验收后，应及时清理基槽（坑）内的杂物和积水，并在两侧同时填土，分层夯实。

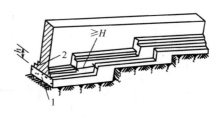

1—基础；2—大放脚。

图 2.41　大放脚搭接长度做法

（8）在砌筑时，要做到上跟线、下跟棱；角砖要平、绷线要紧；上灰要准、铺灰要活；皮数杆要牢固垂直；砂浆饱满，灰缝均匀，横平竖直，上下错缝，内外搭砌，咬槎严密。

（9）砌筑时，灰缝砂浆要饱满，水平灰缝的厚度宜为 10mm，不应小于 8mm，也不应大于 12mm。每皮砖要挂线，它与皮数杆的偏差值不得超过 10mm。

（10）在基础中预留洞口及预埋管道时，其位置和标高应准确，避免凿打墙洞；管道上部应预留沉降空隙。基础上铺放地沟盖板的出檐砖，应同时砌筑，并应用丁砖砌筑，立缝碰头灰应打严实。

（11）基础砌至防潮层时，须用水平仪找平，并按设计铺设防水砂浆（掺加水泥重量 3% 的防水剂）防潮层。

2）毛石基础施工

毛石基础施工包括地基找平、基墙放线、材料见证取样、配置砂浆、立皮数杆挂线、基底找平、盘角、石块砌筑、勾缝等步骤，其工艺流程如图 2.42 所示。

（1）砌筑前应检查基槽（坑）的尺寸、标高、土质，清除杂物，夯平槽（坑）底。

（2）根据设置的龙门板在槽底放出毛石基础底边线，在基础转角处、交接处立上皮数杆。皮数杆上应标明石块规格及灰缝厚度，砌筑阶梯形基础还应标明每一台阶的高度。

（3）砌筑时，应先砌转角处及交接处，然后砌中间部分。毛石基础的灰缝厚度宜为 20～30mm，砂浆应饱满。石块间的较大空隙应先用砂浆填塞后，再用碎石块嵌密实，不得先嵌石块后填砂浆或干塞石块。

（4）基础的组砌形式应内外搭砌、上下错缝，上下两皮拉结石的位置应错开。毛石墙中的拉结石，每 0.7m² 墙面不应少于 1 块。当基础宽度在 400mm 以内时，拉结石宽度应与基础宽度相等；当基础宽度超过 400mm 时，可用两块拉结石内外搭砌，搭接长度不应小于 150mm，且其中一块长度不应小于基础宽度的 2/3。毛石基础每天的砌筑高度不应超过 1.2m。

（5）砌筑毛石基础时应双面挂线，挂线方法如图 2.43 所示。

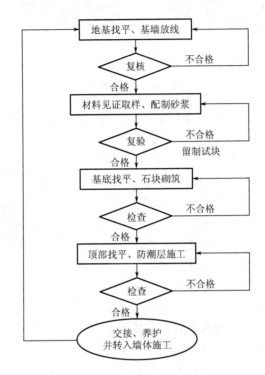

图 2.42 毛石基础施工的工艺流程

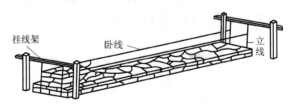

图 2.43 毛石基础的挂线方法

（6）每天应在当天砌完的砌体上铺一层灰浆，表面应粗糙。夏季施工时，对刚砌完的砌体，应用草袋覆盖养护 5~7d，避免风吹、日晒和雨淋。毛石基础全部砌完后，要及时在基础两边均匀分层回填，分层夯实。

3）灰土或三合土基础施工

施工工艺：清理槽底→分层回填灰土并夯实→基础放线→砌筑大放脚、基础墙→回填房心土→防潮层。

（1）施工前应先验槽，清除松土，如有积水、淤泥应清除晾干，槽底要求平整干净。

（2）拌和灰土时，应根据气温和土料的湿度搅拌均匀。灰土的颜色应一致，含水量宜控制在最优含水量±2%的范围（最优含水量可通过室内击实试验求得，一般为14%～18%）。

(3) 填料时应分层回填。其厚度宜为200～300mm，夯实机具可根据工程大小和现场机具条件确定。夯实遍数一般不少于4遍。

(4) 灰土上下相邻土层接槎应错开，其间距不应小于500mm。接槎不得在墙角、柱墩等部位，在接槎500mm范围内应增加夯实遍数。

(5) 当基础底面标高不同时，土面应挖成阶梯或斜坡，按先深后浅的顺序施工，搭接处应夯压密实。当分层分段铺设时，接头处应做成斜坡或阶梯形，每层错开0.5～1.0m，并应夯压密实。

4) 混凝土或毛石混凝土基础施工

施工工艺：基础垫层→基础放线→基础支模→浇筑混凝土→拆模→回填土。

(1) 清理槽底、验槽，并做好记录。按设计要求打好垫层。

(2) 在基础垫层上放出基础轴线及边线，按边线支立预先配制好的模板。模板可采用木模板，也可采用钢模板。模板支立要求牢固，避免浇筑混凝土时跑浆、变形，基础模板如图2.44所示。

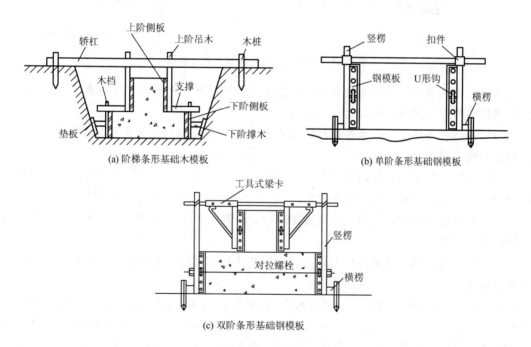

图2.44 基础模板

(3) 台阶式基础宜按台阶分层浇筑混凝土，每层可先浇筑边角后再浇筑中间。第一层浇筑完成后，可停0.5～1.0h，待下部密实后再浇筑上一层。

(4) 当基础截面为锥形，斜坡较陡时，斜面部分应支模浇筑，并防止模板上浮。斜坡较平缓时，可不支模板，但应将边角部位振捣密实，人工修整斜面。

(5) 混凝土初凝后，外露部分要覆盖并浇水养护，待混凝土达到一定强度后方可拆除模板。

2. 钢筋混凝土基础施工

1) 钢筋混凝土独立基础施工

施工工艺：基础垫层→基础放线→绑扎钢筋→支基础模板→浇筑混凝土→拆模。

(1) 清理槽底、验槽，并做好记录。按设计要求打好垫层。

(2) 在基础垫层上放出基础轴线及边线，绑扎好基础底板钢筋网片。

(3) 按边线支立预先配制好的模板。模板既可采用木模板 [图 2.45(a)]，也可采用钢模板 [图 2.45(b)]。先将下阶模板支好，再支好上阶模板，然后支放杯心模板。模板支立要求牢固，避免浇筑混凝土时跑浆、变形。

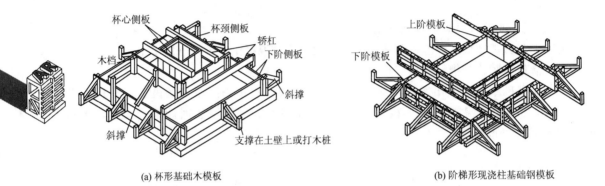

(a) 杯形基础木模板　　　　　　　　　(b) 阶梯形现浇柱基础钢模板

图 2.45 现浇独立钢筋混凝土基础模板

如为现浇柱基础，模板支完后要将插筋按位置固定好，并进行复线检查。现浇混凝土独立基础轴线位置的偏差不宜大于 10mm。

(4) 基础在浇筑前，应清除模板内和钢筋上的垃圾、杂物，堵塞模板的缝隙和孔洞，木模板应浇水湿润。

(5) 对阶梯形基础，基础混凝土宜分层连续浇筑完成。每一台阶高度范围内的混凝土可分为一个浇筑层。每浇完一个台阶可停 0.5~1.0h，待下层密实后再浇筑上一层。

(6) 对于锥形基础，应注意保证锥体斜面的准确，斜面可边浇筑边支模板，分段支撑加固以防模板上浮。

(7) 对杯形基础，浇筑杯口混凝土时，应防止杯口模板位置移动，应从杯口两侧对称浇捣混凝土。

(8) 在浇筑杯形基础时，如杯心模板采用无底模板，则应控制杯口底部的标高，先将杯底混凝土捣实，再采用低流动性混凝土浇筑杯口四周；或杯底混凝土浇筑完后停顿 0.5~1.0h，待混凝土密实后再浇筑杯口四周的混凝土。混凝土浇筑完成后，应将杯口底部多余的混凝土掏出，以保证杯底的标高。

(9) 基础浇筑完成后，在混凝土终凝前应将杯口模板取出，并将混凝土内表面凿毛。

(10) 高杯口基础施工时，杯口距基底有一定的距离，可先浇筑基础底板和短柱至杯口底面位置，再安装杯口模板，然后继续浇筑杯口四周的混凝土。

(11) 基础浇筑完毕后，应将裸露的部分覆盖浇水养护。

2) 墙下钢筋混凝土条形基础施工

施工工艺：基础垫层→基础放线→绑扎钢筋→支立模板→浇筑混凝土→拆模。

(1) 清理槽底、验槽，并做好记录。按设计要求打好垫层，垫层的强度等级不宜低于 C15。

(2) 在基础垫层上放出基础轴线及边线，绑扎好基础底板和基础梁钢筋，要将柱子插筋按位置固定好，检验钢筋。

(3) 钢筋检验合格后，按轴线或边线支立预先配制好的模板。模板既可采用木模板，也可采用钢模板。先将下阶模板支好，再支好上阶模板，模板支立要求牢固，避免浇筑混凝土时跑浆、变形。

(4) 基础在浇筑前，应清除模板内和钢筋上的垃圾、杂物，堵塞模板的缝隙和孔洞，木模板应浇水湿润。

(5) 混凝土的浇筑，高度在 2m 以内时，可直接将混凝土卸入基槽；当混凝土的浇筑高度超过 2m 时，应采用漏斗、串筒将混凝土溜入槽内，以免混凝土产生离析分层现象。

(6) 混凝土宜分段分层浇筑，每层厚度宜为 200~250mm，每段长度宜为 2~3m，各段各层之间应相互搭接，使各段各层呈阶梯形推进，振捣要密实不要漏振。

(7) 混凝土要连续浇筑不宜间断，如若间断，其间隔时间不应超过规范规定的时间。

(8) 当需要间歇的时间超过规范规定时，应设置施工缝。再次浇筑应待混凝土强度达到 1.2MPa 以上时方可进行。浇筑前应进行施工缝处理，将施工缝处松动的石子清除，并用水清洗干净，浇一层水泥浆再继续浇筑，接槎部位要振捣密实。

(9) 混凝土浇筑完毕后，应覆盖洒水养护，达到一定强度后，再拆模、检验、分层回填、夯实房心土。

3) 钢筋混凝土筏形基础施工

施工工艺：基础垫层→基础放线→绑扎钢筋→支立模板→浇筑混凝土→拆模。

(1) 筏形基础为满堂基础，基坑施工的土方量较大，首先做好土方开挖。开挖时注意保证基底持力层不被扰动，当采用机械开挖时，不要挖到基底标高，应保留 200mm 左右。最后人工清槽。

(2) 开槽施工中应做好排水工作，可采用明沟排水。当地下水位较高时，可预先采用人工降水措施，使地下水位降至基底 500mm 以下，保证基坑在无水的条件下进行开挖和基础施工。

(3) 基坑施工完成后应及时进行验槽。验槽后清理槽底，进行垫层施工。垫层的厚度一般取 100mm，混凝土强度等级不低于 C15。

(4) 当垫层混凝土达到一定强度后，使用引桩和龙门架在垫层上进行基础放线、绑扎钢筋、支设模板、固定柱或墙的插筋。

(5) 筏形基础在浇筑前，应搭建脚手架以便运送灰料，清除模板内和钢筋上的垃圾、泥土、污物，木模板应浇水湿润。

(6) 混凝土的浇筑方向应平行于次梁的方向。对于平板式筏形基础则应平行于基础的长边方向。筏形基础的混凝土浇筑应连续，若不能整体浇筑完成，则应设置竖直施工缝。当平行于次梁长度方向浇筑时，施工缝的预留位置应在次梁中间 1/3 跨度范围内。对于平板式筏形基础的施工缝，可在平行于短边方向的任何位置设置。

(7) 当施工中断后继续浇筑时应进行施工缝处理，将施工缝处活动的石子清除，用水清洗干净，浇筑一层水泥浆，再继续浇筑混凝土。

(8) 对于梁板式筏形基础,梁高出地板部分的混凝土可分层浇筑。每层浇筑厚度不宜大于 200mm。

(9) 基础浇筑完毕后,基础表面应覆盖并洒水养护。当混凝土强度达到设计强度的 25% 时即可拆模,待基础验收合格后即可回填土。

3. 大体积混凝土基础施工

大体积混凝土要选用中低热水泥,当掺加粉煤灰或高效缓凝型减水剂时,可以延迟水化热释放速度,降低热峰值;当掺入适量的 U 型混凝土膨胀剂时,可防止或减少混凝土的收缩开裂,并使混凝土致密化,提高混凝土的抗渗性。在满足混凝土泵送的条件下,尽量选用粒径较大、级配良好的石子;尽量降低砂率,一般宜控制在 42%～45%。为了控制混凝土的出机温度和浇筑温度,冬季在不冻结的前提下,宜采用冷骨料、冷水搅拌混凝土;夏季如气温较高时,还应对砂石进行降温,砂石料场应设简易遮阳装置,必要时应向骨料喷冷水。

大体积混凝土的浇筑方法有三种,如图 2.46 所示。

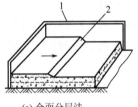
(a) 全面分层法

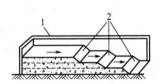
(b) 分段分层法

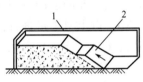
(c) 斜面分层法

1—模板;2—浇筑面。

图 2.46　大体积混凝土的浇筑方法

(1) 全面分层法。全面分层法适用于结构面积不大、混凝土拌和能力和运输能力强的情况,施工时可将整体结构分为若干层进行浇筑施工,但应保证层间间隔时间尽量缩短,必须在前层混凝土初凝之前将其次层混凝土浇筑完毕,否则层间面应按施工缝的方法处理。

(2) 分段分层法。混凝土浇筑时每段浇筑高度应根据结构特点、钢筋的疏密程度决定,一般分层高度为振捣器作用半径的 1.25 倍,最大不得超过 500mm。混凝土浇筑时,要严格控制下灰厚度、混凝土振捣时间。浇筑应分为若干单元,每个浇筑单元的间隔时间不得超过 3h。

(3) 斜面分层法。混凝土浇筑采用"分段定点、循序推进、一个坡度、一次到顶"的方法,即自然流淌形成斜坡混凝土的浇筑方法,该方法能较好地适应泵送工艺,提高泵送效率,简化混凝土的泌水处理,保证上下层混凝土浇筑不超过初凝时间,一次连续完成。当混凝土坡面的坡角接近端部模板时,应改变混凝土的浇筑方向,即从顶端往回浇筑。

大体积混凝土浇筑时每浇筑一层混凝土都应及时均匀振捣,保证混凝土的密实性。

在混凝土初凝之前的适当时间内进行两次振捣,可以排除混凝土因泌水在粗骨料、水平钢筋下部生成的水分和空隙,提高混凝土与钢筋的握裹力。两次振捣的时间间隔宜控制在 2h 左右。

混凝土应连续浇筑,特殊情况下如需间歇,其间歇时间应尽量缩短,并应在前一层混凝土凝固前将下一层混凝土浇筑完毕。间歇的最长时间,按水泥的品种及混凝土的凝固条件而定,一般超过 2h 就应按"施工缝"处理。

当混凝土的强度不小于1.5MPa时，才能浇筑下层混凝土；在继续浇筑混凝土之前，应将施工缝界面处的混凝土表面凿毛，剔除浮动石子，并用清水冲洗干净，再浇一遍高标号水泥砂浆，然后继续浇筑混凝土且振捣密实，使新老混凝土紧密结合。

大体积混凝土养护采用保湿法和保温法。保湿法是在混凝土浇筑成型后，用蓄水、洒水或喷水进行养护；保温法是在混凝土成型后，覆盖塑料薄膜和保温材料进行养护或采用薄膜养生液养护。

课题2.3　灌注桩基础施工

混凝土灌注桩是直接在施工现场桩位上成孔，然后在孔内安装钢筋笼，浇筑混凝土成桩。与预制桩相比，灌注桩具有不受地层变化限制、不需要接桩和截桩、节约钢材、振动小、噪声小等特点，但施工工艺复杂，影响质量的因素较多。灌注桩按成孔方法分为泥浆护壁成孔灌注桩、螺旋钻孔灌注桩、人工挖孔灌注桩、沉管灌注桩等。近年来出现了夯扩桩、管内泵压桩、变径桩等新工艺，特别是变径桩，是将信息化技术引入到桩基础中。

2.3.1　泥浆护壁成孔灌注桩

泥浆护壁成孔是利用原土自然造浆或人工造浆浆液进行护壁，通过循环泥浆将被钻头切下的土块携带排出孔外成孔，然后安装绑扎好的钢筋笼，用导管法水下灌注混凝土沉桩。此法对地下水高或低的土层都适用，但在岩溶发育地区慎用。

1. 施工工艺流程

泥浆护壁成孔灌注桩的施工工艺流程如图2.47所示。

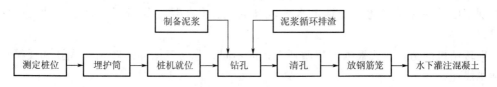

图2.47　泥浆护壁成孔灌注桩的施工工艺流程

2. 施工准备

1) 埋设护筒

护筒具有导正钻具、控制桩位、隔离地面水渗漏、防止孔口坍塌、抬高孔内静压水头和固定钢筋笼等作用，应认真埋设。

护筒是用厚度为4~8mm的钢板制成的圆筒，其内径应大于钻头直径100mm，护筒的长度以1.5m为宜，在其上部开设1个或2个溢浆孔，便于泥浆溢出，进行回收和循环利用。

护筒埋设后，质量员和监理工程师验收护筒中心偏差和孔口标高。当中心偏差符合要求后，可钻机就位开钻。

2) 制备泥浆

泥浆的主要作用有：泥浆在桩孔内吸附在孔壁上，将土壁上的孔隙填补密实，避免孔内壁漏水，保证护筒内水压的稳定；泥浆密度大，可加大孔内水压力，可以稳固土壁、防止塌孔；泥浆有一定的黏度，通过循环泥浆可使切削碎的泥石渣屑悬浮起来后被排走，起到携砂、排土的作用；泥浆对钻头有冷却和润滑作用。

(1) 制作泥浆时所用的主要材料有以下两个。

① 膨润土，以蒙脱石为主的矿物。

② 黏土，塑性指数 $I_P>17$、粒径小于 0.05mm、黏粒含量大于 50% 的黏土。

泥浆护壁成孔灌注桩

(2) 泥浆的护壁。

① 施工期间护筒内的泥浆面应高出地下水位 1.0m 以上，在受水位涨落影响时，泥浆面应高出最高水位 1.5m 以上。

② 循环泥浆的要求。注入孔口的泥浆的性能指标：泥浆相对密度应不大于 1.10，黏度为 18～20s。排出孔口的泥浆的性能指标：泥浆相对密度应不大于 1.25，黏度为 18～25s。

③ 在清孔过程中，应不断置换泥浆，直至灌注水下混凝土。

④ 废弃的泥浆应按环境保护的有关规定处理。

3) 钢筋笼的制作

钢筋笼的制作场地应选择在运输和就位都比较方便的场所，或者在施工现场进行制作和加工。钢筋进场后应按钢筋的不同型号、不同直径、不同长度分别进行堆放。堆放钢筋笼时应考虑安装顺序、钢筋笼变形和防止事故发生等因素，堆放不准超过两层。

3. 成孔

泥浆护壁成孔灌注桩的成孔方法按成孔机械分类有回转钻机成孔、潜水钻机成孔、冲击钻机成孔、冲抓锥成孔等，其中以回转钻机成孔应用最多。

1) 回转钻机成孔

回转钻机的动力装置带动钻机回转装置转动，再由其带动带有钻头的钻杆移动，由钻头切削土层。回转钻机适用于地下水位较高的软、硬土层，如淤泥、黏土、砂土、软质岩层。

回转钻机的钻孔方式根据泥浆循环方式的不同，分为正循环回转钻机成孔和反循环回转钻机成孔。

(1) 正循环回转钻机成孔。正循环回转钻机成孔的工艺原理如图 2.48 所示，由空心钻杆内部通入泥浆或高压水，从钻杆底部喷出，携带钻头下的土渣沿孔壁向上流动，由孔口将土渣带出流入泥浆池。

(2) 反循环回转钻机成孔。反循环回转钻机成孔的工艺原理如图 2.49 所示，泥浆带渣流动的方向与正循环回转钻机成孔的情形相反。反循环工艺的泥浆流速较快，能携带较大的土渣。

潜水钻机成孔

2) 潜水钻机成孔

潜水钻机成孔示意图如图 2.50 所示。潜水钻机是一种将动力、变速机构和钻头连在一起加以密封，潜入水中工作的一种体积小而轻的钻机，这种钻机的钻头有多种形式，以适应不同的桩径和不同土层的需要。钻机桩架轻便，移动灵活，钻进速度快，噪声小，钻孔直径为 500～1500mm，钻孔深度可达 50m，甚至更深。

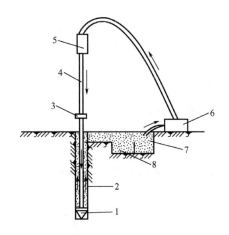
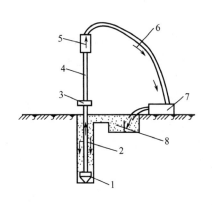

1—钻头；2—泥浆循环方向；
3—钻机回转装置；4—钻杆；5—水龙头；
6—泥浆泵；7—泥浆池；8—沉淀池。

图 2.48 正循环回转钻机成孔的工艺原理

1—钻头；2—新泥浆流向；3—钻机回转装置；
4—钻杆；5—水龙头；
6—混合液流向；7—砂石泵；8—沉淀池。

图 2.49 反循环回转钻机成孔的工艺原理

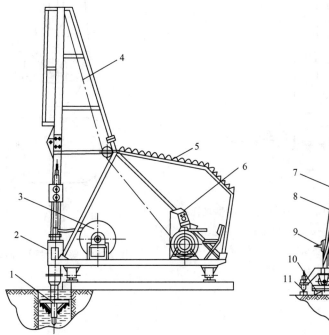
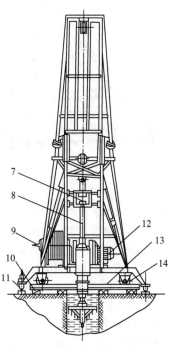

1—钻头；2—主机；3—电缆和水管卷筒；4—钢丝绳；5—遮阳板；6—配电箱；7—活动导向；
8—方钻杆；9—进水口；10—枕木；11—支腿；12—卷扬机；13—轻轨；14—行走车轮。

图 2.50 潜水钻机成孔示意图

潜水钻机成孔适用于黏土、淤泥、淤泥质土、砂土等钻进，也可钻入岩层，尤其适用于在地下水位较高的土层中成孔。

3) 冲击钻机成孔

冲击钻机成孔适用于穿越黏土、杂填土、砂土和碎石土。在季节性冻土、膨胀土、黄土、淤泥和淤泥质土及有少量孤石的土层中也可采用。持力层应为硬黏土、密实砂土、碎石土、软质岩石和微风化岩石。

冲击钻机通过机架、卷扬机把带刃的重钻头（冲击锤）提升到一定高度，靠自由下落的冲击力切削破碎岩层或冲击土层成孔，冲击钻机成孔如图 2.51 所示。部分碎渣和泥浆挤压进孔壁，大部分碎渣用掏渣筒掏出。此法设备简单、操作方便，对于有孤石的砂卵石岩、坚质岩、岩层均可成孔。

冲击钻头的形式有十字形、工字形、人字形等，一般常用铸钢十字形冲击钻头，如图 2.52 所示。

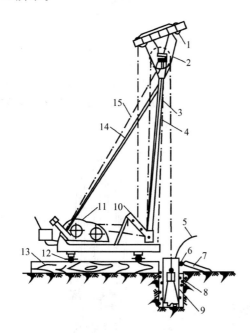

1—副滑轮；2—主滑轮；3—主杆；4—前拉索；5—供浆管；
6—溢流口；7—泥浆渡槽；8—护筒回填土；9—钻头；
10—导向轮；11—双滚筒卷扬机；12—钢管；
13—垫木；14—斜撑；15—后拉索。

图 2.51 冲击钻机成孔

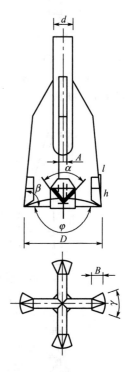

图 2.52 铸钢十字形冲击钻头

4) 冲抓锥成孔

冲抓锥锥头上有一重铁块和活动抓片（以下简称抓片），通过机架和卷扬机将冲抓锥提升到一定高度，下落时松开卷筒刹车，抓片张开，锥头便自由下落冲入土中，然后开动卷扬机提升锥头，这时抓片闭合抓土，冲抓锥锥头如图 2.53 所示，抓土后冲抓锥整体提升到地面上卸去土渣，依次循环成孔。

冲抓锥成孔的施工过程、护筒安装要求、泥浆护壁循环等与冲击钻机成孔施工相同。

冲抓锥成孔的孔直径为 450~600mm，孔深可达 10m，冲抓高度宜控制在 1.0~1.5m，适用于松软土层（砂土、黏土），但遇到坚硬土层时宜换用冲击钻施工。

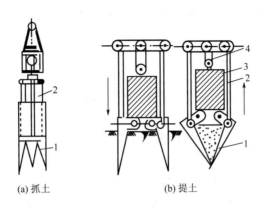

(a) 抓土　　　　　(b) 提土

1—抓土；2—连杆；3—压重；4—滑轮组。

图 2.53　冲抓锥锥头

4. 清孔

成孔后，必须保证桩孔进入设计持力层。当孔达到设计要求后，即进行验孔和清孔。验孔是用探测器检查桩位、直径、深度和孔道情况；清孔即清除孔底沉渣、淤泥浮土，以减少桩基的沉降量，提高承载能力。清孔的方法有以下几种。

1) 抽浆法

抽浆法清孔比较彻底，适用于各种摩擦桩、支承桩和嵌岩桩，但孔壁易坍塌的桩孔使用抽浆法清孔时，操作要注意，防止坍孔。

(1) 用反循环回转钻机成孔时，泥浆的相对密度一般控制在 1.1 以下，孔壁不易形成泥皮，钻孔完成后，只需将钻头稍提起空转，并维持反循环 5～15min 就可完全清除孔底沉淀土。

(2) 用正循环回转钻机成孔时，使用空气吸泥机清孔。空气吸泥机将灌注水下混凝土的导管作为吸泥管，在管内形成强大的高压气流，桩孔内同时不断地补足清水，被搅动的泥渣随气流上涌从喷口排出，直至喷出清水。

2) 换浆法

换浆法采用泥浆泵，通过钻杆以中速向孔底压入相对密度为 1.15 左右，含砂率小于 4% 的泥浆，把孔内悬浮钻渣多的泥浆替换出来。优点是正循环回转钻施工时，无须另加机具，且孔内仍为泥浆护壁，不易坍孔。但具有如下缺点：①若有较大泥团掉入孔底将很难清除；②相对密度小的泥浆会从孔底流入孔中，轻重不同的泥浆在孔内会产生对流运动，要花费很长的时间才能降低孔内泥浆的相对密度，清孔所花时间较长；③当泥浆含砂率较高时，不能用清水清孔，以免砂粒沉淀而达不到清孔的目的。

3) 掏渣法

掏渣法主要针对冲抓锥所成的桩孔，采用掏渣筒进行掏渣清孔。

水下灌注混凝土

4) 用砂浆置换钻渣清孔法

用砂浆置换钻渣清孔法清孔时，先用抽渣筒尽量清除大颗粒钻渣，然后用活底箱在孔底灌注 0.6m 厚的特殊砂浆（相对密度较小，能浮在混凝土之上）；采用比孔径稍小的搅拌器，慢速搅拌孔底砂浆，使其与孔底残留钻渣混合；吊出搅拌器，插入钢筋笼，灌注水下混凝土；连续灌注的混凝土把混有钻渣并浮在混凝土之上的砂浆一直推到孔口，达到清孔的目的。

5. 钢筋笼吊放

吊放钢筋笼入孔时，实行"一、二、三"的原则，即一人指挥、二人扶钢筋笼、三人搭接，施工时应对准孔位，保持垂直，轻放、慢放入孔，不得左右旋转。若遇阻碍应停止下放，查明原因进行处理。严禁高提猛落和强制下入。对于20m以下钢筋笼采用整根加工、一次性吊装的方法，20m以上的钢筋笼分成两节加工，采用孔口焊接的方法。

6. 水下灌注混凝土

泥浆护壁成孔灌注桩施工中，要直接在水下灌注混凝土。其方法是将密封连接的钢管（或强度较高的硬质非金属管）作为水下混凝土的灌注通道（导管），其底部以适当的深度埋在灌入的混凝土拌合物内，在一定的落差压力作用下，形成连续密实的混凝土桩身。图2.54为导管法灌注水下混凝土。

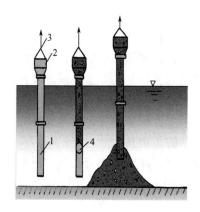

1—导管；2—盛料漏斗；3—提升机具；4—球塞。

图 2.54 导管法灌注水下混凝土

2.3.2 螺旋钻孔灌注桩

螺旋钻孔灌注桩是先用钻机在桩位处钻孔，然后在桩孔内放入钢筋骨架，再灌注混凝土而成的桩。其施工过程如图2.55所示。

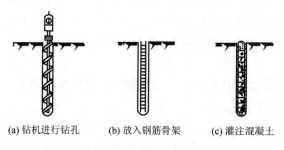

(a) 钻机进行钻孔　　(b) 放入钢筋骨架　　(c) 灌注混凝土

图 2.55 螺旋钻孔灌注桩的施工过程

1. 施工机械

螺旋钻孔灌注桩成孔一般采用螺旋钻机钻孔,图2.56为全螺旋钻机,图2.57为液压步履式长螺旋钻机。螺旋钻机根据钻杆形式不同可分为整体式螺旋、装配式长螺旋和装配式短螺旋三种。螺旋钻杆是一种动力旋动钻杆,它是利用钻头的螺旋叶旋转削土,土块由钻头旋转上升而带出孔外。螺旋钻头的外径分别为400mm、500mm、600mm,钻孔深度相应为12m、10m、8m。螺旋钻机适用于成孔深度内没有地下水的一般黏土、砂土及人工填土地基,不适用于有地下水的土层和淤泥质土。

2. 施工工艺

螺旋钻孔灌注桩的施工步骤为:螺旋钻机就位对中→钻进成孔、排土→钻至预定深度、停钻→起钻,测孔深、孔斜、孔径→清理孔底虚土→钻机移位→安放钢筋笼→安放混凝土溜筒→灌注混凝土成桩→桩头养护。

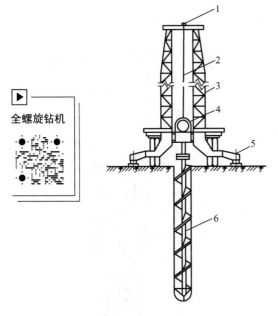

1—导向滑轮;2—钢丝绳;3—龙门导架;
4—动力箱;5—千斤顶支腿;6—螺旋钻杆。

图2.56 全螺旋钻机

图2.57 液压步履式长螺旋钻机

1) 钻孔

钻机就位后,钻杆垂直对准桩位中心,开钻时先慢后快,减少钻杆的摇晃,及时纠正钻孔的偏斜或位移。在钻孔过程中,若遇到硬物或软岩,应减速慢钻或提起钻头反复钻,穿透后再正常进钻。在砂卵石、卵石或淤泥质土夹层中成孔时,这些土层的土壁不能直立,易造成坍孔,这时钻孔可钻至坍孔部位下1~2m,用低强度等级的混凝土回填至坍孔1m以上,待混凝土初凝后,再钻至设计要求深度,也可用3∶7夯实灰土回填代替混凝土进行处理。

2) 清孔

钻孔至规定要求深度后,孔底一般都有较厚的虚土,需要进行专门的处理。清孔的目的是将孔内的浮土、虚土取出,减小桩的沉降。常用的方法是采用25~30kg的重锤对孔底虚土进行夯实,或投入低坍落度的素混凝土,再用重锤夯实;或是使钻机在原深度空转清土,然后停止旋转,提钻卸土。

3) 钢筋混凝土施工

桩孔钻成并清孔后,先吊放钢筋笼,后浇筑混凝土。

钢筋骨架的主筋、箍筋、直径、根数、间距及主筋保护层厚度均应符合设计规定,应绑扎牢固,防止变形。用导向钢筋将其送入孔内,同时防止泥土杂物掉进孔内。

钢筋骨架就位后,为防止孔壁坍塌,避免雨水冲刷,应及时浇筑混凝土。即使土层较好,没有雨水冲刷,从成孔至混凝土浇筑的时间间隔也不得超过24h。灌注桩的混凝土强度等级不得低于C15,坍落度一般采用80～100mm,混凝土应连续浇筑,分层浇筑、分层捣实,每层厚度为50～60cm。当混凝土浇筑到桩顶时,应适当超过桩顶标高,以保证在凿除浮浆层后,桩顶标高和质量能符合设计要求。

2.3.3 人工挖孔灌注桩

人工挖孔灌注桩施工

人工挖孔灌注桩是采用人工挖掘方法成孔,然后放置钢筋笼,浇筑混凝土而成的桩基础。图2.58为人工挖孔灌注桩的构造,图2.59为人工挖孔桩施工。

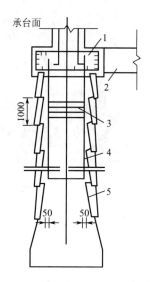

1—承台;2—地梁;3—箍筋;
4—主筋;5—护壁。

图2.58 人工挖孔灌注桩的构造

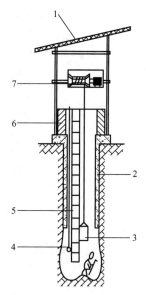

1—遮雨棚;2—混凝土护壁;3—装土铁桶;
4—低压照明灯;5—应急钢爬梯;
6—砖砌井圈;7—电动轳辘提升机。

图2.59 人工挖孔桩施工

为规范化解房屋建筑和市政基础设施工程重大事故隐患,降低施工安全风险,推动住房和城乡建设行业淘汰落后工艺、设备和材料,基桩人工挖孔工艺已被中华人民共和国住房和城乡建设部(简称住房和城乡建设部)列为限制使用工艺,不少省、自治区、直辖市列为禁止使用工艺。

2.3.4 沉管灌注桩

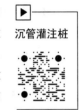
沉管灌注桩

沉管灌注桩是利用锤击沉桩设备或振动沉桩设备,将带有钢筋混凝土的桩尖(或钢板靴)或带有活瓣式桩靴的桩管沉入土中(桩管直径应与桩的设计尺寸一致),形成桩孔,然后放入钢筋骨架并浇筑混凝土,随之拔出桩管,利用拔管时的振动将混凝土捣实,便形成所需要的灌注桩。利用锤击沉桩设备沉管、拔管所成的桩,称为锤击沉管灌注桩,如图2.60所示;利用振动器振动沉管、拔管所成的桩,称为振动沉管灌注桩,如图2.61所示。

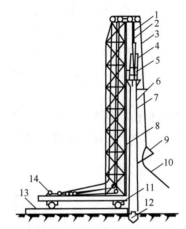

1—桩锤钢丝绳;2—桩管滑轮组;3—吊斗钢丝绳;4—桩锤;5—桩帽;
6—混凝土漏斗;7—桩管;8—桩架;9—混凝土吊斗;10—回绳;11—行驶用钢管;
12—预制桩靴;13—枕木;14—卷扬机。

图 2.60 锤击沉管灌注桩

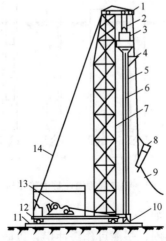

1—导向滑轮;2—滑轮组;3—激振器;4—混凝土漏斗;5—桩管;
6—加压钢丝绳;7—桩架;8—混凝土吊斗;9—回绳;10—活瓣式桩靴;11—枕木;
12—行驶用钢管;13—卷扬机;14—缆风绳。

图 2.61 振动沉管灌注桩

沉管灌注桩在施工过程中对土体有挤密和振动作用。施工中应结合现场施工条件考虑成孔的顺序，主要有如下几种。

（1）间隔一个或两个桩位成孔。

（2）在邻桩混凝土初凝前或终凝后成孔。

（3）一个承台下桩数在 5 根以上者，中间的桩先成孔，外围的桩后成孔。

为了提高桩的质量和承载能力，沉管灌注桩常采用单打法、复打法、翻插法等施工工艺。

（1）单打法（又称一次拔管法）。拔管时，每提升 0.5～1.0m，振动 5～10s，然后再拔管 0.5～1.0m，这样反复进行，直至全部拔出。

（2）复打法。在同一桩孔内连续进行两次单打，或根据需要进行局部复打。施工时，应保证前后两次沉管轴线重合，并在混凝土初凝之前进行。

（3）翻插法。钢管每提升 0.5m，向下插 0.3m，这样反复进行，直至拔出。

施工时注意及时补充套筒内的混凝土，使管内混凝土面保持一定高度并高于地面。

1. 锤击沉管灌注桩

锤击沉管灌注桩适用于一般黏性土、淤泥质土和人工填土地基。其施工过程为：桩机就位（a）→沉管（b）→初灌混凝土（c）→放置钢筋笼、灌注混凝土（d）→拔管成桩（e）。图 2.62 为锤击沉管灌注桩的施工过程。

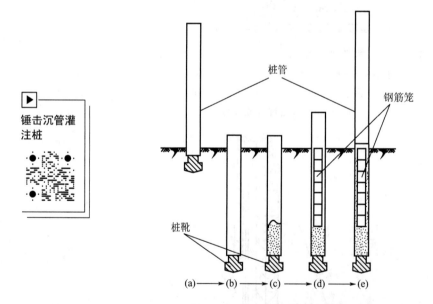

图 2.62 锤击沉管灌注桩的施工过程

锤击沉管灌注桩的施工要点如下。

（1）桩尖与桩管接口处应垫圈，垫圈可作缓冲层，以防地下水渗入管内。沉管时先用低锤锤击，观察无偏移后，再开始正常施打。

（2）拔管前应先锤击或振动桩管，在测得混凝土确已流出桩管时方可拔管。

（3）桩管内的混凝土应尽量填满，拔管时要均匀，保持连续密锤轻击，并控制拔管速度，一般土层以不大于 1m/min 为宜；软硬土层交界处，应控制在 0.8m/min 以内为宜。

（4）在管底未拔到桩顶设计标高前，倒打或轻击不得中断，并注意保持管内的混凝土始终略高于地面，直到全管拔出。

（5）桩的中心距在 5 倍桩管外径以内或小于 2m 时，均应跳打施工；中间空出的桩待邻桩混凝土达到设计强度的 50% 以上，方可施打。

2. 振动沉管灌注桩

振动沉管灌注桩采用激振器振动沉管，施工过程为：桩机就位（a）→沉管（b）→上料（c）→拔出桩管（d）→在顶部混凝土内插入短钢筋并浇满混凝土（e），如图 2.63 所示。振动沉管灌注桩宜用于一般黏性土、淤泥质土及人工填土地基，更适用于砂土、稍密及中密的碎石土地基。

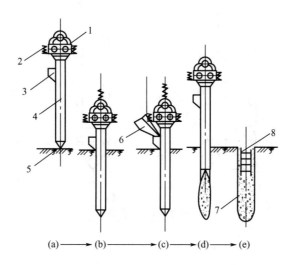

1—振动锤；2—加压减振弹簧；3—加料口；4—桩管；5—活瓣桩尖；
6—上料口；7—混凝土桩；8—短钢筋骨架。

图 2.63 振动沉管灌注桩的施工过程

振动沉管灌注桩的施工要点如下。

（1）桩机就位。将桩尖活瓣合拢对准桩位中心，利用振动锤及桩管自重把桩尖压入土中。

（2）沉管。开动振动锤，桩管即在强迫振动下迅速沉入土中。沉管过程中，应经常探测管内有无水或泥浆，如发现水、泥浆较多时，应拔出桩管，用砂回填桩孔后方可重新沉管。

（3）上料。桩管沉到设计标高后停止振动，放入钢筋笼，再上料斗将混凝土灌入桩管内，一般应灌满桩管或略高于地面。

（4）拔管。开始拔管时，应先启动振动锤 8~10min，并用吊锥测得桩尖活瓣确已张开，混凝土确已从桩管中流出以后，卷扬机方可开始抽拔桩管，边振边拔。拔管速度应控制在 1.5m/min 以内。

2.3.5 夯扩桩

夯扩桩（夯压成型灌注桩）是在普通沉管灌注桩的基础上加以改进，增加一根内夯管，使桩端扩大的一种桩型。图 2.64 为内夯管。内夯管的作用是在夯扩工序时，将外管混凝土夯出管外，并在桩端形成扩大头；在施工桩身时利用内夯管和桩锤的自重将桩身混凝土压实。夯扩桩适用于一般黏性土、淤泥、淤泥质土、黄土、硬黏性土；也可用于有地下水的情况；可在 20 层以下的高层建筑基础中使用。桩端持力层可为可塑至硬塑粉质黏土、粉土或砂土，且具有一定厚度。如果土层较差，没有较理想的桩端持力层时，可采用二次或三次夯扩。

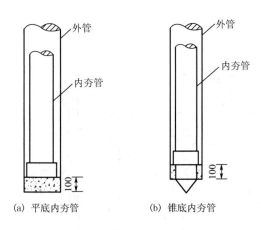

图 2.64 内夯管

1. 施工机械

夯扩桩可采用静压或锤击的方式施工。压桩时，开动卷扬机，通过桩架顶梁逐步将压梁两侧的压桩滑轮组钢索收紧，并通过压梁将整个压桩机的自重和配重施加在桩顶上，把桩逐渐压入土中。

2. 施工工艺

夯扩桩施工时，先在桩位处按要求放置干硬混凝土，然后将内外管套叠对准桩位，再通过柴油锤将双管打入地基土中至设计要求深度，接着将内夯管拔出，向外管内灌入一定高度（H）的混凝土，然后将内夯管放入外管内的混凝土中，再将外管拔起一定高度（h）。通过柴油锤与内夯管夯打管内混凝土，夯打至外管底端深度略小于设计桩底深度（差值为 c）。此过程为一次夯扩，如需第二次夯扩，则重复一次夯扩步骤即可。图 2.65 为夯扩桩施工。

夯扩桩操作要点如下。

（1）放内外管。在桩心位置上放置钢筋混凝土预制管塞，在预制管塞上放置外管，外管内放置内夯管。

（2）第一次灌注混凝土。静压或锤击外管和内夯管，当其沉入设计深度后把内夯管从外管中抽出，向夯扩部分灌入一定高度的混凝土。

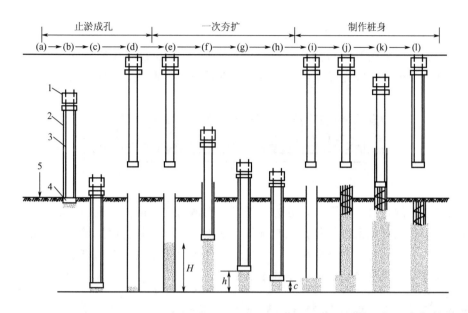

1—柴油锤；2—外管；3—内夯管；4—内管底板；5—C20干硬混凝土。

图 2.65 夯扩桩施工

注：H>h>c。

（3）静压或锤击。把内夯管放入外管内，将外管拔起一定高度。静压或锤击内夯管，将外管内的混凝土压出或夯出管外。在静压或锤击作用下，使外管和内夯管同步沉入规定深度。

（4）灌混凝土成桩。把内夯管从外管内拔出，向外管内灌满桩身部分所需的混凝土，然后将顶梁或桩锤和内夯管压在桩身混凝土上，向上拔外管，外管拔出后，混凝土成桩。

2.3.6 PPG灌注桩后压浆法

PPG灌注桩后压浆法是利用预先埋设于桩体内的注浆系统，通过高压注浆泵将高压浆液压入桩底，浆液克服土粒之间的抗渗阻力，不断渗入桩底沉渣及桩底周围土体孔隙中，排走孔隙中的水分，充填于孔隙之中。由于浆液的充填胶结作用，在桩底形成一个扩大头。另外，随着注浆压力及注浆量的增加，一部分浆液克服桩侧摩擦阻力及上覆土压力沿桩土界面不断向上泛浆，高压浆液破坏泥皮，渗入（挤入）桩侧土体，使桩周松动（软化）的土体得到挤密加强。

PPG灌注桩后压浆法有以下几种类型。

（1）借桩内预设构件进行压浆加固，改善桩侧摩擦和支承情况。使用一根钢管及装在其内部的内管所组成的套管，使后灌浆通过单向阀按照不连续的1m间隔进行压浆。

（2）桩端压浆，加固桩端地基。通过压浆管将浆液压入桩端。使用的浆液视地基岩土类型而定，对于密砂层，宜采用渗透性良好、强度高的灌浆材料。

（3）桩侧压浆，破坏和消除泥皮，填充桩侧间隙，提高桩土黏结力，提高侧摩擦阻力。

PPG灌注桩后压浆法施工工艺流程为：准备工作→按设计水灰比拌制水泥浆液→水泥浆液经过滤放至储浆桶（不断搅拌）→注浆泵、加筋软管与桩身压浆管连接→打开排气阀并开泵放气→关闭排气阀先试压清水，待注浆管道通畅后再压注水泥浆液→桩检测。

课题2.4　预制桩基础施工

预制桩按桩体材料的不同，可分为钢筋混凝土预制桩和钢桩，其中钢筋混凝土预制桩应用较多。钢筋混凝土预制桩是在预制构件厂或施工现场预制，用沉桩设备在设计位置上将其沉入土中的。其特点是坚固耐久，不受地下水或潮湿环境影响，能承受较大荷载，施工机械化程度高、进度快，能适应不同土层施工。

2.4.1　打桩前的准备工作

1. 施工场地准备

桩基础工程在施工前，应根据工程规模的大小和复杂程度，编制整个分部工程施工组织设计或施工方案。沉桩前，现场准备工作的内容有处理障碍物、平整场地、抄平放线、进行打桩试验、确定打桩顺序等。

（1）处理障碍物。打桩前，宜向城市管理、供水、供电、煤气、电信、房管等有关单位提出申请，认真处理高空、地上和地下的障碍物；对现场周围（一般为10m以内）的建筑物、驳岸、地下管线等做全面检查，必要时予以加固或采取隔振措施或拆除，以免打桩中由于振动的影响引起倒塌。

（2）平整场地。打桩场地必须平整、坚实，必要时宜铺设道路，经压路机碾压密实，场地四周应挖排水沟以利排水。

（3）抄平放线。在打桩现场附近设水准点，其位置应不受打桩影响，数量不得少于两个，用以抄平场地和检查桩的入土深度。要根据建筑物的轴线定出桩基础的每个桩位，可用小木桩标记。正式打桩之前，应对桩基的轴线和桩位复查一次。以免因小木桩挪动、丢失而影响施工。桩位放线允许偏差为±20mm。

（4）进行打桩试验。施工前应做不少于2根桩的打桩工艺试验，用以了解桩的沉入时间、最终沉入度、持力层的强度、桩的承载力及施工过程中可能出现的各种问题和反常情况等，以便检验所选的打桩设备和施工工艺，确定是否符合设计要求。

（5）确定打桩顺序。打桩顺序直接影响到桩基础的质量和施工速度，应根据桩的密集程度（桩距大小）、桩的规格、桩的长短、桩的设计标高、工作面布置、工期要求等综合考虑。根据桩的密集程度，打桩顺序一般分为逐排单向打设、自中部向四周打设和由中间向两侧对称打设三种，如图2.66所示。当桩的中心距大于4倍桩的边长或直径时，可逐排单向打设，如图2.66(a)所示；当桩的中心距不大于4倍桩的直径或边长时，应自中部向四周施打［图2.66(b)］，或由中间向两侧对称打设［图2.66(c)］。

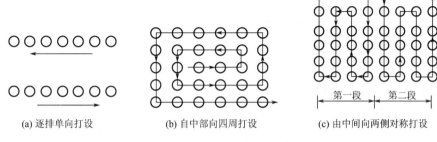

(a) 逐排单向打设　　(b) 自中部向四周打设　　(c) 由中间向两侧对称打设

图 2.66　打桩顺序

根据基础的设计标高和桩的规格，宜按先深后浅、先大后小、先长后短的顺序进行打桩。

2. 桩的制作、运输和堆放

1) 桩的制作

较短的桩多在预制厂生产。较长的桩一般在打桩现场附近或打桩现场就地预制。

桩分节制作时，单节长度应满足桩架的有效高度、制作场地条件、运输与装卸能力的要求，同时应避免桩尖接近硬持力层或桩尖于硬持力层中接桩，上节桩和下节桩应尽量在同一纵轴线上预制，使上下节钢筋和桩身减小偏差。如在工厂制作，为便于运输，单节长度不宜超过12m；如在现场预制，单节长度不宜超过30m。

制桩时，应做好浇筑日期、混凝土强度、外观检查、质量鉴定等记录，以供验收时查用。每根桩上应标明编号、制作日期，如不预埋吊环，则应标明绑扎位置。

制作预制桩的方法有并列法、间隔法、重叠法和翻模法等，施工中可多种方法同时使用。现场多采用间隔重叠法施工，如图2.67所示，一般重叠层数不宜超过4层。施工时，桩与桩、桩与底模之间应涂刷隔离剂，防止黏结。上层桩或邻桩的浇筑须在下层桩或邻桩的混凝土达到设计强度的30%以上才能进行，浇筑完毕后要加强养护，防止混凝土收缩产生裂缝。

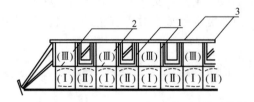

1—隔离剂或隔离层；2—侧模板；3—卡具。

图 2.67　间隔重叠法施工

注：Ⅰ、Ⅱ、Ⅲ—第一、二、三批浇筑桩。

钢筋混凝土预制桩的预制程序为：压实、整平场地→场地地坪做三七灰土或浇筑混凝土→支模→绑扎钢筋骨架、安设吊环→浇筑桩混凝土→养护至30%强度拆模→支间隔端头模板、刷隔离剂、绑扎钢筋→浇筑间隔桩混凝土→同法间隔重叠制作第二层桩→养护至

70%强度起吊→达100%强度后运输、堆放。

桩的制作场地应平整、坚实,排水通畅,不得产生不均匀沉降,以防桩产生变形。

2) 桩的运输

当桩的混凝土强度达到设计强度标准值的70%后方可起吊,若需提前起吊,则必须采取必要的措施并经强度和抗裂度验算合格后方可进行。桩在起吊搬运时,必须做到平稳提升,避免冲击和振动,吊点应同时受力,保护桩身质量。吊点位置应严格按设计规定进行绑扎,图2.68为吊点的合理位置。用钢丝绳捆绑桩时应加衬垫,以避免损坏桩身和棱角。

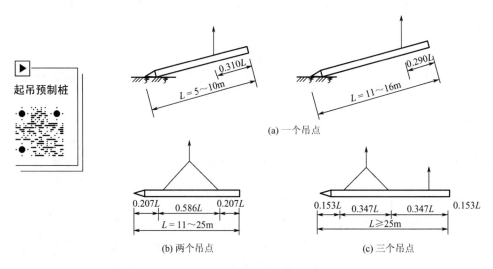

图 2.68　吊点的合理位置

桩运输时的混凝土强度应达到设计强度标准值的100%。桩从制作处运到现场以备打桩时,应根据打桩顺序随打随运,避免二次搬运。对于桩的运输方式,短桩运输可采用载重汽车,现场运距较近时,可直接用起重机吊运,也可采用轻轨平板车运输;长桩运输可采用平板拖车、平台挂车等运输。装载时桩的支承点应按设计吊点位置设置,并垫实、支撑和绑扎牢固,以防止运输中发生晃动或滑动。

3) 桩的堆放

桩堆放时,地面必须平整、坚实,垫木间距应根据吊点确定,各层垫木应位于同一垂直线上,最下层垫木应适当加宽,堆放层数不宜超过4层。不同规格的桩,应分别堆放。

2.4.2　锤击沉桩

1. 打桩设备及选择

打桩所用的机械设备主要由桩锤、桩架及动力装置三部分组成。下面重点介绍前两项内容。

1) 桩锤

(1) 选择桩锤类型。常用的桩锤有落锤、柴油锤、单动汽锤、双动汽锤、振动桩锤、液压桩锤等。各类桩锤的工作原理、适用范围及特点见表2-3。

表 2-3　各类桩锤的工作原理、适用范围及特点

桩锤种类	工作原理	适用范围	特　点
落锤	由卷扬机沿桩架导杆提升桩锤到一定高度，然后自由下落，利用锤的重力夯击桩顶，使桩沉入土中	(1) 适用于打木桩及细长尺寸的钢筋混凝土预制桩； (2) 在一般土层、黏土和含有砾石的土层均可使用	(1) 构造简单，使用方便，费用低； (2) 冲击力大，可通过调整锤重和落距改变打击能量； (3) 锤击速度慢（每分钟6~20次），效率低，贯入能力低，桩顶部易被打坏
柴油锤	以柴油为燃料，以冲击力和燃烧压力为驱动力来推动活塞往返运动，引起锤头跳动夯击桩顶进行打桩	(1) 适于打各种桩； (2) 适用于在一般土层中打桩，不适用于在硬土和松软土中打桩	(1) 质量轻，体积小，打击能量大； (2) 不需外部能量，机动性强，打桩快，桩顶不易被打坏，燃料消耗少； (3) 振动大，噪声高，润滑油飞散，遇硬土或软土时不宜使用
单动汽锤	利用外供蒸汽或压缩空气的压力将冲击体托升至一定高度，配气阀释放出蒸汽，使其自由下落锤击打桩	(1) 适于打各种桩，包括打斜桩和水中打桩； (2) 尤其适于用套管法打灌注桩	(1) 结构简单，落距小，精度高，桩头不易损坏； (2) 打桩速度及冲击力较落锤大，效率较高（每分钟25~30次）
双动汽锤	利用蒸汽或压缩空气的压力将锤头上举及下冲，增加夯击能量	(1) 适于打各种桩，并可打斜桩和水中打桩； (2) 适应各种土层； (3) 可用于拔桩	(1) 冲击力大，工作效率高（每分钟100~200次）； (2) 设备笨重，移动较困难
振动桩锤	利用锤的高频振动带动桩身振动，使桩身周围的土体产生液化，减小桩侧与土体间的摩擦阻力，将桩沉入或拔出	(1) 适于施打一定长度的钢管桩、钢板桩、钢筋混凝土预制桩和灌注桩； (2) 适用于亚黏土、黄土和软土，特别适于在砂性土、粉细砂中沉桩，不宜用于岩石、砾石和密实的黏性土层	(1) 施工速度快，使用方便，施工费用低，施工无公害污染； (2) 结构简单，维修保养方便； (3) 不适于打斜桩

续表

桩锤种类	工作原理	适用范围	特　点
液压桩锤	单作用液压桩锤是冲击块通过液压装置提升到预定的高度后快速释放，冲击块以自由落体方式打击桩体。 双作用液压桩锤是冲击块通过液压装置提升到预定高度后，以液压驱使下落，冲击块能获得更大的加速度、更高的冲击速度与冲击能量来打击桩体，每一击贯入度更大	(1) 适于打各种桩； (2) 适于在一般土层中打桩	(1) 施工无烟气污染，噪声较低，打击力峰值小，桩顶不易损坏，可用于水中打桩； (2) 结构复杂，保养与维修工作量大，价格高，冲击频率小，作业效率比柴油锤低

常用的柴油锤和单缸二冲程柴油机一样，是依靠上活塞的往复运动产生冲击进行沉桩作业的。其工作原理如图 2.69 所示。

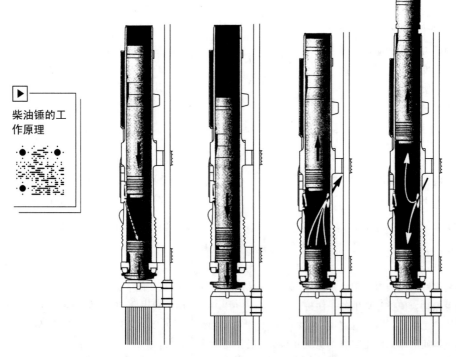

图 2.69　柴油锤的工作原理

柴油锤的打桩过程是气体压力和冲击力的联合作用。它的工作过程从燃料的供给和压缩开始，经过冲击和爆炸、排气以及打气，实现了上活塞对下活塞的一个冲击过程，然后产生一个爆炸力，即二次打桩，这个力虽然比冲击力要小，但它是作用在已经被冲动了的桩上,所以对桩的下沉还是有很大作用的。

(2)选择桩锤质量。锤击应该有足够的冲击能量,施工中宜选择重锤低击。桩锤过重,所需动力设备过大,会消耗过多的能源,不经济,且易将桩打坏;桩锤过轻,必将增大落距,锤击功很大部分被桩身吸收,使桩身产生回弹,桩不易打入,且锤击次数过多,常常出现桩头被打坏或混凝土保护层脱落的现象,严重的甚至使桩身断裂。因此,应选择稍重的锤,用重锤低击和重锤快击的方法效果较好。

2)桩架

桩架的形式有多种,常用的通用桩架(能适应多种桩锤)有两种基本形式:一种是沿轨道行驶的多功能桩架;另一种是安装在履带底盘上的履带式桩架。

多功能桩架(图2.70)由立柱、斜撑、回转工作台、底盘及传动机构组成。这种桩架的机动性和适应性很强,在水平方向可作360°回转,立柱可前后倾斜,可适应各种预制桩及灌注桩施工。其缺点是机构庞大,组装拆迁较麻烦。

履带式桩架(图2.71)以履带式起重机为底盘,增加立柱与斜撑用以打桩。这种桩架具有操作灵活、移动方便、施工效率高等优点,适用于各种预制桩及灌注桩施工。

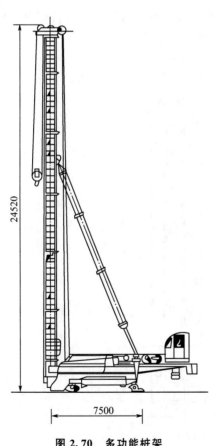

图2.70 多功能桩架

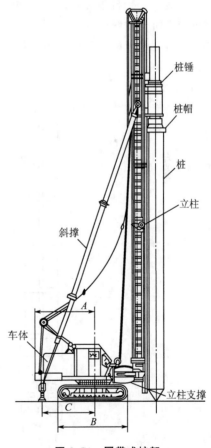

图2.71 履带式桩架

桩架高度必须适应施工要求,一般可按桩长分节接长,桩架高度应满足以下要求:

桩架高度=单节桩长+桩帽高度+桩锤高度+滑轮组高度+起锤位移高度(1~2m)

2. 打桩工艺

打桩施工是确保桩基工程质量的重要环节，主要工艺过程如下。

（1）吊桩就位。打桩机就位后，先将桩锤和桩帽吊起，其高度应超过桩顶，并固定在桩架上，然后吊桩并送至导杆内，垂直对准桩位，在桩的自重和锤重的压力下，缓缓送下插入土中。

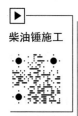
柴油锤施工

（2）打桩。打桩开始时，采用短距轻击，一般落距为0.5～0.8m，以保证桩能正常沉入土中。待桩入土一定深度（1～2m）且桩尖没有产生偏移时，再按要求的落距连续锤击。这样可以保证桩位的准确和桩身的垂直。打桩时宜用重锤低击，这样桩锤对桩头的冲击小，回弹也小，桩头不易损坏，大部分能量都用于克服桩身与土的摩擦阻力和桩尖阻力，桩能较快地沉入土中。用落锤或单动汽锤打桩时，最大落距不宜大于1m。用柴油锤打桩时，应使锤头跳动正常。在整个打桩过程中应做好测量和记录工作，遇有贯入度剧变、桩身突然发生倾斜、移位或有严重回弹，以及桩顶或桩身出现严重裂缝或破碎等异常情况时，应暂停打桩，及时研究处理。

（3）送桩。当桩顶标高低于地面时，借助送桩器将桩顶送入土中的工序称为送桩。送桩时桩与送桩器的纵轴线应在同一直线上，锤击送桩器将桩送入土中，送桩结束，拔出送桩器后，桩孔应及时回填或加盖。如图2.72所示为送桩器构造。

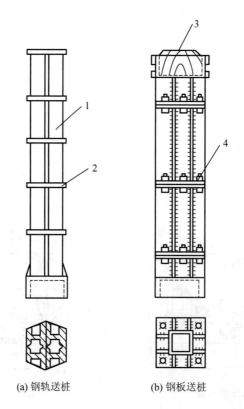

(a) 钢轨送桩　　(b) 钢板送桩

1—钢轨；2—15mm厚钢板箍；3—硬木垫；4—连接螺栓。

图2.72　送桩器构造

(4) 接桩。钢筋混凝土预制长桩受运输条件和桩架高度的限制，一般分成若干节预制，分节打入，在现场进行接桩。常用的接桩方法有焊接法、法兰接法和硫黄胶泥锚接法等。

(5) 截桩。当预制钢筋混凝土桩的桩顶露出地面并影响后续桩施工时，应立即截桩头。截桩头前，应测量桩顶标高，将桩头多余部分凿去。截桩一般可采用人工或风动工具（如风镐等）来完成。截桩时不得把桩身混凝土打裂，并保证桩身主筋伸入承台内，其锚固长度必须符合设计规定。一般桩身主筋伸入承台内的长度：受拉时不少于25倍主筋直径；受压时不少于15倍主筋直径。主筋上黏附的混凝土碎块要清除干净。

(6) 打桩质量控制。打桩质量包括两个方面的内容：一是能否满足贯入度或标高的设计要求；二是打入后的偏差是否在施工及验收规范允许范围以内。贯入度是指一阵（每10击为一阵，落锤、柴油锤）或者1min（单动汽锤、双动汽锤）桩的入土深度。

① 为保证打桩质量，应遵循以下停打控制原则。

a. 摩擦桩以控制桩端设计标高为主，贯入度可作为参考。

b. 端承桩以贯入度控制为主，桩端标高可作参考。

c. 贯入度已达到而桩端标高未达到时，应继续锤击3阵，按每阵10击的平均贯入度不大于设计规定的数值加以确认，必要时施工控制贯入度应通过试验与相关单位会商确定。此处的贯入度是指桩最后10击的平均入土深度。

② 打桩允许偏差。桩平面位置的偏差，单排桩不大于100mm，多排桩一般为0.5～1个桩的直径或边长；桩的垂直偏差应控制在0.5%之内；按标高控制的桩，桩顶标高的允许偏差为−50～+100mm。

③ 承载力检查。施工结束后应对承载力进行检查。桩的静载荷试验根数应不少于总桩数的1%，且不少于3根；当总桩数少于50根时，应不少于2根；当施工区域地质条件单一，又有足够的实际经验时，可根据实际情况由设计人员酌情而定。

(7) 打桩过程控制。打桩时，如果沉桩尚未达到设计标高，而贯入度突然变小，则可能是土层中央有硬土层，或遇到孤石等障碍物，此时应会同设计勘探部门共同研究解决，不能盲目施打。打桩时，若桩顶或桩身出现严重裂缝、破碎等情况，应立即暂停，分析原因，在采取相应的技术措施后，方可继续施打。

2.4.3 静力压桩

静力压桩是在软土地基上，利用静力压桩机或液压压桩机用无振动的静力压力（自重和配重）将预制桩压入土中的一种施工工艺。静力压桩已被我国的大中城市较为广泛地采用，与普通的打桩和振动沉桩相比，静力压桩可以消除噪声和振动，故特别适用于医院和有防振要求的部门附近的施工。

静力压桩与打桩相比，由于避免了锤击应力，桩的混凝土强度及其配筋只要满足吊装弯矩和使用期的受力要求就可以，因而桩的断面和配筋可以减小；压桩引起的挤土也少得多，因此，静力压桩是软土地区一种较好的沉桩方法。

1. 静力压桩设备

静力压桩机和全液压式静力压桩机分别如图 2.73 和图 2.74 所示，其工作原理是通过安置在压桩机上的卷扬机的牵引，由钢丝绳、滑轮及压梁将整个桩机的自重（800～1500kN）反压在桩顶上，以克服桩身下沉时与土的摩擦力，迫使预制桩下沉。

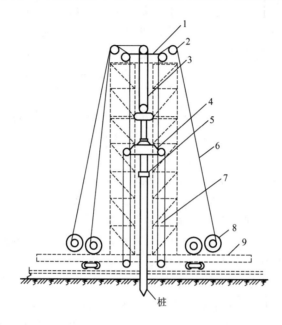

1—桩架顶梁；2—导向滑轮；3—提升滑轮组；4—压梁；5—桩帽；
6—钢丝绳；7—压桩滑轮组；8—卷扬机；9—底盘。

图 2.73　静力压桩机

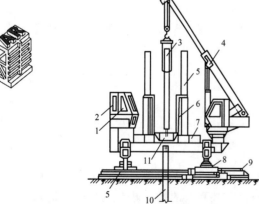
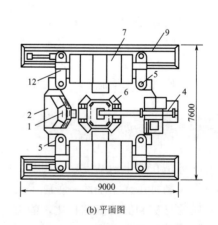

(a) 立面图　　　　　　　　　　　(b) 平面图

1—操纵室；2—电控系统；3—吊入上节桩；4—液压起重机；5—液压系统；6—导向架；
7—配重铁块；8—短船行走及回转机构；9—长船行走机构；10—已压入下节桩；
11—夹持与压板装置；12—支腿式底盘结构。

图 2.74　全液压式静力压桩机

2. 压桩工艺

静力压桩适用于软弱土层，压桩机应配足额的重量，可根据地质条件、试压情况确定修正。若桩在初压时，桩身发生较大幅度的移位、倾斜，在压桩过程中桩身突然下沉或倾斜，桩顶混凝土破坏或压桩阻力剧变，则应暂停压桩待研究处理。

压桩施工前应做好定位放样及水平标高的控制，固定测点，各节预制桩均应弹出中心线以利在接桩时便于控制垂直度。静力压桩施工工艺流程如图2.75所示。

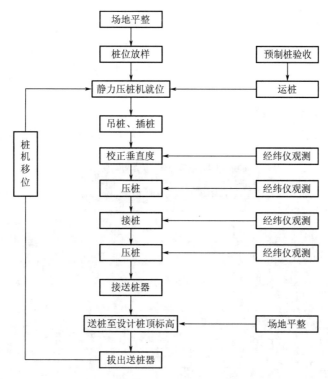

图 2.75　静力压桩施工工艺流程

压桩必须连续进行，若中断时间过长则土体将恢复固结，使压入阻力明显增大，增加了压桩的困难。压桩时应做好记录，特别对压桩读数应记录准确。

压桩过程中，当桩尖碰到夹砂层时，压桩阻力可能会突然增大，甚至因超过压桩能力而使桩机上抬。这时可以用最大的压桩力作用在桩顶，采用"停车再开、忽停忽开"的办法使桩缓慢下沉穿过夹砂层。如果工程中有少量桩确实不能压至设计标高而相差不多时，可以采用截去桩顶的办法。

课题2.5　地基与基础工程冬期和雨期施工

1. 强夯地基

雨期施工时夯坑内或场地积水应及时排除。地下水位埋深较浅地区施工场地宜设纵横向排水沟网，沟网最大间距不宜超过15m。

冬期施工时，应采取以下措施。

（1）应先将冻土击碎后再行强夯施工。

（2）当温度在-15℃及以上、冻深在800mm以内时，可点夯施工且点夯的能级与击数应适当增加。

（3）冬期点夯处理的地基，满夯应在解冻后进行，满夯能级应适当增加。

（4）强夯施工完成的地基在冬期来临时，应设覆盖层保护，覆盖层厚度不应低于当地标准冻深。

2. 注浆加固地基

冬期施工时，在日平均温度低于5℃或最低温度低于-3℃的条件下注浆时应采取防浆体冻结措施；夏期施工时，用水温度不得超过35℃且应对浆液注浆管路采取防晒措施。

3. 水泥粉煤灰碎石桩复合地基

冬期施工时，混合料入孔温度不得低于5℃，对桩头和桩间土应采取保温措施。

单元小结

当工程结构荷载较大，地基土质又较软弱（强度不足或压缩性大），不能作为天然地基时，可针对不同情况采取加固方法，常用的有灰土地基、砂和砂石地基、粉煤灰地基、夯实地基、挤密桩地基、注浆地基、预压地基、土工合成材料地基等。

浅基础根据使用结构形式可分为无筋扩展基础、扩展基础、柱下条形基础与柱下交叉条形基础、筏形基础、箱形基础。

灌注桩是在施工现场的桩位上就地成孔，然后在孔内灌注混凝土或放置钢筋混凝土而成。根据成孔方法的不同可以分为泥浆护壁成孔灌注桩、人工挖孔灌注桩、螺旋钻孔灌注桩、沉管灌注桩等。

泥浆护壁成孔灌注桩有正循环和反循环两种成孔工艺。正循环成孔是泥浆由钻杆输进，泥浆沿孔壁上升进入泥浆池，经处理后进行循环。反循环成孔是从钻杆内腔抽吸泥浆和钻渣，泥浆经处理后进行循环。

人工挖孔灌注桩是指由人力挖掘成孔，放入钢筋笼，最后浇筑混凝土而成的桩。该施工工艺目前已被住房和城乡建设部列为限制使用工艺，不少省、自治区、直辖市列为禁止使用工艺。

螺旋钻孔灌注桩是先用钻机在桩位处钻孔，然后在桩孔内放入钢筋骨架，再灌注混凝土而成的桩。

沉管灌注桩是指利用锤击沉桩设备或振动沉桩设备，将带有活瓣式桩靴或钢筋混凝土桩尖的桩管沉入土中，当桩管打到要求深度后，放入钢筋骨架，然后边浇筑混凝土，边锤击或振动拔出桩管。

背景知识

（1）19世纪70年代以前，建筑施工使用的大多数是中小型桩；进入19世纪80年代以后，大直径长桩和嵌岩桩的使用越来越多，其直径可达3m，长度达100m以上（如黄河某大桥的桩长为104m）。

我国的深桩基础，绝大多数采用泥浆护壁、水下灌注混凝土成桩工艺；国外则多采用钢管护壁。两者相比，前者的设备简单、工作效率高、造价低，所以更适合我国国情。只要按照工艺要求精心施工，其成桩质量同样可以得到保证。

（2）近几年来，我国还开发了横断面为十字形或梅花形的异形灌注桩。与传统的圆形断面灌注桩相比，其技术性能更适合某些地下工程的特殊需要。它已成功地应用于北京地铁永安里车站、天津冶金科贸中心大厦及天津紫金花园公寓等工程的地下连续墙施工。

（3）为了提高灌注桩的承载能力，降低灌注桩的沉降变形，一些工程开展了孔底压浆与超声检测相结合的工艺措施。在天津已推广应用于多项工程的长桩基础工程中，对于50m左右长度的摩擦桩可提高承载力20%～30%；在北京、锦州等地应用于摩擦端承桩的桩底加固，可提高单桩承载力80%～100%。

推荐阅读资料

1. 《建筑基桩检测技术规范》（JGJ 106—2014）
2. 《建筑地基处理技术规范》（JGJ 79—2012）
3. 《建筑地基基础工程施工质量验收标准》（GB 50202—2018）
4. 《建筑工程施工质量验收统一标准》（GB 50300—2013）
5. 《建筑机械使用安全技术规程》（JGJ 33—2012）

拓展讨论

党的二十大报告提出，以国家战略需求为导向，集聚力量进行原创性引领性科技攻关，坚决打赢关键核心技术攻坚战。

结合二维码及本章内容，谈一谈上海中心大厦地基有什么特点，针对其地基特点，施工中攻克了哪些核心技术。

上海中心大厦

习 题

1. 什么是灰土地基？
2. 灰土地基的主要优点和适用范围是什么？
3. 灰土地基施工时，应适当控制含水量，工地的检验方法是什么？
4. 砂和砂石地基的概念和适用范围是什么？
5. 砂和砂石地基对材料的主要要求有哪些？
6. 砂和砂石地基的压实一般可采用什么方法？
7. 施工时，当地下水位较高或在饱和的松软地基上施工时应采取什么措施？

8. 粉煤灰地基铺设时对粉煤灰的含水量有何要求？
9. 粉煤灰地基施工工艺流程如何？
10. 简述毛石基础和砖基础的构造。
11. 简述砖砌基础的工艺流程及施工要点。
12. 简述毛石基础的工艺流程及施工要点。
13. 桩基础包括哪几部分？桩如何进行分类？
14. 各种形式桩基础的施工环节、施工机械有什么不一样？
15. 泥浆护壁成孔灌注桩施工时，泥浆起什么作用？正循环与反循环有何区别？
16. 如何确定钢筋混凝土预制桩的打桩顺序？
17. 预制桩和灌注桩各有什么优缺点？
18. 泥浆护壁成孔灌注桩和螺旋钻孔灌注桩有什么区别？

拓展案例2

单元2 在线答题

单元 3　砌筑工程施工

思维导图

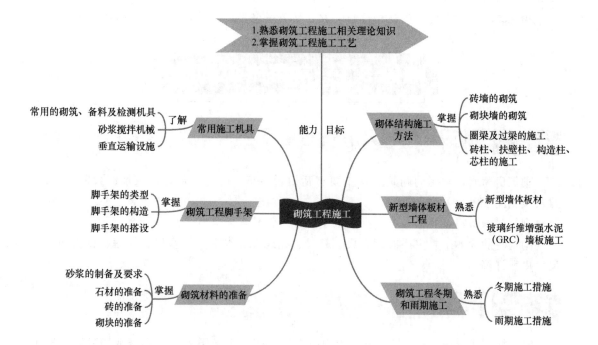

> **引 例**
>
> 某六层砖混结构，建筑面积为 $1513m^2$，基础为钢筋混凝土条形基础，砖墙承重，基础墙及底层墙用 MU10 普通黏土砖，二层及二层以上用 MU10 多孔黏土砖，内隔墙为三孔砖，楼板为现浇钢筋混凝土楼板，板厚 120mm。
>
> 思考：(1) 该建筑施工该选择何种垂直运输设备和脚手架形式？
>
> (2) 墙体的施工步骤及工艺如何？如何保证其施工质量？

> **知识点**
>
> 砌筑工程是指用砂浆将砖、石及各种类型砌块胶结成整体的施工工艺。砖石砌体在我国有悠久的历史，它取材容易，造价低，施工简单，目前在建筑施工中仍占有相当大的比例。砖石砌体的缺点是自重大，主要以手工操作为主，劳动强度高，生产效率低，且烧结黏土砖占用大量农田，消耗土地资源较多，因而采用新型墙体材料。
>
> 砌筑工程是一个综合的施工过程，它包括脚手架搭设、材料运输和墙体砌筑等。

课题 3.1 常用施工机具

3.1.1 常用的砌筑、备料及检测机具

砌筑房屋时，常用的砌筑工具主要有瓦刀、斗车、砖笼、灰车、灰桶、大铲、灰板、摊灰尺、溜子等。

砌筑时的备料工具主要有砖夹、筛子、锹（铲）等。

砌筑时的检测工具主要有钢卷尺、靠尺、托线板、水平尺、塞尺、线锤、百格网、方尺、皮数杆等。

3.1.2 砂浆搅拌机械

砂浆搅拌机（图 3.1）是砌筑工程中的常用机械，用来制备砌筑和抹灰用砂浆。按生产状态可分为周期作用和连续作用两种基本类型；按安装方式可分为固定式和移动式两种；按出料方式可分为倾翻出料式和活门出料式两类。

3.1.3 垂直运输设施

垂直运输设施是指在建筑施工中担负垂直输送材料和人员上下的机械设备和设施。砌筑工程中的垂直运输量很大，不仅要运输大量的砖（或砌块）、砂浆，而且还要运输脚手架、脚手板及各种预制构件，因而合理安排垂直运输设施直接影响到砌筑工程的施工速度和工程成本。

单元3 砌筑工程施工

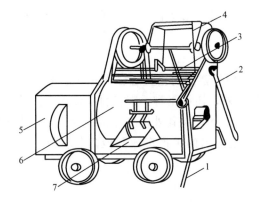

1—水管;2—上料操作手柄;3—出料操作手柄;4—上料斗;5—变速箱;6—搅拌斗;7—出料口。

图 3.1 砂浆搅拌机

目前,砌筑工程中常用的垂直运输设施有塔式起重机、井架、龙门架、施工电梯和灰浆泵等。

1. 塔式起重机

塔式起重机(图 3.2)具有提升、回转、水平运输等功能,不仅是重要的吊装设备,

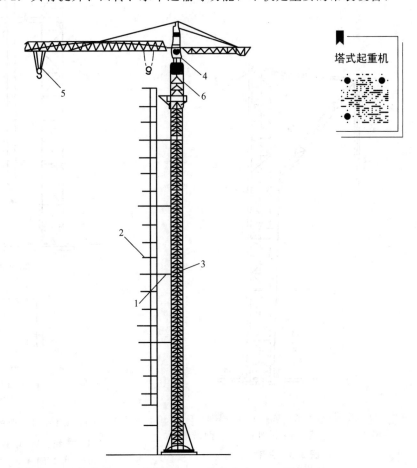

1—撑杆;2—建筑物;3—标准节;4—操纵室;5—起重小车;6—顶升套架。

图 3.2 塔式起重机

也是重要的垂直运输设施，尤其在吊运长、大、重的物料时有明显的优势，故在可能条件下宜优先选用。

2. 井架

井架（图3.3）是施工中较常用的垂直运输设施。它的稳定性好、运输量大，除用型钢或钢管加工的定型井架之外，还可用脚手架材料搭设而成。井架通常带一个起重臂和吊盘。起重臂起重能力为5~10kN，在其外伸工作范围内也可作小距离的水平运输。吊盘起重能力为10~15kN，可放置运料的手推车或其他散装材料。在实际操作中，需设缆风绳保持井架的稳定。

3. 龙门架

龙门架（图3.4）是由两根三角形截面或矩形截面的立柱及横梁组成的门式架。在龙门

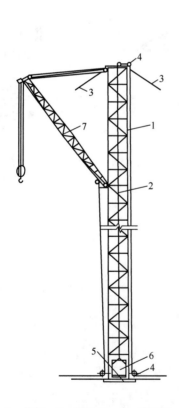

1—井架；2—钢丝绳；3—缆风绳；
4—滑轮；5—垫梁；6—吊盘；7—辅助吊壁。

图3.3 井架

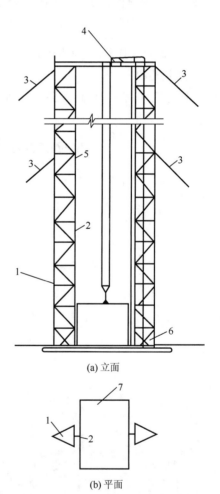

1—立杆；2—导轨；3—缆风绳；
4—滑轮；5—吊盘停车安全装置。

图3.4 龙门架

架上设滑轮、导轨、吊盘、缆风绳等，用来进行材料、机具和小型预制构件的垂直运输。龙门架构造简单，制作容易，用材少，装拆方便，但刚度和稳定性较差，一般适用于中小型工程。在实际操作中，需设缆风绳保持龙门架的稳定。

龙门架和井架物存在较大施工安全风险，已被住房和城乡建设部列为限制使用设备。

4. 施工电梯

目前，在高层建筑施工中，常采用人货两用的建筑施工电梯（图3.5）。其高度随着建筑物主体结构施工而接高。它特别适用于高层建筑，也可用于高大建筑、多层厂房和一般楼房施工中的垂直运输。

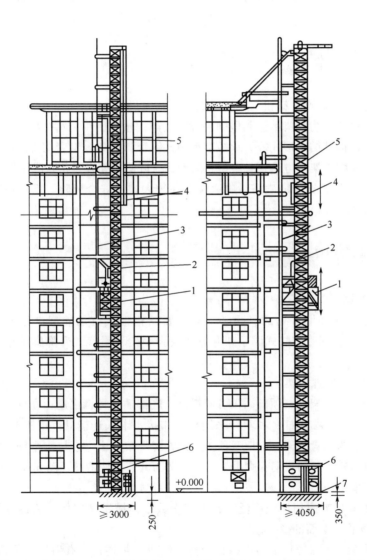

1—吊笼；2—小吊杆；3—架设安装杆；4—平衡安装杆；5—导航架；6—底笼；7—混凝土基础。

图 3.5　建筑施工电梯

5. 灰浆泵

灰浆泵是一种可以在垂直和水平两个方向连续输送灰浆的机械，目前常用的有活塞式、挤压式两种。活塞式灰浆泵按其结构又分为直接作用式和隔膜式两类。

课题3.2 砌筑工程脚手架

脚手架要求宽度满足工人操作、材料堆放及运输的要求，结构简单，坚固稳定，装拆方便，能多次周转使用。脚手架的宽度一般为1.5～2m，一步架高为1.2～1.4m。

3.2.1 脚手架的类型

脚手架是砌筑过程中堆放材料和工人进行操作的临时设施。

脚手架按其搭设位置分为外脚手架和里脚手架两大类；按其所用材料分为木脚手架、竹脚手架和金属脚手架；按其结构形式分为承插型盘扣式钢管脚手架、钢管扣件式脚手架、钢管碗扣式脚手架、门式脚手架、方塔式脚手架、附着式升降脚手架及悬吊式脚手架等。

竹（木）脚手架、门式钢管满堂搭设脚手架存在较大施工安全风险，已被住房和城乡建设部列为限制使用材料。

3.2.2 脚手架的构造

1. 外脚手架的构造

外脚手架是指搭设在外墙外面的脚手架。其主要结构形式有承插型盘扣式钢管脚手架、钢管扣件式脚手架、钢管碗扣式脚手架和方塔式脚手架、附着式升降脚手架和悬吊式脚手架等。

1）承插型盘扣式钢管脚手架

承插型盘扣式钢管脚手架立杆顶部插入可调托撑，底部插入可调底座，立杆之间采用套管或插管连接，水平杆（又称横杆）和斜杆采用杆端扣接头卡入连接盘，用楔形插销连接，形成几何不变结构体系的钢管支架。承插型盘扣式钢管脚手架是由立杆、水平杆、斜杆等构件构成的。图3.6为承插型盘扣式钢管脚手架，图3.7为其节点构造图，图3.8为其构件。

2）钢管扣件式脚手架

钢管扣件式脚手架目前应用比较广泛，其周转次数多，摊销费用低，装拆方便，搭设高度大，适应建筑物平、立面的变化。

钢管扣件式脚手架（图3.9）主要由钢管和扣件组成，主要杆件有斜撑（剪刀撑）、连墙杆、脚手板和底座等。

（1）钢管。钢管一般用$\phi 48.3mm \times 3.6mm$的电焊钢管，用于立杆、大横杆和斜撑的钢管长为4～6.5m，小横杆长为2.1～2.3m。钢管扣件式脚手架的基本形式有双排式和单排式两种。

单元3 砌筑工程施工

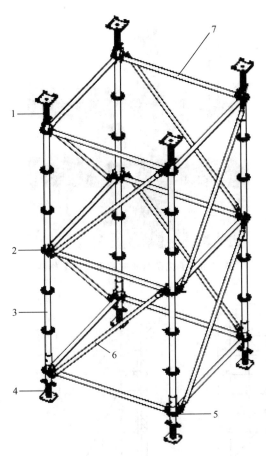

1—可调托撑；2—盘扣节点；3—立杆；
4—可调底座；5—基座；6—斜杆；7—水平杆。

图3.6 承插型盘扣式钢管脚手架

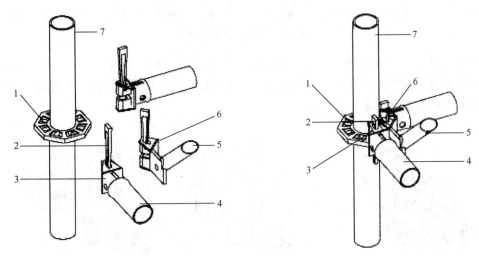

1—连接盘；2—扣接头插销；3—水平杆杆端扣接头；
4—水平杆；5—斜杆；6—斜杆杆端扣接头；7—立杆。

图3.7 承插型盘扣式钢管脚手架节点构造图

图 3.8　承插型盘扣式钢管脚手架构件

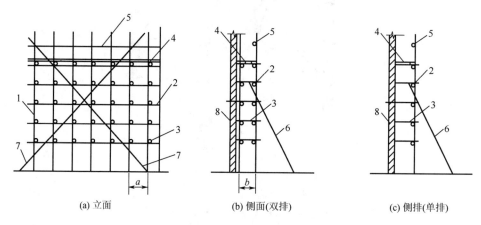

1—立杆；2—大横杆；3—小横杆；4—脚手板；5—栏杆；6—抛撑；7—斜撑（剪刀撑）；8—墙体。

图 3.9　钢管扣件式脚手架

（2）扣件。扣件用于钢管之间的连接，基本形式有三种，如图 3.10 所示。其中，对接扣件用于两根钢管的对接连接；旋转扣件用于两根钢管呈任意角度交叉的连接；直角扣件用于两根钢管呈垂直交叉的连接。

图 3.10　扣件形式

(3)剪刀撑。剪刀撑又称斜撑,设置在脚手架两端的双跨内和中间每隔30m净距的双跨内,仅在架子外侧与地面呈45°布置。

(4)连墙杆。连墙杆每3步5跨设置一根,其作用不仅可防止架子外倾,同时能增加立杆的纵向刚度。图3.11为连墙杆的做法。

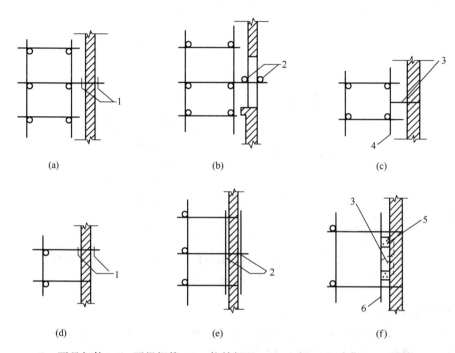

1—两只扣件;2—两根钢管;3—拉结钢丝;4—立杆;5—木楔;6—短管。

图3.11 连墙杆的做法

(5)脚手板。脚手板根据采用的材料不同,可分为薄钢脚手板、木脚手板和竹脚手板等。脚手板的材质应符合规定,而且脚手板不得有超过允许的变形和缺陷。

(6)底座。钢管扣件式脚手架的底座用于承受脚手架立杆传递下来的荷载,底座一般采用厚8mm、边长150~200mm的钢板作底板,上面焊接150mm高的钢管。底座形式有内插式和外套式两种,内插式的外径D_1比立杆内径小2mm,外套式的内径D_2比立杆外径大2mm。图3.12为钢管扣件式脚手架底座。

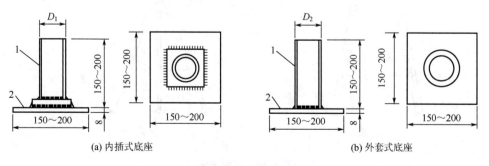

1—承插钢管;2—钢板底板。

图3.12 钢管扣件式脚手架底座

3) 钢管碗扣式脚手架

钢管碗扣式脚手架立杆与水平杆靠特制的碗扣接头（图3.13）连接。碗扣分上碗扣和下碗扣，下碗扣焊在钢管上，上碗扣对应地套在钢管上。碗扣接头可同时连接4根水平杆，水平杆可相互垂直也可组成其他角度，因而可以搭设各种形式的脚手架，特别适合于搭设扇形表面及高层建筑施工和装修施工两用外脚手架，还可作为模板的支撑。

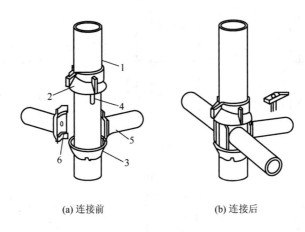

(a) 连接前　　　　　(b) 连接后

1—立杆；2—上碗扣；3—下碗扣；4—限位销；5—水平杆；6—水平杆接头。

图 3.13　碗扣接头

2. 里脚手架的构造

里脚手架常用于楼层内砌砖、内粉刷等工程施工。由于使用过程中不断转移施工地点，装拆比较频繁，故其结构形式和尺寸应力求轻便灵活和装拆方便。

里脚手架的形式很多，按其构造分为折叠式、支柱式、马凳式。图3.14 为里脚手架。

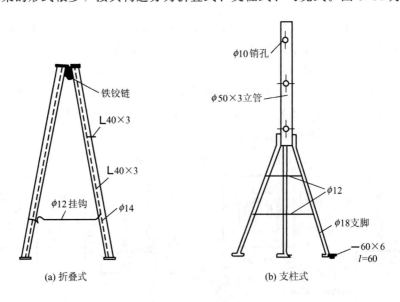

(a) 折叠式　　　　　(b) 支柱式

图 3.14　里脚手架

竹马凳　　　　　　　木马凳　　　　　　　钢马凳

(c) 马凳式

图 3.14　里脚手架（续）

3.2.3　脚手架的搭设

1. 施工准备

（1）脚手架施工前必须制定施工设计或专项方案，保证其技术可靠和使用安全。经技术审查批准后方可实施。

（2）脚手架搭设前工程技术负责人应按脚手架施工设计或专项方案的要求对搭设和使用人员进行技术交底。

（3）进入现场的脚手架构配件，使用前应对其质量进行复检。

（4）构配件应按品种、规格分类放置在堆料区内或码放在专用架上，清点好数量备用。脚手架堆放场地排水应畅通，不得有积水。

（5）连墙杆如采用预埋方式，应提前与设计者协商，并保证预埋件在混凝土浇筑前埋入。

（6）脚手架搭设场地必须平整、坚实、排水措施得当。

2. 脚手架搭设

（1）底座和垫板应准确地放置在定位线上；垫板宜采用长度不少于 2 跨，厚度不小于 50mm 的木垫板；底座的轴心线应与地面垂直。

（2）脚手架搭设应按立杆、横杆、斜杆、连墙杆的顺序逐层搭设，每次上升高度不大于 3m。

（3）脚手架的搭设应分阶段进行，第一阶段的摆底高度一般为 6m，搭设后必须经检查验收后方可正式投入使用。

（4）脚手架的搭设应与建筑物的施工同步进行，每次搭设高度必须高于即将施工楼层 1.5m。

（5）脚手架的垂直度偏差应小于 $L/500$；最大允许偏差应小于 100mm。

（6）脚手架内外侧加挑梁时，挑梁范围内只允许承受人行荷载，严禁堆放物料。

（7）连墙杆必须在规定位置处设置，严禁任意拆除。

（8）作业层设置应符合下列要求。

① 必须满铺脚手板，外侧应设挡脚板及护身栏杆。

② 护身栏杆可用横杆在立杆的 0.6m 和 1.2m 处用碗扣接头搭设两道。

③ 作业层下的水平安全网应按安全技术规范的规定设置。

(9) 采用钢管作加固件、连墙件、斜撑时,应符合《建筑施工扣件式钢管脚手架安全技术规范》(JGJ 130—2011)的有关规定。

(10) 脚手架搭设到顶时,应组织技术、安全、施工人员对整个架体结构进行全面的检查和验收,及时解决存在的结构缺陷。

3. 脚手架拆除

(1) 脚手架拆除前应全面检查脚手架的连接、支撑体系等是否符合构造要求,经技术管理程序批准后方可实施拆除作业。

(2) 脚手架拆除前现场工程技术人员应对在岗操作工人进行有针对性的安全技术交底。

(3) 脚手架拆除时必须划出安全区,设置警戒标志,派专人看管。

(4) 拆除前应清理脚手架上的器具及多余的材料和杂物。

(5) 拆除作业应从顶层开始,逐层向下进行,严禁上下层同时拆除。

(6) 连墙杆必须拆到该层时方可拆除,严禁提前拆除。

(7) 拆除的构配件应成捆用起重设备吊运或人工传递到地面,严禁抛掷。

(8) 脚手架采取分段、分立面拆除时,必须事先确定分界处的技术处理方案。

(9) 拆除的构配件应分类堆放,以便于运输、维护和保管。

课题3.3 砌筑材料的准备

砌筑工程所用的材料应有产品的合格证书和产品性能检测报告。块材、水泥、钢筋、外加剂等材料应有主要性能的进场复验报告。严禁使用国家明令淘汰的材料。

3.3.1 砂浆的制备及要求

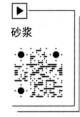
砂浆

砂浆应按试配调整后确定的配合比进行计量配料,并采用机械拌和,其拌和时间自投料完算起,水泥砂浆和水泥混合砂浆不得少于2min;水泥粉煤灰砂浆和掺用外加剂的砂浆不得少于3min;掺用有机塑化剂的砂浆为3～5min。拌成后的砂浆,其稠度应符合规范的规定;分层度不应大于30mm;颜色一致。砂浆拌成后应盛入贮灰器中,如砂浆出现泌水现象,应在砌筑前再次拌和。

砂浆应随拌随用。水泥砂浆和水泥混合砂浆必须分别在拌成后3h和4h内使用完毕;如施工期间最高气温超过30℃,必须分别在拌成后2h和3h内使用完毕。

3.3.2 石材的准备

石砌体指用乱毛石、平毛石砌成的砌体。乱毛石指形状不规则的石块,平毛石指形状不规则,但有两个平面大致平行的石块。图3.15为乱毛石外形,图3.16为平毛石外形。

图 3.15　乱毛石外形　　　　图 3.16　平毛石外形

石砌体采用的石材应质地坚实，无风化剥落和裂纹。用于清水墙、柱表面的石材，尚应色泽均匀。石材表面的泥垢、水锈等杂质，砌筑前应清除干净。

石材的强度等级应符合设计要求。

3.3.3　砖的准备

1. 普通砖

规格为 240mm×115mm×53mm 的无孔或孔洞率小于 15% 的砖称为普通砖。普通砖尺寸如图 3.17 所示。

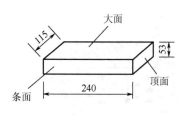
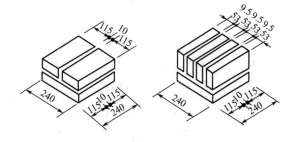

(a) 普通砖的尺寸　　　　(b) 普通砖组合尺寸关系

图 3.17　普通砖尺寸

普通砖有经过焙烧的黏土砖、页岩砖、粉煤灰砖、煤矸石砖和不经过焙烧的粉煤灰砖、炉渣砖、灰砂砖等。其质量特征如下。

(1) 砖的外形为直角六面体，其标准尺寸为长 240mm、宽 115mm、高 53mm，其尺寸偏差不应超过标准规定。因此，在砌筑使用时，包括灰缝（10mm）在内，4 块砖长、8 块砖宽、16 块砖厚都为 1m，512 块砖可砌 1m³ 砌体。

(2) 砖的抗压强度分为 MU30、MU25、MU20、MU15、MU10 五个强度等级。

(3) 强度和抗风化性能合格的普通砖，根据尺寸偏差、外观质量、泛霜和石灰爆裂分为优等品（A）、一等品（B）、合格品（C）三个质量等级。

(4) 砖的外形应该平整、方正。外观无明显的弯曲、缺棱、掉角、裂缝等缺陷，敲击时发出清脆的金属声，色泽均匀一致。

2. 烧结多孔砖

烧结多孔砖（图 3.18）是指以黏土、页岩、煤矸石、粉煤灰为主要原料，经焙烧而成，孔洞率不小于 25%，孔的尺寸小而数量多，主要用于承重部位的砖，简称多孔砖。烧结多孔砖按主要原料分为黏土多孔砖、页岩多孔砖、煤矸石多孔砖和粉煤灰多孔砖。

烧结多孔砖的质量要求如下。

（1）砖的外形为直角六面体，其长度、宽度、高度尺寸应符合下列要求：290mm、240mm、190mm、180mm、175mm、140mm、115mm、90mm。

砖孔形状有矩形孔、椭圆孔、圆孔等多种。孔洞要求：孔径≤22mm、孔数多、孔洞方向平行于承压方向。

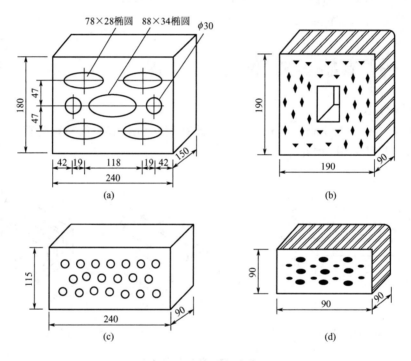

图 3.18 烧结多孔砖

（2）根据抗压强度分为 MU30、MU25、MU20、MU15、MU10 五个强度等级。

（3）强度和抗风化性能合格的砖，根据尺寸偏差、外观质量、孔形及孔洞排列、泛霜和石灰爆裂分为优等品（A）、一等品（B）、合格品（C）三个质量等级。

3.3.4 砌块的准备

1. 普通混凝土小型空心砌块

普通混凝土小型空心砌块以水泥、砂、碎石或卵石、水等预制而成。

普通混凝土小型空心砌块主规格尺寸为 390mm×190mm×190mm，有两个方形孔，最小外壁厚应不小于 30mm，最小肋厚应不小于 25mm，空心率应不小于 25%，如图 3.19 所示。

普通混凝土小型空心砌块按其强度,分为 MU5、MU7.5、MU10、MU15、MU20 五个强度等级。

普通混凝土小型空心砌块按其尺寸允许偏差、外观质量,分为优等品、一等品、合格品。

2. 轻骨料混凝土小型空心砌块

轻骨料混凝土小型空心砌块以水泥、轻骨料、砂、水等为原料预制而成。砌块主规格尺寸为 390mm×190mm×190mm。其按孔的排数有单排孔、双排孔、三排孔和四排孔四类。图 3.20 为轻骨料混凝土小型空心砌块。

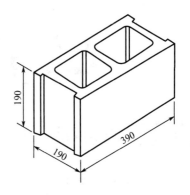

图 3.19　普通混凝土小型空心砌块

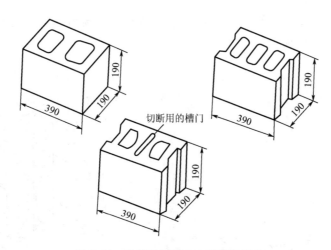

图 3.20　轻骨料混凝土小型空心砌块

3. 粉煤灰小型空心砌块

粉煤灰小型空心砌块是以粉煤灰、水泥及各种骨料加水拌和制成的砌块。其中粉煤灰用量不应低于原材料质量的 10%,生产过程中也可加入适量的外加剂调节砌块的性能。

粉煤灰小型空心砌块具有轻质高强、保温隔热、抗震性能好的特点,可用于框架结构的填充墙等结构部位。粉煤灰小型空心砌块按抗压强度,分为 MU2.5、MU3.5、MU5、MU7.5 和 MU15 五个强度等级。

4. 粉煤灰实心砌块

粉煤灰实心砌块是以粉煤灰、石灰、石膏和骨料等为原料,加水搅拌,振动成型,蒸汽养护而制成的。粉煤灰实心砌块的主规格尺寸为 880mm×380mm×240mm、880mm×430mm×240mm。砌块端面留灌浆槽。粉煤灰实心砌块按其抗压强度分为 MU10、MU13 两个强度等级。图 3.21 为粉煤灰实心砌块。

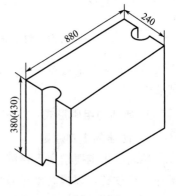

图 3.21　粉煤灰实心砌块

课题3.4 砌体结构施工方法

3.4.1 砖墙的砌筑

1. 砖的加工、摆放

砌筑砖墙时需要打砍加工的砖，按其尺寸不同可分为"七分头""半砖""二寸头""二寸条"。图3.22为打砍砖。

砌入墙内的砖，由于摆放位置不同，可分为卧砖（也称顺砖或眠砖）、陡砖（也称侧砖）及立砖，如图3.23所示。

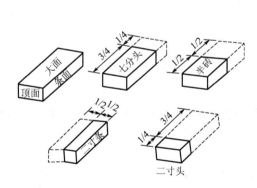

图3.22 打砍砖

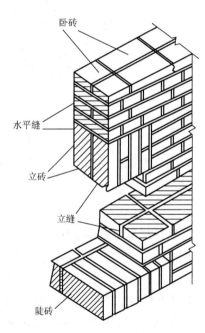

图3.23 卧砖、陡砖、立砖

砖与砖之间的缝统称灰缝。水平方向的灰缝叫水平缝或卧缝；垂直方向的灰缝叫立缝或头缝。

2. 砖墙的组砌形式

1）砖墙的组砌原则

砖墙的组砌要求上下错缝、内外搭砌，以保证墙体的整体性和稳定性。同时组砌要有规律，少砍砖，以提高砌筑效率，节约材料。组砌方式必须遵循下面三个原则。

（1）砌体必须错缝。为避免砌体出现连续的垂直通缝，保证砌体的整体强度，必须上下错缝、内外搭砌，并要求砖块最少应错缝1/4砖长，且不小于60mm。在墙体两端采用"七分头""二寸条"来调整错缝。图3.24为砖砌体错缝。

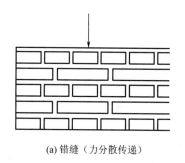 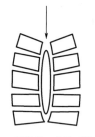

(a) 错缝（力分散传递）　　　　(b) 无错缝（砌体压散）

图 3.24　砖砌体错缝

（2）墙体连接必须有整体性。为了使建筑物的纵横墙搭接成一整体，增强其抗震能力，要求墙的转角和连接处要尽量同时砌筑；如不能同时砌筑，必须先在墙上留出接槎（俗称留槎），后砌的墙体要镶入接槎内（俗称咬槎）。砖墙接槎的砌筑方法合理与否、质量好坏，对建筑物的整体性影响很大。正常的接槎按规范规定采用两种形式：一种是斜槎，方法是在墙体连接处将待接砌墙的槎口砌成台阶形式，其高度一般不大于 1.2m，长度不小于高度的 2/3；另一种是直槎（俗称马牙槎），是每隔一皮砌出墙外 1/4 砖，作为接槎之用，每隔 500mm 高度加 2ϕ6mm 拉结筋，每边伸入墙内不宜小于 500mm。斜槎的做法如图 3.25 所示，直槎的做法如图 3.26 所示。

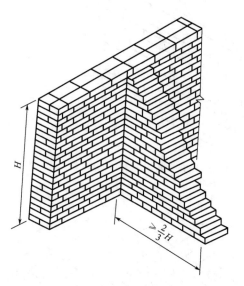 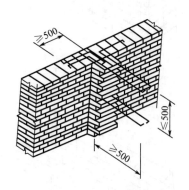

图 3.25　斜槎的做法　　　　**图 3.26　直槎的做法**

（3）控制水平灰缝厚度。砌体水平灰缝规定厚度为 8～12mm，一般为 10mm。如果水平灰缝太厚，会使砌体的压缩变形过大，砌上去的砖会发生滑移，对墙体的稳定性不利；水平灰缝太薄则不能保证砂浆的饱满度和均匀性，会对墙体的黏结、整体性产生不利影响。

砌筑时，在墙体两端和中部架设皮数杆、拉通线来控制水平灰缝厚度。同时要求砂浆的饱满程度应不低于 80%。

2）砖墙常用的组砌形式

烧结普通砖砌筑实心墙时常用的组砌形式有：一顺一丁（图3.27）、梅花丁（图3.28）、三顺一丁（图3.29）、两平一侧（图3.30）、全顺（图3.31）、全丁（图3.32）等。

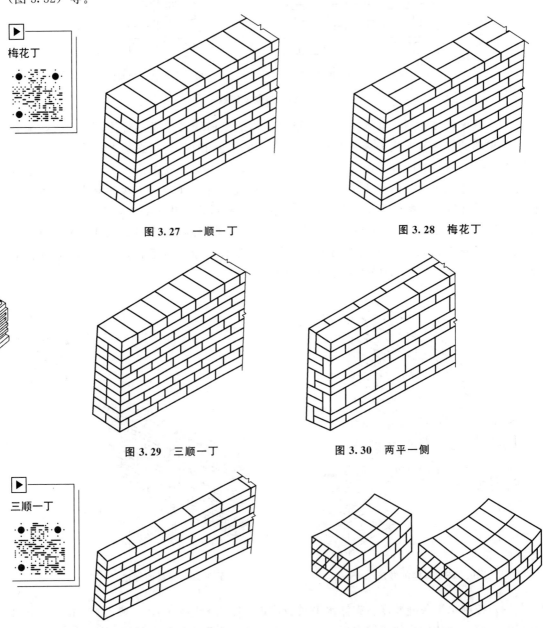

图3.27　一顺一丁　　　　　　　　图3.28　梅花丁

图3.29　三顺一丁　　　　　　　　图3.30　两平一侧

图3.31　全顺　　　　　　　　　　图3.32　全丁

多孔砖中代号 M（240mm×240mm×53mm）的多孔砖的组砌形式只有全顺，如图3.33所示。

代号 P（240mm×115mm×90mm）的多孔砖有一顺一丁及梅花丁两种组砌形式，如图3.34所示。

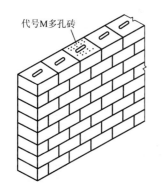

图 3.33 代号 M 多孔砖组砌形式

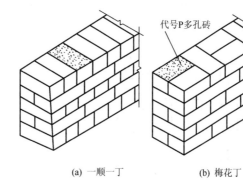

(a) 一顺一丁　　(b) 梅花丁

图 3.34 代号 P 多孔砖组砌形式

3. 砖墙在转角及交接处的组砌形式

1) 砖墙在转角处的组砌形式

在砖墙的转角处，为了使各皮砖的竖缝相互错开，必须在外角处砌七分头砖。图 3.35 是一顺一丁砌一砖墙转角，图 3.36 是一顺一丁砌一砖半墙转角。

图 3.35 一顺一丁砌一砖墙转角

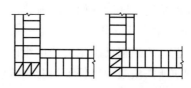

图 3.36 一顺一丁砌一砖半墙转角

图 3.37 是梅花丁砌一砖墙转角，图 3.38 是梅花丁砌一砖半墙转角。

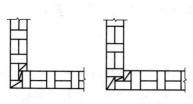

图 3.37 梅花丁砌一砖墙转角

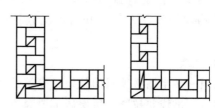

图 3.38 梅花丁砌一砖半墙转角

2) 砖墙在交接处的组砌形式

在砖墙的丁字交接处，应分皮相互砌通，内角相交处竖缝应错开 1/4 砖长，并在横墙端头处加砌七分头砖。图 3.39 是一顺一丁砌一砖墙丁字交接处，图 3.40 是一顺一丁砌一砖半墙丁字交接处。

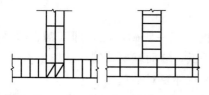

图 3.39 一顺一丁砌一砖墙丁字交接处

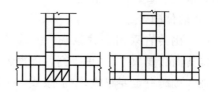

图 3.40 一顺一丁砌一砖半墙丁字交接处

在砖墙的十字交接处,应分皮相互砌通,交角处的竖缝相互错开 1/4 砖长。图 3.41 是一顺一丁砌一砖墙十字交接处,图 3.42 是一顺一丁砌一砖半墙十字交接处。

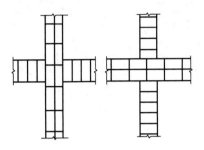

图 3.41 一顺一丁砌一砖墙十字交接处

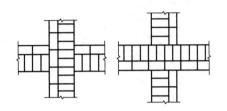

图 3.42 一顺一丁砌一砖半墙十字交接处

4. 砖墙砌筑的工艺流程

1) 找平并弹墙身线

在砌墙前,应将基础防潮层或楼面上的灰砂泥土、杂物等清除干净,并用水泥砂浆或细石混凝土找平,使各段砖墙底部标高符合设计要求;找平时,需使上下两层围墙之间不致出现明显的接缝。随后开始弹墙身线。

2) 排砖摆底

在砌砖前,要根据已确定的砖墙组砌方式进行排砖摆底,使砖的垒砌合乎错缝搭接要求。确定砌筑所需块数,以保证墙身砌筑竖缝均匀适度,尽可能做到少砍砖。

3) 盘角

砌砖前应先盘角,每次盘角不要超过五层,新盘的大角要及时进行吊、靠。如有偏差,要及时修整。盘角时要仔细对照皮数杆的砖层和标高,控制好灰缝大小,使水平灰缝均匀一致。大角盘好后再复查一次,平整度和垂直度完全符合要求后,再挂线砌墙。

4) 挂线

砌筑一砖半墙必须双面挂线。砌筑长墙时需几个人均使用一根通长准线,中间应设几个支线点。准线要拉紧,每层砖都要穿线看平,使水平缝均匀一致,平直通顺,挂线时要把高出的障碍物去掉,中间塌腰的地方要垫一块砖,俗称腰线砖。垫腰线砖应注意准线不能向上拱起。经检查平直无误后即可砌砖。图 3.43 为挂线及腰线砖。

此外还有一种挂线法,不用坠砖而将准线挂在两侧墙的立线上,俗称挂立线(图 3.44),一般用于砌中间墙。将立线的上下两端拴在钉入纵墙水平缝的钉子上并拉紧,根据挂好的立线拉水平准线,水平准线的两端要由立线的里侧往外拴,两端拴的水平准线要同纵墙缝一致,不得错层。

5) 墙体砌砖

(1) 砌砖宜采用一铁锹灰、一块砖、一揉挤的"三一"砌砖法,即满铺、满挤操作法。砌砖时砖要放平。"里手高,墙面就要张;里手低,墙面就要背"。

(2) 砌砖一定要跟线,"上跟线,下跟棱,左右相邻要对平"。

(3) 水平灰缝厚度和竖向灰缝宽度一般为 10mm,但不应小于 8mm,也不应大于 12mm。

(4) 为保证清水墙面主缝垂直，不"游丁走缝"，当砌完一步架高时，宜每隔 2m 水平间距，在丁砖立棱位置弹两道垂直立线，分段控制"游丁走缝"。

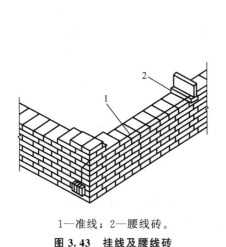

1—准线；2—腰线砖。

图 3.43 挂线及腰线砖

图 3.44 挂立线

(5) 在操作过程中，要认真进行自检，如出现偏差，应随时纠正，严禁事后砸墙。

(6) 清水墙不允许有三分头，不得在上部任意变化、乱缝。

(7) 砌筑砂浆应随搅拌随使用，一般水泥砂浆必须在 3h 内用完，水泥混合砂浆必须在 4h 内用完，不得使用过夜砂浆。

(8) 砌清水墙应随砌随划缝，划缝深度为 8～10mm，深浅一致，墙面清扫干净。

(9) 围墙转角处应同时砌筑。如不能同时砌筑，则交接处必须留斜槎，斜槎长度不应小于墙体高度的 2/3，斜槎必须平直、通顺。

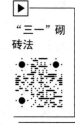

"三一"砌砖法

我国广大建筑工人在长期的操作实践中，积累了丰富的砌筑经验，并总结出各种不同的操作方法，目前常用的有瓦刀披灰法、"三一"砌砖法、坐浆砌砖法、铺灰挤砌法、"快速"砌筑法等。

3.4.2 砌块墙的砌筑

1. 砌块墙的组砌形式

砌块墙（包括混凝土空心砌块墙体和粉煤灰实心砌块墙体）的立面组砌形式仅有全顺一种，上下竖缝相互错开 190mm；双排砌块墙横向竖缝也应相互错开 190mm。图 3.45 和图 3.46 分别为混凝土空心砌块墙体和粉煤灰实心砌块墙体的立面组砌形式。下文以混凝土空心砌块墙体为例讲述砌块墙体的砌筑。

2. 组砌方法

混凝土空心砌块墙体宜采用铺灰反砌法进行砌筑。先用大铲或瓦刀在墙顶上摊铺砂浆，铺灰长度不宜超过 800mm，再在已砌砌块的端面上刮砂浆，双手端起砌块，使其底面向上，摆放在砂浆层上，并与前一块挤紧，使上下砌块的孔洞对准，挤出的砂浆随手刮去。若使用一端有凹槽的砌块，应将有凹槽的一端接着平头的一端砌筑。

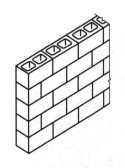

图 3.45 混凝土空心砌块墙体的立面组砌形式

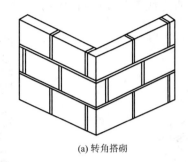

(a) 转角搭砌

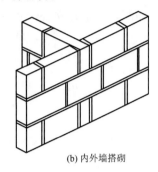

(b) 内外墙搭砌

图 3.46 粉煤灰实心砌块墙体的立面组砌形式

3. 混凝土空心砌块墙体的砌筑

混凝土空心砌块只能用于地面以上墙体的砌筑，而不能用于墙体基础的砌筑。

在砌筑工艺上，混凝土空心砌块砌筑与传统的砖混建筑砌筑没有大的差别，都是手工砌筑，对建筑设计的适应能力也很强，砌块砌体可以取代砖石结构中的砖砌体。砌块是用混凝土制作的一种空心、薄壁的硅酸盐制品，它作为墙体材料，不但具有混凝土材料的特性，而且其形状、构造等与黏土砖也有较大的差别，砌筑时要按其特点给予重视和注意。

1) 施工准备

(1) 运到现场的砌块，应分规格、分等级堆放，堆放场地必须平整，并做好排水。小砌块的堆放高度不宜超过 1.6m。

(2) 对于砌筑承重墙的砌块应进行挑选，剔出断裂砌块或壁肋中有竖向凹形裂缝的砌块。

(3) 龄期不足 28d 及潮湿的砌块不得进行砌筑。

(4) 普通混凝土砌块不宜浇水。当天气干燥炎热时，可在砌块上稍加喷水润湿；轻骨料混凝土砌块可洒水，但不宜过多。

(5) 清除砌块表面污物和芯柱用砌块孔洞底部的毛边。

(6) 砌筑底层墙体前，应对基础进行检查。清除防潮层顶面上的污物。

(7) 根据砌块尺寸和灰缝厚度计算皮数，制作皮数杆。皮数杆立在建筑物四角或楼梯间转角处，皮数杆间距不宜超过 15m。

(8) 准备好所需的拉结筋或钢筋网片。

(9) 根据砌块搭接需要，准备一定数量的辅助规格的砌块。

(10) 砌筑砂浆必须搅拌均匀，随拌随用。

2) 砌筑

(1) 砌块砌筑应从转角或定位处开始，内外墙同时砌筑，纵横墙交错搭接。外墙转角处应使砌块隔皮露端面；T 形交接处应使横墙砌块隔皮露端面。图 3.47 为砌块墙转角处及 T 形交接处砌法。

(2) 砌块应对孔错缝搭砌。上下皮砌块竖向灰缝相互错开 190mm。个别情况无法对孔砌筑时，普通混凝土砌块错缝长度不应小于 90mm，轻骨料混凝土砌块错缝长度不应小于120mm；当不能保证此规定时，应在水平灰缝中设置2ϕ4mm钢筋网片，钢筋网片每端均应超过该垂直灰缝，其长度不得小于300mm。图3.48为水平灰缝中的钢筋网片。

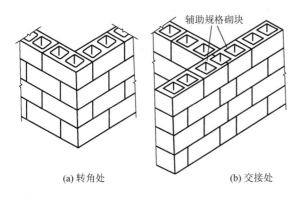

图3.47　砌块墙转角处及T形交接处砌法

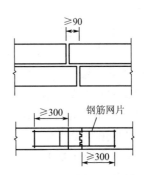

图3.48　水平灰缝中的钢筋网片

（3）砌块应逐块铺砌，采用满铺、满挤法。

（4）砌块砌筑一定要跟线，"上跟线，下跟棱，左右相邻要对平"。同时应随时进行检查，做到随砌随查随纠正，以免返工。

（5）每当砌完一块，应随后进行灰缝的勾缝（原浆勾缝），勾缝深度一般为3～5mm。

（6）外墙转角处严禁留直槎，宜从两个方向同时砌筑。墙体临时间断处应砌成斜槎，斜槎长度不应小于高度的2/3。如留斜槎有困难，除外墙转角处及抗震设防地区不应留直槎外，可从墙面伸出200mm砌成阴阳槎，并沿墙高每三皮砌块（600mm）设拉结筋或钢筋网片。埋入长度从留槎处算起，每边均不小于600mm。图3.49为砌块砌体的斜槎和阴阳槎。

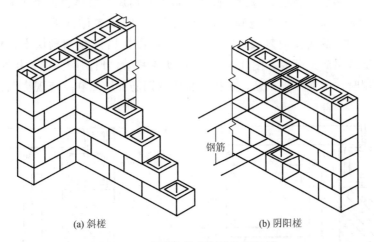

图3.49　砌块砌体的斜槎和阴阳槎

（7）砌块用于框架填充墙时，应与框架中预埋的拉结筋连接。当填充墙砌至顶面最后一皮时，与上部结构相接处宜用实心砌块（或在砌块孔洞中填C15混凝土）斜砌挤紧。

对设计规定的洞口、管道、沟槽和预埋件等，应在砌筑时预留或预埋，严禁在砌好的墙体上打凿。在砌块墙体中不得留水平沟槽。

(8) 砌块墙体内不宜留脚手眼，如必须留设时，可用 190mm×190mm×190mm 砌块侧砌，利用其孔洞作脚手眼，墙体完工后用 C15 混凝土填实。但在墙体下列部位不得留设脚手眼。

① 过梁上部，与过梁成 60°角的三角形及过梁跨度 1/2 范围内；
② 宽度不大于 800mm 的窗间墙；
③ 梁和梁垫层下方及其左右各 500mm 的范围内；
④ 门窗洞口两侧 200mm 内，墙体交接处 400mm 范围内；
⑤ 设计规定不允许设脚手眼的部位。

(9) 安装预制梁、板时，必须坐浆垫平，不得干铺。当设置滑动层时，应按设计要求处理。板缝应按设计要求填实。

砌体中设置的圈梁应符合设计要求，圈梁应连续地设置在同一水平面上，并形成闭合状，且应与楼板（屋面板）在同一水平面上，或紧靠楼板底（屋面板底）设置；当不能在同一水平面上闭合时，应增设附加圈梁，其搭接长度应不小于圈梁距离的 2 倍，同时也不得小于 1m；当采用槽形砌块制作组合圈梁时，槽形砌块应采用强度等级不低于 M10 的砂浆砌筑。

3.4.3 圈梁及过梁的施工

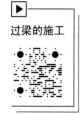

过梁是砌块墙的重要构件之一。当砌块墙中遇门窗洞口时，应设置过梁。它既起连系梁的作用，又是一种调节砌块。当层高与砌块高出现差异时，可利用过梁尺寸的变化进行调节，从而使其他砌块的通用性更大。

多层砌体建筑应设置圈梁，以增强房屋的整体性。砌块墙的圈梁常和过梁统一考虑，有现浇和预制两种。现浇圈梁整体性强，对加固墙身较为有利，但施工支模复杂，实际工程中可采用 U 形预制砌块来代替模板，在槽内配置钢筋后浇筑混凝土而成。图 3.50 为砌块现浇圈梁。预制圈梁则是将圈梁分段预制，现场拼接。预制时，梁端伸出钢筋，拼接时将两端钢筋扎结后在结点现浇混凝土。

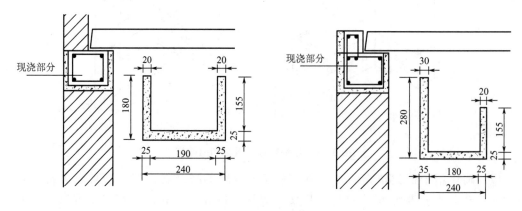

图 3.50 砌块现浇圈梁

3.4.4 砖柱、扶壁柱、构造柱、芯柱的施工

1. 砖柱的施工

砖柱一般分为矩形、圆形、正多边形和异形等几种。矩形砖柱分为独立柱和附墙柱两类；圆形砖柱和正多边形砖柱一般为独立砖柱；异形砖柱较少，现在通常由钢筋混凝土柱代替。普通矩形砖柱截面尺寸不应小于240mm×365mm。

砖柱的施工

2. 扶壁柱的施工

扶壁柱也称作砖垛，其砌筑方法要根据墙厚不同及垛的大小而定，无论哪种砌法都应使垛与墙身逐皮搭接，不可分离砌筑，搭接长度不应小于1/2砖长。垛根据错缝需要，可加砌七分头砖或半砖。砖垛截面尺寸不应小于125mm×240mm。

砖垛施工时，应使墙与垛同时砌，不能先砌墙后砌垛或先砌垛后砌墙。

3. 构造柱的施工

砖墙与构造柱相接处，砖墙应砌成马牙槎，从每层柱脚开始，先退后进；每个马牙槎沿高度方向的尺寸不宜超过300mm（或5皮砖高）；每个马牙槎退进应不小于60mm。图3.51为拉结筋布置及马牙槎。

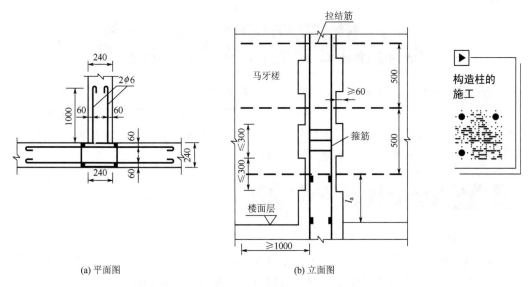

图3.51 拉结筋布置及马牙槎

构造柱必须与圈梁连接。其根部可与基础圈梁连接，无基础圈梁时，可增设厚度不小于120mm的混凝土底脚，深度在室外地坪以下不应小于500mm。

钢筋混凝土构造柱的施工顺序为：绑扎钢筋、砌砖墙、支模板、浇筑混凝土。必须在该层构造柱混凝土浇筑完毕后，才能进行上一层的施工。

构造柱的竖向受力钢筋伸入基础圈梁或混凝土底脚内的锚固长度，以及绑扎搭接长度，均不应小于35倍钢筋直径，接头区段内的箍筋间距不应大于200mm。钢筋混凝土保

护层厚度一般为20mm。

砌砖墙时,每层马牙槎应先退后进,以保证构造柱脚为大断面。当马牙槎齿深为120mm时,其上口可采用第一皮先进60mm,往上再进120mm的方法,以保证浇筑混凝土时上角密实。

构造柱的模板,必须与所在砖墙面严密贴紧,以防漏浆。在浇筑混凝土前,应将砖墙和模板浇水湿润,并将模板内的砂浆残块、砖渣等杂物清理干净。

浇筑构造柱的混凝土坍落度一般以50~70mm为宜。浇筑时宜采用插入式振动器,分层捣实,但插入式振动器的振捣棒应避免直接触碰钢筋和砖墙,严禁通过砖墙传振,以免砖墙变形和灰缝开裂。

4. 芯柱的施工

在芯柱部位,每层的第一皮砌块,应采用开口砌块或U形砌块,以形成清理口。

浇筑混凝土前,从清理口掏出砌块孔洞内的杂物,并用水冲洗孔洞内壁,将积水排出,用混凝土预制块封闭清理口。

芯柱混凝土应在砌完一个楼层高度后连续浇筑,并宜与圈梁同时浇筑,或在圈梁下留置施工缝。而且,砌筑砂浆强度在大于1MPa后,方可浇筑芯柱混凝土。

为保证混凝土密实,混凝土内宜掺入流动性的外加剂,其坍落度不应小于70mm,振捣混凝土宜用软轴插入式振动器,分层捣实。

应事先计算每个芯柱的混凝土用量,按计算用量浇筑混凝土。

课题3.5 新型墙体板材工程

新型墙体材料是指除黏土实心砖之外的各种新材料及新制品,主要包括黏土空心砖、各种非黏土砖、加气混凝土砌块及各类轻质板材和复合板材。新型墙体材料以节能、节地、利废、工业化程度高、施工工期短和改善建筑功能为主要特点。今后需大力发展各种轻质板材和混凝土砌块,开发承重复合墙体材料。

3.5.1 新型墙体板材

1. 轻质板材

轻质板材是以无机胶凝材料为主要基体材料,采用各种工艺预制而成的长度与宽度远大于厚度,板材体积密度或面密度比普通混凝土制品低的建筑制品。

2. 复合墙板

复合墙板是用两种或两种以上具有完全不同性能的材料,经过一定的工艺制造而成的建筑预制品。例如,依据建筑节能的需要,采用高效保温材料与墙体结构材料进行复合,满足墙体的受力、围护、保温等多种功能;对于有隔声功能需要的建筑,采用高效吸音材料与墙体结构材料进行复合,可满足墙体的受力、围护、隔声等多种功能。复合墙板有复合外墙板和复合内墙板之分,复合外墙板一般为整开间板或条式板,复合内墙板一般为条式板。按照其组成材料的不同,常见的复合墙板如图3.52所示。

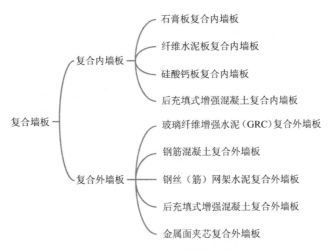

图 3.52 常见的复合墙板

3. 复合墙体

复合墙体是用两种或两种以上具有完全不同功能的材料，经过不同工艺复合而成的具备多种使用功能的建筑物立面围护结构，称为复合墙体。一般可将承受外力作用的结构材料与具有保温隔热或隔声作用的功能材料组合在一起形成复合墙体，充分发挥各种材料的优势，达到既能满足多功能要求又经济合理的目的。复合墙体可分为复合外墙和复合内墙。

复合墙体的构造方法有现场一次复合方法、现场二次复合方法与工厂预制现场安装方法。

（1）现场一次复合方法：用绝热材料作为永久件模板，在施工现场支撑固定后，浇筑混凝土主体结构或砌筑主体结构。绝热材料可置于外墙外侧，全现浇混凝土外墙外保温墙体构造如图 3.53 所示，也可置于外墙内侧，或者将两层绝热材料支撑固定，在两绝热层之间浇筑混凝土结构材料。

（2）现场二次复合方法：在已有的砌筑墙体上或混凝土墙体上，将预制保温板材安装在墙体外侧或墙体内侧。具体施工方法是在现场将保温层固定在结构墙体上，然后作饰面层；或者是直接在结构墙体上涂抹保温浆料。图 3.54 为保温浆料外墙外保温墙体构造。

（3）工厂预制现场安装方法：按照墙体的结构与保温要求，在工厂预制复合墙板，然后运至现场进行固定安装。

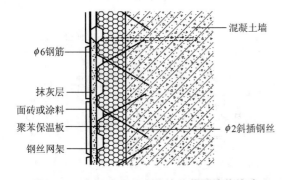

图 3.53 全现浇混凝土外墙外保温墙体构造

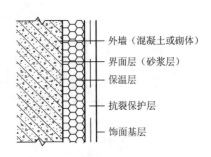

图 3.54 保温浆料外墙外保温墙体构造

3.5.2　玻璃纤维增强水泥（GRC）墙板施工

玻璃纤维增强水泥（Glass Fiber Reinforced Cement，GRC）墙板以耐碱玻璃纤维为增强材料，以低碱度高强水泥砂浆为胶结材料，以轻质无机复合材料为骨料（膨胀珍珠岩、膨胀蛭石和聚苯乙烯泡沫塑料板等），执行国家标准《玻璃纤维增强水泥轻质多孔隔墙条板》（GB/T 19631—2005）。GRC墙板具有构件薄、耐伸缩性高、抗冲击性能好、碱度低、自由膨胀率小、防裂性能可靠、质量稳定、防潮、保温、隔声、环保节能、施工速度快、易于操作等特点，近年来已被广泛应用。GRC墙板主要安装在建筑物非承重部位，其构造示意图如图3.55所示。

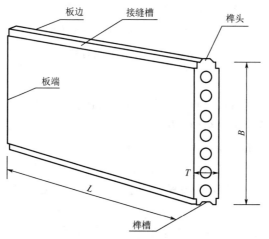

图 3.55　GRC 墙板构造示意图

1. GRC 墙板的连接方式

1）GRC 墙板之间的连接

GRC墙板的竖向两侧分别为倒八字形和正八字形企口，在安装时，将两块板的侧面正八字形企口和倒八字形企口处分别涂刷胶液和胶泥，然后将两块板拼接在一起，接缝表面处先刷一遍胶液，抹一道胶泥，然后粘贴玻璃纤维网格布加强。常用的连接方式有一字形连接、T形连接、十字形连接、L形连接。图3.56为GRC墙板之间的连接。

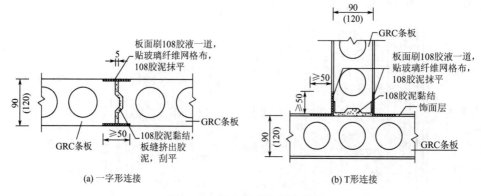

(a) 一字形连接　　　(b) T形连接

图 3.56　GRC 墙板之间的连接

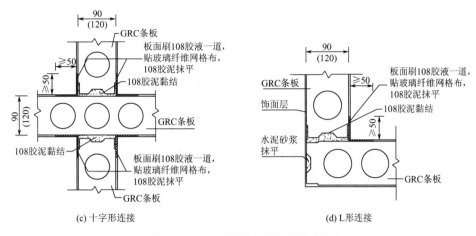

(c) 十字形连接   (d) L形连接

图 3.56   GRC 墙板之间的连接（续）

2）GRC 墙板与梁底面及顶棚面之间的连接

GRC 墙板与梁底面及顶棚面之间的连接采用胶泥加 U 形钢板卡固定。U 形钢板卡采用 60mm 长、2mm 厚的钢板制成，钢板卡采用 4mm 膨胀螺钉固定在结构梁板处。墙板与梁板交接的阴角处涂抹胶液和胶泥一道，表面贴玻璃纤维网格布加强。图 3.57 为 GRC 墙板与梁底面连接示意图。

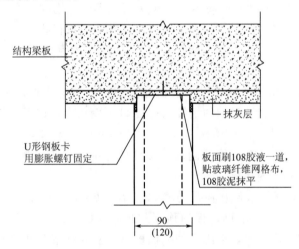

图 3.57   GRC 墙板与梁底面连接示意图

3）GRC 墙板与墙体之间的连接

GRC 墙板与砖墙或砌块墙之间的连接采用胶液和胶泥固定，连接之前，在砖墙或砌块墙与 GRC 墙板接触处均匀涂抹胶液和胶泥；在阴角处涂抹胶液和胶泥一道，表面贴玻璃纤维网格布加强。图 3.58 为 GRC 墙板与墙体连接示意图。

2. GRC 墙板的施工工艺

（1）施工准备。做好 GRC 墙板施工的技术、材料、人员和施工机具的准备。按照施工平面图及结构图绘制墙板安装图。一般按照图纸及实际尺寸进行计算，GRC 墙板的长度按楼层净高减去 20～30mm 截取。墙板安装图应包括墙体的安装尺寸，预留孔洞、预埋

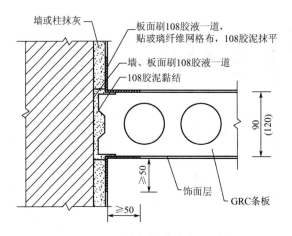

图 3.58　GRC 墙板与墙体连接示意图

件（盒）和暗管等具体位置及特殊部位的技术处理。

若 GRC 隔墙高度超过 3m 时，需错缝搭接，但是高度不宜超过 6m，补板最小长度不宜小于 500mm，接板次数不超过一次；若隔墙长度超过 12m 时，应增设大于板厚的钢筋混凝土构造柱，或角钢做增强处理，以保证墙体的稳定性。

（2）清理施工作业面。将待安装 GRC 墙板的部位（墙板与顶板、墙面及地面）清理干净，将顶棚、墙面及柱面处凸出的砂浆块或混凝土等杂物剔除干净，最后清理地面；同时检查地面的平整度，对高低凹陷处大于 40mm 的部位应进行找平。

（3）隔墙定位、弹线。在地面、墙面及顶面根据设计位置，弹好隔墙边线及门窗洞边线，并按板宽分档。

（4）配板、安装 U 形钢板卡。根据墙板安装图要求核对所选用墙板类型、规格和数量。在安装墙板后，在梁底及天棚的墨线内安装 U 形钢板卡，以固定板的上口。

（5）胶结材料的配制。GRC 墙板之间、GRC 墙板与主体结构之间的接缝处用胶液和胶泥（又称胶黏剂）固定，在接缝外侧加一层玻璃纤维网格布增强。胶黏剂要随配随用，配制的胶黏剂应在 30min 内用完。

（6）安装墙板。墙板安装顺序应从与墙的结合处开始，顺序安装（当有门洞时，应从门洞两端依次进行）。在结构墙面、板的顶面及侧面（相拼合面）满刮胶黏剂，按弹线位置安装就位，用木楔顶住板底，再用手平推墙板，使板缝冒浆（缝宽不得大于 5mm），一个人用撬棍从板底向上顶，另一人打木楔，使墙板挤紧顶实。在推挤时，应注意墙板的垂直度及平整度，并及时用线锤和靠尺校正。

将板顶及侧面挤出的胶泥用刮刀刮平，以安装好的第一块板为基准，按第一块板的安装方法，开始安装整墙墙板。当墙板全面校正固定后，在板下填塞 1∶2 水泥浆或细石混凝土。安装 7d 后，墙体底部砂浆强度达到 1.5MPa，方可抽取木楔，并用砂浆填充木楔孔，填平墙板面。

（7）板缝处理。已黏结良好的所有墙体的各种竖向拼缝，以及与其他墙、柱、板的连接处均应粘贴玻璃纤维网处理，再涂抹胶黏剂找平。安装好的墙体加强养护，在养护期内严禁敲凿，避免墙体受振动而出现开裂现象。

课题 3.6 砌筑工程冬期和雨期施工

3.6.1 冬期施工措施

1. 冬期施工的基本要求

(1) 对材料的基本要求。

① 在砌筑前，砖和砌块应清除表面污物、冰霜等，遭水浸冻后冻结的材料不得使用。
② 砂浆宜优先采用普通硅酸盐水泥拌制，冬期砌筑不得使用无水泥拌制的砂浆。
③ 石灰膏应保温防冻，如遭受冻结，应待融化后，方可使用。
④ 拌制砂浆所用的砂，不得含有冰块和直径大于 1cm 的冻结块。
⑤ 拌和砂浆时，水温不得超过 80℃，砂的温度不得超过 40℃。
⑥ 冬期砌筑砂浆的稠度，宜比常温施工时适量增加，可通过增加石灰膏的办法来解决。

(2) 当有供气条件时，可将蒸汽直接通入水箱，也可用铁桶等烧水；砂子可用蒸汽排管、火炕加热，也可将蒸汽管插入砂内直接加热。

(3) 冬期搅拌砂浆的时间应适当延长，一般要比常温期增加 0.5~1 倍。

(4) 冬期应采取一系列措施来减少砂浆在搅拌、运输、存放过程中的热量损失，如在暖棚内搅拌、缩短砂浆运输时间、砂浆存储在保温灰槽中等。砂浆使用温度不应低于 5℃。

(5) 严禁使用已经遭受冻结的砂浆，不准将热水掺入冻结砂浆内重新搅拌使用，也不宜在砌筑时向砂浆内掺水。

(6) 砌筑宜优先采用"三一"砌砖法操作，并采用一顺一丁法或梅花丁法的砌筑方式。

(7) 普通砖、多孔砖和空心砖在气温高于 0℃ 条件下砌筑时，应浇水湿润，在气温低于或等于 0℃ 条件下砌筑时，可不浇水，但必须增大砂浆稠度。

(8) 冬期施工中，每日砌筑后，应在砌体表面覆盖草袋等保温材料。

(9) 冬期施工砌筑工程要加强质量控制。在施工现场留置的砂浆试块，除按常温要求外，尚应增设不小于两组与砌体同条件养护试块，分别用于检验各龄期强度和转入常温 28d 的砂浆强度。

2. 砌筑工程冬期施工方法

砌筑工程的冬期施工方法，有外加剂法、暖棚法和冻结法等。由于掺外加剂的砂浆在负温条件下强度可以持续增长，砌体不会发生沉降变形，并且工艺简单，因此砌筑工程的冬期施工应以外加剂法为主。对保温、装饰或急需使用的工程可采用暖棚法或冻结法。

(1) 外加剂法。

外加剂法是砌筑砂浆内掺入一定数量的抗冻化学剂，来降低水溶液的冰点，以保证砂浆中有液态水存在，使水化反应在一定负温下不间断进行，使砂浆在负温下强度能够继续缓慢增长。同时，由于降低了砂浆中水的冰点，砖石砌体的表面不会立即结冰而只是形成冰膜，故砂浆和砖石砌体能较好地黏结。砂浆中的抗冻化学剂，目前主要是氯化钠和氯化钙，其他还有亚硝酸钠、碳酸钾和硝酸钙等，故又常称为掺盐砂浆法。

由于氯盐砂浆吸湿性大，使结构保温性能和绝缘性能下降，并有析盐现象等，因此下列工程不允许采用掺盐砂浆法施工。

① 对装饰有特殊要求的建筑物。
② 使用湿度大于80%的建筑物。
③ 接近高压电路的建筑物（如变电所、发电站等）。
④ 配筋、钢埋件无可靠的防腐处理措施的砌体。
⑤ 经常处于地下水位变化范围内以及水下未设防水层的结构。

对于这一类不能使用氯盐砂浆的砌体，可选择亚硝酸钠、碳酸钾和硝酸钙等盐类作为砌体冬期施工的抗冻剂。砂浆中的氯盐掺量，应满足规范要求。

盐类的掺法是先将盐类溶解于水，然后投入搅拌。对砌筑承重结构的砂浆强度等级应比常温施工时提高一级。拌和砂浆前要对原材料加热，且应优先加热水。当满足不了温度时，再进行砂的加热。当拌和水的温度超过60℃时，拌制时的投料顺序是：水和砂先拌，然后再投放水泥。

由于氯盐对钢筋有腐蚀作用，用掺盐砂浆砌筑配筋砖砌体时，钢筋可以采用涂樟丹或涂刷沥青漆或涂刷防锈涂料等措施来防止钢筋锈蚀。

（2）暖棚法。

暖棚法是利用简易结构和廉价的保温材料，将需要砌筑的砌体和工作面临时封闭起来，棚内加热，使之在正温条件下砌筑和养护。暖棚法费用高，热效低，因此宜少采用，一般仅在地下工程、基础工程及量小又急需使用的工程中采用。

暖棚的加热，可优先采用热风装置，如用天然气、焦炭炉等，必须注意安全防火。

用暖棚法施工时，砖石和砂浆在砌筑时的温度均不得低于5℃，且距所砌结构底面0.5m处的气温也不得低于5℃。

确定暖棚的热耗时，宜考虑围护结构的热耗损失、基础吸收的热量（砌筑基础时和其他地下结构时），以及在暖棚内加热或预热材料的热量损耗。

砌体在暖棚内的养护时间，根据暖棚内的温度，应满足规范要求。

（3）冻结法。

冻结法是将拌和水预先加热，其他材料在拌和前应保持正温，不掺用任何抗冻化学试剂，拌和的砂浆，允许在砌筑砌体后遭受冻结。受冻的砂浆可以获得较大的冻结强度，而且冻结的强度随气温降低而增高。但当气温升高而砌体解冻时，砂浆强度仍然等于冻结前的强度。当气温转入正温后，水泥水化作用又重新进行，砂浆强度可以继续增长。

因为冻结法允许砂浆在砌筑后遭受冻结，且在解冻后其强度仍可继续增长，所以对有保温、绝缘、装饰等特殊要求的工程和受力配筋砌体，以及不受地震区条件限制的其他工程，均可采用冻结法施工。

冻结法施工的砂浆，经冻结、融化和硬化3个阶段后，砂浆强度、砂浆与砖石砌体间的黏结力都有不同程度的降低。砌体在融化阶段，由于砂浆强度接近于零，将会增加砌体的变形和沉降。所以对下列结构不宜选用：空斗墙、毛石墙、承受侧压力的砌体、在解冻期间可能受到振动或动荷载的砌体、在解冻期间不允许发生沉降的砌体（如筒拱支座）。

冻结法施工注意事项。

（1）冻结法的砂浆使用温度不应低于10℃，当日最低气温高于或等于-25℃时，对砌筑承重砌体的砂浆强度等级应按常温施工时提高一级，当日最低气温低于-25℃时，则应提高两级。砂浆强度等级不得低于M5.0，重要结构的砂浆强度等级不得低于M7.5。

（2）冻结法宜采用水平分段施工，墙体应在同一个施工段的范围内，砌筑到一个施工层的高度，不得间断。每日砌筑高度及临时间断处均不得大于1.2m。

（3）留置在砌体中的洞口和沟槽等宜在解冻前填砌完毕。

（4）跨度大于0.7m的过梁，应采用预制构件；跨度较大的梁、悬挑结构，在砌体解冻前应在下面设临时支撑，当砌体强度达到设计值的80%时，方可拆除支撑。

（5）门窗框上部应留3~5mm的空隙，作为解冻后预留沉降量。

（6）在楼板水平面上，墙的拐角处、交接处和交叉处设置不小于2ϕ6的拉结筋，并伸入相邻墙内的长度不得小于1m，在拉结筋末端应设置弯钩。

（7）在解冻期间，应会同设计单位经常对砌体进行观测和检查，如发现裂缝、不均匀下沉等现象时，应分析原因并立即采取加固措施。

（8）在解冻期进行观测时，应特别注意多层房屋下层的柱和窗间墙、梁端支撑处、墙交接处等地方。此外，还必须观测砌体沉降的大小、方向和均匀性，砌体灰缝内砂浆的硬化情况。一般需观测15d左右。

（9）解冻时除对正在施工的工程进行强度验算外，还要对已完成的工程进行强度验算。

3.6.2　雨期施工措施

雨期施工的措施主要有以下几项。

（1）降水量大的地区在雨期到来之际，施工现场、道路及设施必须做好有组织的排水；施工现场临时设施、库房要做好防雨排水的准备。

（2）现场的临时道路必要时要加固、加高路基，路面在雨期加铺炉渣、砂砾或其他防滑材料；准备足够的防水、防汛材料（如草袋、油毡雨布等）和器材工具等。

（3）砖在雨期必须集中堆放，不宜浇水；砌墙时要求干湿砖块合理搭配；砖湿度较大时不可上墙；每日砌筑的高度不宜超过1.2m。

（4）雨期遇大雨必须停止施工，并在砖墙顶面铺设一层干砖，以免大雨冲刷砂浆；雨后，受冲刷的新砌墙体应翻砌上面的两皮砖。

（5）稳定性较差的窗间墙、山尖墙，砌筑到一定高度应在砌体顶部加水平支撑，以防阵风袭击，维护墙体整体性。

（6）雨水浸泡会引起脚手架底座下陷而倾斜，雨后施工要经常检查，发现问题及时处理、加固。

（7）砌体施工时，内外墙要尽量同时砌筑，并注意转角及丁字墙间的搭接；遇台风时，应在与风向相反的方向加临时支撑，以保持墙体的稳定。

（8）雨后继续施工时，须复核已完工砌体的垂直度和标高。

单元小结

砌筑工程是一个综合的施工过程，它包括脚手架的搭设、垂直运输设施的选用、砂浆等材料的准备、墙体的砌筑，以及冬期和雨期施工采取的相应的措施。

砌筑施工时，墙体超过可砌高度，必须搭设脚手架。常用的外脚手架主要有承插型盘扣式钢管脚手架、钢管扣件式脚手架、钢管碗扣式脚手架等，了解其基本的构造组成，重点掌握保证其强度、刚度和稳定性方面的具体搭设与拆除的要求。常用的里脚手架主要有折叠式、支柱式和马凳式，了解其基本构造并会应用。

砌筑工程中常用的垂直运输设施有塔式起重机、井架、龙门架、建筑施工电梯等，了解其基本构造并会应用。

砌筑砂浆一般采用水泥砂浆、水泥混合砂浆和水泥粉煤灰砂浆等，了解其不同的适用范围。掌握砂浆基本组成材料如水泥、砂、水、外加剂等基本要求，掌握其制备过程中应注意的问题，其强度和质量检验方面的要求、方法。

墙体的砌筑主要分为砖墙砌筑和砌块墙砌筑两大类。砖墙施工通常包括找平并弹墙身线、排砖摆底、盘角、挂线、墙体砌砖等工序，其质量要求横平竖直、灰浆饱满、上下错缝和接槎可靠。砌块墙施工主要包括铺灰、砌块就位、校正、勾缝、灌竖缝和镶砖等工序，质量要求与砖墙砌筑基本类似。在墙体的砌筑中，需要从构造角度考虑来设置构造柱，掌握构造柱的构造（截面尺寸、马牙槎、拉结筋、箍筋等）要求，及其施工工艺和施工要点。

砌体在冬期和雨期施工时应采取相应的加强措施。在冬期施工时，常采取的措施有外加剂法、暖棚法和冻结法等，掌握其不同的适用范围、施工要点及质量要求。

推荐阅读资料

1. 《建筑工程施工质量验收统一标准》（GB 50300—2013）
2. 《砌体结构工程施工质量验收规范》（GB 50203—2011）
3. 《建筑施工高处作业安全技术规范》（JGJ 80—2016）
4. 《建筑施工安全检查标准》（JGJ 59—2011）
5. 《施工现场临时用电安全技术规范》（JGJ 46—2005）
6. 《龙门架及井架物料提升机安全技术规范》（JGJ 88—2010）

拓展讨论

党的二十大报告提出了人与自然是生命共同体，无止境地向自然索取甚至破坏自然必然会遭到大自然的报复。我们坚持可持续发展，坚持节约优先、保护优先、自然恢复为主的方针，像保护眼睛一样保护自然和生态环境，坚定不移走生产发展、生活富裕、生态良好的文明发展道路，实现中华民族永续发展。

砌体结构有悠久的历史，其材料也在不断发展，谈一谈砌体结构材质的发展变化。并结合国家对黏土砖等材料的相关政策，说一说怎样做可以像保护眼睛一样保护自然和生态环境。

习 题

1. 砌筑用脚手架的作用及基本要求是什么？
2. 砌筑用外脚手架的类型有哪些？在搭设和拆除时应注意哪些问题？
3. 脚手架的支撑体系包括哪些？如何设置？
4. 常用里脚手架有哪些类型？其特点怎样？
5. 脚手架的安全防护措施有哪些内容？
6. 钢管扣件式脚手架扣件的基本形式有哪几种？
7. 搭设钢管扣件式脚手架为什么设置连墙杆？
8. 搭设钢管扣件式脚手架为什么设置剪刀撑？
9. 砌筑工程中的垂直运输设施主要有哪些？设置时要满足哪些基本要求？
10. 砌筑用砂浆有哪些种类？各适用于什么场合？
11. 砂浆制备和使用有哪些要求？砂浆强度检验如何规定？
12. 砖墙砌体主要有哪几种砌筑形式？各有何特点？
13. 砖墙砌筑的施工工艺是什么？
14. 什么是皮数杆？皮数杆有何作用？如何布置？
15. 何为"三一"砌砖法？其优点是什么？
16. 砖墙砌筑的质量有哪些要求？
17. 构造柱的构造有哪些要求？
18. 框架填充墙的施工有哪些要点？
19. 冬期砌筑工程施工有哪些方法？各有何要求？
20. 掺盐砂浆法施工中应注意哪些问题？
21. 冻结法施工中应注意哪些问题？
22. 砌筑工程雨期施工的措施有哪些？

拓展案例3

单元3 在线答题

单元 4 钢筋混凝土结构工程施工

思维导图

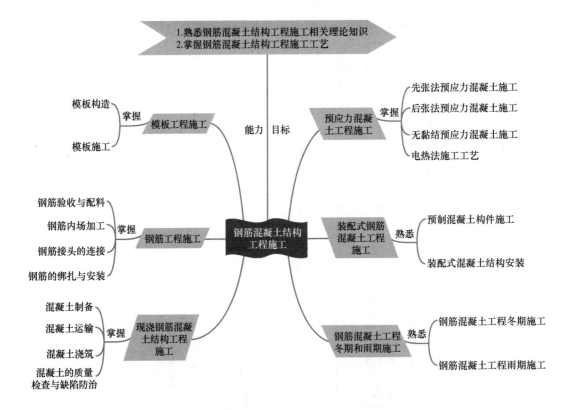

单元4 钢筋混凝土结构工程施工

> **引 例**

某工程地上 26 层,地下 1 层,建筑总面积 31800m²。檐高 90.2m,最高点 97.3m,建筑物地下室层高为 5.0m,1、3 层为 5.0m,2 层为 4.5m,4 层为 3.8m,且此处设一管道转换层,层高 2.2m,5~16 层层高 3.2m,17~25 层 3.4m,26 层 4.2m,室内外高差 600mm。本工程为核心筒体-外全现浇框架结构、桩基础,采用 6 度抗震设防,抗震等级为 3 级。本工程采用钻孔桩基础,直径 800mm,设计桩长 20m,承台及桩身混凝土强度等级为 C30,筏板有两种,水池及泵房筏板厚 1.0m,主体筏板厚 2.0m,基础底标高分别为 -6.4m 和 -7.4m。主楼及裙楼基础垫层强度等级为 C15,基础筏板强度等级为 C30,裙楼基础 1、2 层柱强度等级为 C30,裙楼其他部分强度等级为 C25。主楼各部位混凝土强度等级如下:5 层以下墙、柱为 C40,5~15 层墙、柱为 C35,16~18 层墙、柱为 C30,19~23 层墙、柱为 C25,24 层以上墙、柱为 C20;9 层以下梁、板为 C30,10~20 层梁、板为 C25,21~25 层梁、板为 C20;机房、屋顶、水池为 C25。地下室底板及外墙、水池、水箱采用级配密实的防水混凝土,抗渗等级为 S6。围护结构构造柱及圈梁混凝土强度等级为 C20。

思考:(1)钢筋如何施工?
(2)各部位模板采用什么方式?如何施工?
(3)各部位混凝土如何入仓?

> **知识点**

钢筋混凝土工程包括现浇钢筋混凝土结构工程、装配式钢筋混凝土工程、预应力混凝土工程等,由模板工程、钢筋工程和混凝土工程等多个单项工程组成。模板工程主要介绍了定型组合钢模板、木模板和胶合板模板等的基本构造和特点;基础、梁、板、柱、墙等一般结构模板的构造与安装方法。钢筋工程主要介绍了 HPB300 级、HRB400 级热轧钢筋的特点,钢筋进场后的验收内容与方法,钢筋冷拉原理,钢筋加工及各种连接方法;钢筋的冷拉计算、钢筋的配料计算、钢筋的代换原则及计算、钢筋的绑扎安装要求与质量要求。混凝土工程主要介绍了施工过程中混凝土的制备、运输、浇筑、振捣和养护,以及各个施工过程的相互联系和影响;预应力混凝土工程先张法和后张法的施工原理与施工工艺、施工方法和要求,以及夹具和锚具的性能、选用要求、验收要求,张拉机械的性能和适用范围等;单层工业厂房及多层装配式房屋结构吊装安装工艺。

课题 4.1 模板工程施工

4.1.1 模板构造

模板与其支撑体系组成模板系统。模板系统是一个临时架设的结构体系,其中模板是现浇混凝土成型的模具,它与混凝土直接接触,使混凝土构件具有所要求的形状、尺寸和表面质量;支撑体系是指支撑模板承受构件及施工中各种荷载,并使模板保持所要求的空间位置的临时结构。

1. 模板的分类

1) 按模板形状分类

大模板支设

按模板形状分有平面模板和曲面模板。平面模板又称为侧面模板,主要用于支承结构物的垂直面。曲面模板用于某些形状特殊的部位。

2) 按模板材料分类

按模板材料分有钢模板、木模板、胶合板模板、预制混凝土模板、塑料模板、橡胶模板等。

3) 按模板受力条件分类

按模板受力条件分有承重模板和侧面模板。承重模板主要承受混凝土重量和施工中的垂直荷载;侧面模板主要承受现浇混凝土的侧压力。侧面模板按其支承受力方式,又分为简支模板、悬臂模板和半悬臂模板。

4) 按模板使用特点分类

按模板使用特点分有固定式、拆移式、移动式和滑动式。固定式用于形状特殊的部位,不能重复使用,后三种模板都能重复使用,或连续使用在形状一致的部位。但其使用方式有所不同:拆移式模板需要拆散移动;移动式模板的车架装有行走轮,可沿专用轨道使模板整体移动;滑动式模板是以千斤顶或卷扬机为动力,可在混凝土连续浇筑的过程中,使模板面紧贴混凝土面滑动。

2. 定型组合钢模板

定型组合钢模板包括钢模板、连接件、支承件3部分。其中,钢模板包括平面钢模板和拐角钢模板;连接件有U形卡、L形插销、钩头螺栓、紧固螺栓、扣件等;支承件有圆钢管、薄壁矩形钢管、内卷边槽钢、单管伸缩支撑等。

1) 钢模板

钢模板包括平面模板、阳角模板、阴角模板和连接角模。图4.1为钢模板类型图。

钢模板的宽度以50mm进级,长度以150mm进级,其规格和型号已做到标准化、系列化。例如,型号为P3015的钢模板,P表示平面模板,3015表示宽×长为300mm×1500mm;又如型号为Y1015的钢模板,Y表示阳角模板,1015表示宽×长为100mm×1500mm。若拼装时出现不足模数的空隙时,用镶嵌木条补缺,用钉子或螺栓将木条与板块边框上的孔洞连接。

2) 连接件

(1) U形卡。它用于钢模板之间的连接与锁定,使钢模板拼装密合。U形卡安装间距一般不大于300mm,即每隔一孔卡插一个,安装方向一顺一倒相互交错。图4.2为定型组合钢模板系列。

(2) L形插销。它插入模板两端边框的插销孔内,用于增强钢模板纵向拼接的刚度和保证接头处板面平整。图4.3为定型组合钢模板连接件。

(3) 钩头螺栓。它用于钢模板与内、外钢楞之间的连接固定,使之成为整体,安装间距一般不大于600mm,长度应与采用的钢楞尺寸相适应。

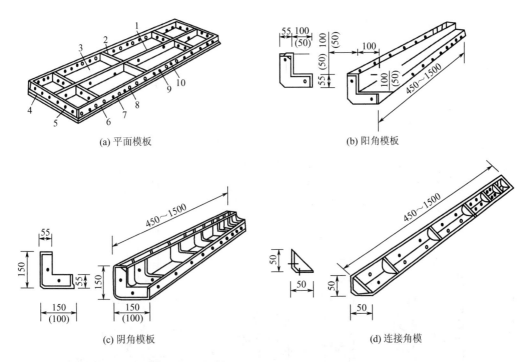

(a) 平面模板　　(b) 阳角模板

(c) 阴角模板　　(d) 连接角模

1—中纵肋；2—中横肋；3—面板；4—横肋；5—插销孔；
6—纵肋；7—凸棱；8—凸鼓；9—U形卡孔；10—钉子孔。

图 4.1　钢模板类型图

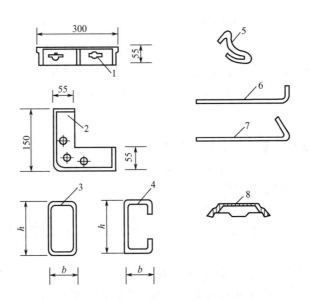

1—平面模板；2—拐角模板；3—薄壁矩形钢管；
4—内卷边槽钢；5—U形卡；6—L形插销；7—钩头螺栓；8—蝶形扣件。

图 4.2　定型组合钢模板系列

（4）对拉螺栓。它用来保持模板与模板之间的设计厚度并承受混凝土侧压力及水平荷载，使模板不致变形。

(5) 紧固螺栓。它用于紧固钢模板内外钢楞，增强组合模板的整体刚度，长度与采用的钢楞尺寸相适应。

(6) 扣件。它用于将钢模板与钢楞紧固，与其他的配件一起将钢模板拼装成整体。按钢楞的不同形状尺寸，分别采用蝶形扣件和"3"形扣件，其规格分为大、小两种。

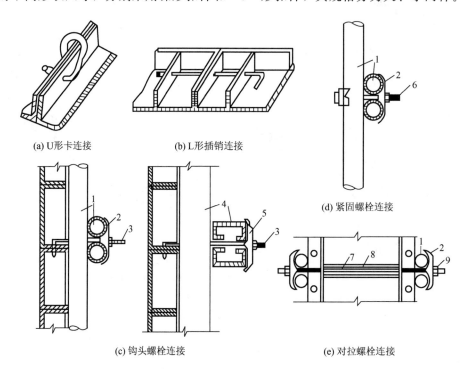

(a) U形卡连接　　(b) L形插销连接

(d) 紧固螺栓连接

(c) 钩头螺栓连接　　(e) 对拉螺栓连接

1—圆钢管钢楞；2—"3"形扣件；3—钩头螺栓；4—内卷边槽钢钢楞；
5—蝶形扣件；6—紧固螺栓；7—对拉螺栓；8—塑料套管；9—螺母。

图 4.3　定型组合钢模板连接件

3) 支承件

支承件包括钢楞、柱箍、梁卡具、圈梁卡、钢支架、斜撑、组合支柱、平面可调桁架和曲面可变桁架等。图 4.4 为各种类型钢支架，图 4.5 为斜撑，图 4.6 为梁卡具。

4) 定型组合钢模板配板原则

(1) 要保证构件的形状尺寸及相互位置的正确。

(2) 要使模板具有足够的强度、刚度和稳定性，能够承受现浇混凝土的重量和侧压力，以及各种施工荷载。

(3) 力求构造简单，装拆方便，不妨碍钢筋绑扎，保证混凝土浇筑时不漏浆。柱、梁、墙、板的交接部分，应采用连接简便、结构牢固的专用模板。

(4) 配制的模板，应优先选用通用、大块模板，使其种类和块数最小，木模镶拼量最少。设置对拉螺栓的模板，为了减少钢模板的钻孔损耗，可在螺栓部位改用 55mm×100mm 刨光方木代替，以使钻孔的模板能多次周转使用。

(5) 相邻钢模板的边肋，都应用 U 形卡插卡牢固，U 形卡的间距不应大于 300mm，端头接缝上的卡孔，也应插上 U 形卡或 L 形插销。

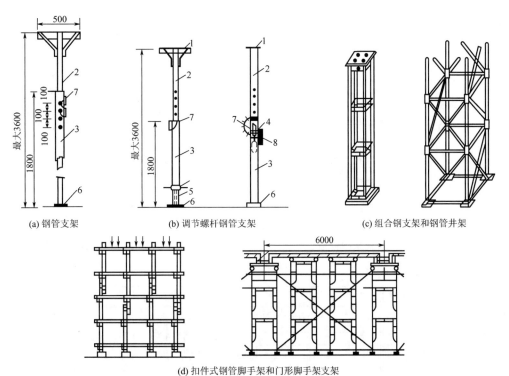

1—顶板；2—插管；3—套管；4—转盘；5—螺杆；6—底板；7—插销；8—转动手柄。

图 4.4 各种类型钢支架

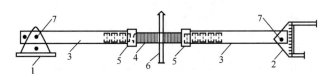

1—底座；2—顶撑；3—钢管斜撑；4—花篮螺栓；5—螺母；6—旋杆；7—销钉。

图 4.5 斜撑

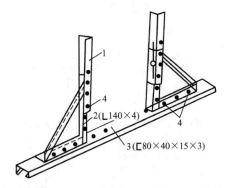

1—调节杆；2—三角架；3—底座；4—螺栓。

图 4.6 梁卡具

(6) 模板长向拼接宜错开布置，以增加模板的整体刚度。

5) 用定型组合钢模板组合成各类构件模板

用定型组合钢模板可组合成各类构件模板。图 4.7 为条形基础钢模板，图 4.8 为阶梯形基础钢模板，图 4.9 为交梁楼面的钢模板组合，图 4.10 为墙体钢模板组合，图 4.11 为电梯井可装拆钢模板，图 4.12 为柱的钢模板组合。

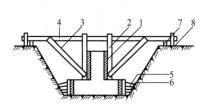

1—上阶侧板；2—上阶吊木；3—上阶斜撑；4—轿杠；
5—下阶斜撑；6—水平撑；7—垫板；8—桩。

图 4.7 条形基础钢模板

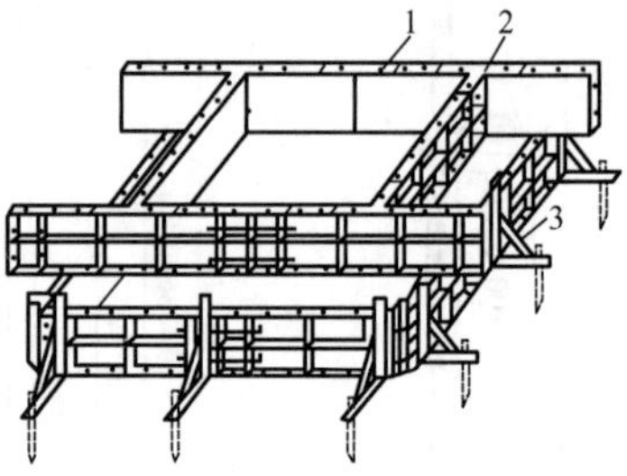

1—扁铁连接件；2—T 形连接件；
3—角钢三角撑。

图 4.8 阶梯形基础钢模板

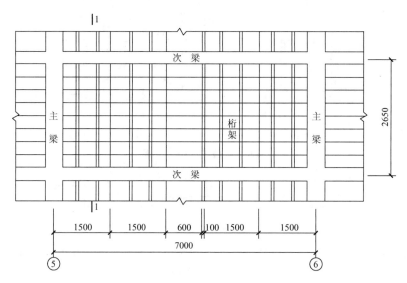

图 4.9 交梁楼面的钢模板组合

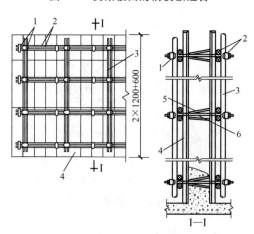

1—"3"形扣件；2—侧楞；3—钢模板；4—套管；5—对拉螺栓；6—撑杆。

图 4.10 墙体钢模板组合

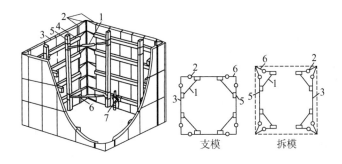

1—脱模器；2—铰链；3—大模板；4—模肋；5—竖肋；6—角模；7—支腿。

图4.11 电梯井可装拆钢模板

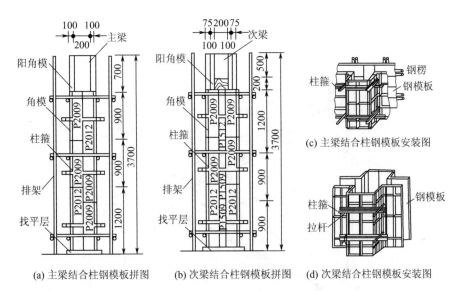

(a) 主梁结合柱钢模板拼图　(b) 次梁结合柱钢模板拼图　(c) 主梁结合柱钢模板安装图　(d) 次梁结合柱钢模板安装图

图4.12 柱的钢模板组合

3. 木模板

木模板的木材主要采用松木和杉木，其含水率不宜过低，以免干裂，材质不宜低于三等材。

木模板的基本元件是拼板，它由板条和拼条（木档）组成。拼板的构造如图4.13所示。板条厚25～50mm，宽度不宜超过200mm，以保证在干缩时，缝隙均匀，浇水后缝隙要严密且板条不翘曲，但梁底板的板条宽度不受限制，以免漏浆。图4.14和图4.15分别为阶梯形基础模板和楼梯模板。

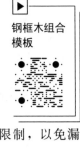

钢框木组合模板

4. 胶合板模板

模板用的胶合板通常由5、7、9、11层等奇数层单板经热压固化而胶合成形，一般采用竹胶合板模板。相邻层的纹理方向相互垂直，通常最外层表板的纹理方向和胶合板板面的长向平行，因此，整张胶合板的长向为强方向，短向为弱方向，使用时必须加以注意。模板用木胶合板的幅面尺寸，一般宽度为1200mm左右，长度为2400mm左右，厚为12～18mm。胶合板模板适用于高层建筑中的水平地面、剪力墙等构件施工。

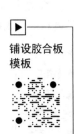

铺设胶合板模板

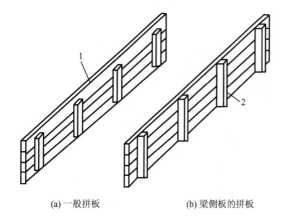

(a) 一般拼板　　　　　(b) 梁侧板的拼板

1—板条；2—拼条。

图 4.13　拼板的构造

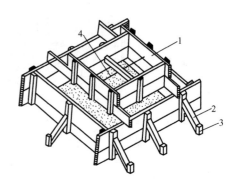

1—拼板；2—斜撑；3—木桩；4—铁丝。

图 4.14　阶梯形基础模板

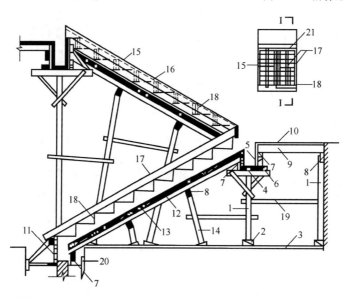

1—支柱（顶撑）；2—木楔；3—垫板；4—平台梁底板；5—侧板；6—夹板；7—托木；
8—杠木；9—木楞；10—平台底板；11—梯基侧板；12—斜木楞；13—楼梯底板；
14—斜向顶撑；15—外帮板；16—横挡木；17—反三角板；18—踏步侧板；19—拉杆；20—木桩。

图 4.15　楼梯模板

5. 滑动模板

滑动模板（简称滑模），是在混凝土连续浇筑过程中，可使模板面紧贴混凝土面滑动的模板。采用滑模施工要比常规模板施工节约木材（包括模板和脚手板等）70%左右，节约劳动力30%～50%，缩短施工周期30%～50%。而且滑模施工的结构整体性好，抗震效果明显，适用于高层或超高层抗震建筑物和高耸构筑物施工。

滑模施工

滑模系统主要由以下三部分组成。

（1）模板系统，包括提升架、围圈、模板及加固、连接配件。

（2）施工平台系统，包括工作平台、外圈走道、内外吊脚手架。

（3）提升系统，包括千斤顶、油管、分油器、针形阀、控制台、支承杆及测量控制装置。滑模系统构造如图 4.16 所示。

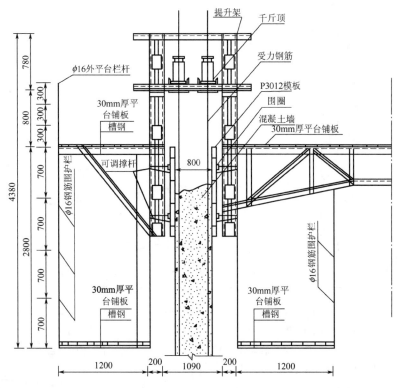

图 4.16 滑模系统构造

6. 爬升模板

爬升模板是在混凝土墙体浇筑完毕后，利用提升装置将模板自行提升到上一个楼层来浇筑上一层墙体的垂直移动式模板。爬升模板采用整片式大平模，模板由面板及肋组成，不需要支撑系统；提升设备采用电动螺杆提升机、液压千斤顶或导链。

爬升模板是将大模板工艺和滑动模板工艺相结合，既保持了大模板施工墙面平整的优点又保持了滑模利用自身设备使模板向上提升的优点，墙体模板能自行爬升而不依赖塔式起重机。爬升模板适用于高层建筑墙体、电梯井壁、管道间混凝土施工。

爬升模板由钢模板、提升架和提升装置 3 部分组成。爬升模板如图 4.17 所示。

7. 台模

台模是浇筑钢筋混凝土楼板的一种大型工具式模板。在施工中可以整体脱模和转运，利用起重机从浇筑完的楼板下吊出，转移至上一楼层，中途不再落地，所以也称"飞模"。台模按其支架结构类型分为立柱式台模、桁架式台模、悬架式台模等。

台模适用于小开间、小进深的现浇楼板，单座台模面板的面积小至 $2m^2$，大至 $60m^2$。台模整体性好，混凝土表面容易平整、施工进度快。

台模由台面、支架（支柱）、支腿、调节装置、行走轮等组成。台面是直接接触混凝土的部件，表面应平整光滑，具有较高的强度和刚度。目前台模中常用的台面有钢板、胶合板、铝合金板、工程塑料板及木板等。台模如图 4.18 所示。

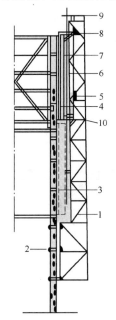

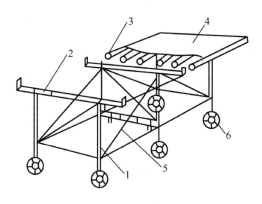

1—爬架；2—螺栓；3—预留爬架孔；4—爬模；
5—爬架千斤顶；6—爬模千斤顶；7—爬杆；
8—模板挑横梁；9—爬架挑横梁；10—脱模千斤顶。

图 4.17 爬升模板

1—支腿；2—可伸缩的横梁；3—檩条；4—台面；
5—斜撑；6—行走轮。

图 4.18 台模

8. 隧道模

隧道模是将楼板和墙体一次支模的一种工具式模板，相当于将台模和大模板组合起来。隧道模如图 4.19 所示。整体式隧道模自重大、移动困难，目前已很少应用；双拼式隧道模应用较广泛，特别在内浇外挂和内浇外砌的高层和多层建筑中应用较多。

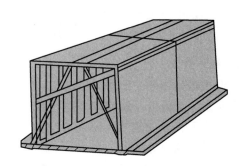

图 4.19 隧道模

4.1.2 模板施工

柱模板安装施工

1. 模板安装

安装模板之前，应事先熟悉设计图样，掌握建筑物结构的形状尺寸，并根据现场条件，初步考虑好立模及支撑加固的程序，以及模板安装与钢筋绑扎、混凝土浇捣等工序的配合，尽量避免工种之间的相互干扰。

模板的安装包括放样、立模、支撑加固、吊正找平、尺寸校核、堵设缝隙及清创去污等工序。在安装过程中，应注意下述事项。

（1）模板竖立后，须切实校正位置和尺寸，垂直方向用垂球校对，水平长度用钢尺丈量两次以上，务必使模板的尺寸符合设计标准。

（2）模板各结合点与支撑必须坚固紧密，牢固可靠，尤其是采用振捣器捣固的结构部位更应注意，以免在浇捣过程中发生裂缝、鼓肚等不良情况。但为了增加模板的周转次数，减少拆模损耗，模板结构的安装应力求简便，尽量少用圆钉，多用螺栓、木楔、拉条等进行加固联结。

（3）凡属承重的梁板结构，跨度大于 4m 时，由于地基的沉陷和支撑结构的压缩变形，跨中应预留起拱高度。

（4）为避免拆模时建筑物受到冲击或振动，安装模板时，撑柱下端应设置硬木楔形垫块，所用支撑不得直接支承于地面，应安装在坚实的桩基或垫板上，使撑木有足够的支承面积，以免沉陷变形。

（5）模板安装完毕后，最好立即浇筑混凝土，以防日晒雨淋导致模板变形。为了保证混凝土表面光滑和便于拆卸，宜在模板表面涂抹肥皂水或润滑油。夏季或在气候干燥情况下，为防止模板干缩裂缝漏浆，在浇筑混凝土之前，需洒水养护。如发现模板因干燥产生裂缝，应用事先准备的木条或油灰填塞衬补。

（6）安装边墙、柱等模板时，在浇筑混凝土以前，应将模板内的木屑、刨片、泥块等杂物清除干净，并仔细检查各联结点及接头处的螺栓、拉条、木楔等有无松动、滑脱现象。在浇筑混凝土过程中，木工、钢筋工、混凝土工、架子工等工种均应有专人"看仓"，以便发现问题随时加固修理。

（7）模板安装的偏差，应符合相关规定。

2. 模板拆除

不承重的侧模板在混凝土强度能保证混凝土表面和棱角不因拆模而受损害时方可拆模。一般此时混凝土的强度应达到 2.5MPa 以上；承重模板应在混凝土达到所要求的强度以后方能拆除，见表 4-1。

表 4-1 承重模板拆除时的混凝土强度要求

构件类型	构件跨度/m	达到设计混凝土立方体抗压强度标准值的百分率/(%)
板	≤2	≥50
	>2, ≤8	≥75
	>8	≥100
梁、拱、壳	≤8	≥75
	>8	≥100
悬臂构件	—	≥100

模板拆除工作应注意以下事项。

（1）模板拆除工作应遵守一定的方法与步骤。拆模时要按照模板各结合点构造情况，逐块松卸。首先去掉扒钉、螺栓等连接铁件，然后用撬杠将模板松动或用木楔插入模板与混凝土接触面的缝隙中，使模板与混凝土面逐渐分离。拆模时，禁止用重锤直接敲击模板，以免使建筑构件受到强烈振动或将模板毁坏。

（2）拆卸拱形模板时，应先将支柱下的木楔缓慢放松，使拱架徐徐下降，避免建筑构件因模板突然大幅度下沉而担负全部自重，并应从跨中点向两端同时对称拆卸。拆卸跨度较大的拱模时，需从拱顶中部分段分期向两端对称拆卸。

（3）高空拆卸模板时，不得将模板自高处摔下，而应用绳索吊卸，以防砸坏模板或发生事故。

(4) 当模板拆卸完毕后,应将附着在板面上的混凝土砂浆洗凿干净,损坏部分需加以修整,板上的圆钉应及时拔除(部分可以回收使用),以免刺脚伤人。卸下的螺栓应与螺母、垫圈等拧在一起,并加黄油防锈。扒钉、铁丝等物均应收捡归仓,不得丢失。所有模板应按规格分放,妥善保管,以备下次立模周转使用。

(5) 对于大体积混凝土,为了防止拆模后混凝土表面温度骤然下降而产生表面裂缝,应考虑外界温度的变化而确定拆模时间,并应避免早、晚或夜间拆模。

课题 4.2 钢筋工程施工

4.2.1 钢筋的验收与配料

1. 钢筋的验收与贮存

1) 钢筋的验收

钢筋的检验

钢筋进场应具有出厂证书或试验报告单,每捆(盘)钢筋应有标牌,同时应按有关标准和规定进行外观检查和分批做力学性能试验。钢筋在使用时,如发现脆断、焊接性能不良或机械性能显著不正常等情况,应进行钢筋化学成分检验。

2) 钢筋的贮存

钢筋进场后,必须严格按批分等级、牌号、直径、长度挂牌存放,不得混淆。钢筋应尽量堆入仓库或料棚内。条件不具备时,应选择地势较高,土质坚硬的场地存放。堆放时,钢筋下部应垫高,离地至少20cm高,以防钢筋锈蚀。在堆场周围应挖排水沟,以利排水。

2. 钢筋的配料

1) 钢筋下料长度

(1) 钢筋长度。施工图(配筋图)中所指的钢筋长度是钢筋外缘至外缘之间的长度,即外包尺寸。

(2) 混凝土保护层厚度。混凝土保护层厚度是指受力钢筋外缘至混凝土表面的距离,其作用是保护钢筋在混凝土中不被锈蚀。

(3) 钢筋接头增加值。由于直条钢筋的供货长度一般为6~10m,而有的钢筋混凝土结构的尺寸很大,需要对钢筋进行接长。钢筋接头增加值见表4-2~表4-5。

表4-2 钢筋对焊长度损失值 单位:mm

钢筋直径	<16	16~25	>25
损失值	20	25	30

表4-3 钢筋搭接焊最小搭接长度

焊接类型	HPB300	HRB400
双面焊	4d	5d
单面焊	8d	10d

表 4-4　纵向受拉钢筋搭接长度

钢筋种类及同一区段内搭接钢筋面积百分率		C20 d≤25	C25 d≤25	C25 d>25	C30 d≤25	C30 d>25	C35 d≤25	C35 d>25	C40 d≤25	C40 d>25	C45 d≤25	C45 d>25	C50 d≤25	C50 d>25	C55 d≤25	C55 d>25	C60 d≤25	C60 d>25
HPB300	≤25%	47d	41d	—	36d	—	34d	—	30d	—	29d	—	28d	—	26d	—	25d	—
HPB300	50%	55d	48d	—	42d	—	39d	—	35d	—	34d	—	32d	—	31d	—	29d	—
HPB300	100%	62d	54d	—	48d	—	45d	—	40d	—	38d	—	37d	—	35d	—	34d	—
HRB400 HRBF400	≤25%	—	48d	53d	42d	47d	38d	42d	35d	38d	34d	37d	32d	36d	31d	35d	30d	34d
HRB400 HRBF400	50%	—	56d	62d	49d	55d	45d	49d	41d	45d	39d	43d	38d	42d	36d	41d	35d	39d
RRB400	100%	—	64d	70d	56d	62d	51d	56d	46d	51d	45d	50d	43d	48d	42d	46d	40d	45d
HRB500 HRBF500	≤25%	—	58d	64d	52d	56d	47d	52d	43d	48d	41d	44d	38d	42d	37d	41d	36d	40d
HRB500 HRBF500	50%	—	67d	74d	60d	66d	55d	60d	50d	56d	48d	52d	45d	49d	43d	48d	42d	46d
HRB500 HRBF500	100%	—	77d	85d	69d	75d	62d	69d	58d	64d	54d	59d	51d	56d	50d	54d	48d	53d

单元4　钢筋混凝土结构工程施工

表 4-5 纵向受拉钢筋抗震搭接长度

钢筋种类及同一区段内搭接钢筋面积百分率			混凝土强度等级																
			C20		C25		C30		C35		C40		C45		C50		C55		C60	
			$d\leq25$	$d>25$	$d\leq25$	$d>25$	$d\leq25$	$d>25$	$d\leq25$	$d>25$	$d\leq25$	$d>25$	$d\leq25$	$d>25$	$d\leq25$	$d>25$	$d\leq25$	$d>25$	$d\leq25$	$d>25$
一、二级抗震等级	HRB300	≤25%	54d	—	47d	—	42d	—	38d	—	35d	—	34d	—	31d	—	30d	—	29d	—
	HRB300	50%	63d	—	55d	—	49d	—	45d	—	41d	—	39d	—	36d	—	35d	—	34d	—
	HRB400 HRBF400	≤25%	—	—	55d	61d	48d	54d	44d	48d	40d	44d	38d	43d	37d	42d	36d	40d	35d	38d
		50%	—	—	64d	71d	56d	63d	52d	56d	46d	52d	45d	50d	43d	49d	42d	46d	41d	45d
	HRB500 HRBF500	≤25%	—	—	66d	73d	59d	65d	54d	59d	49d	55d	47d	52d	44d	48d	43d	47d	42d	46d
		50%	—	—	77d	85d	69d	76d	63d	69d	57d	64d	55d	60d	52d	56d	50d	55d	49d	53d
三级抗震等级	HRB300	≤25%	49d	—	43d	—	38d	—	35d	—	31d	—	30d	—	29d	—	28d	—	26d	—
	HRB300	50%	57d	—	50d	—	45d	—	41d	—	36d	—	35d	—	34d	—	32d	—	31d	—
	HRB400 HRBF400	≤25%	—	—	50d	55d	44d	49d	41d	44d	36d	41d	35d	40d	34d	38d	32d	36d	31d	35d
		50%	—	—	59d	64d	52d	57d	48d	52d	42d	48d	41d	46d	39d	45d	38d	42d	36d	41d
	HRB500 HRBF500	≤25%	—	—	60d	67d	54d	59d	49d	54d	46d	50d	43d	47d	41d	44d	40d	43d	38d	42d
		50%	—	—	70d	78d	63d	69d	57d	63d	53d	59d	50d	55d	48d	52d	46d	50d	45d	49d

（4）弯曲调整值。钢筋有弯曲时，在弯曲处的内侧发生收缩，而外侧却出现延伸，中心线则保持原有尺寸。钢筋长度在度量时是指外包尺寸，因此钢筋弯曲后，存在一个外包量度值与中心线长度的量度差值，即弯曲调整值，在计算下料长度时必须加以扣除。根据理论推理和实践经验，钢筋的弯曲调整值见表4-6。

表4-6 钢筋的弯曲调整值

弯钩角度	弯弧内直径D	弯弧内半径R	弧段中心线长度	弧段外包量度值	弯曲调整值	备注
180°	2.5d	1.25d	5.5d	9d	3.5d	HPB300
135°	4d	2d	5.89d	14.49d	8.6d	HRB400
135°	6d	3d	8.25d	19.31d	11.06d	HRB500（$d<28mm$）
135°	7d	3.5d	9.42d	21.73d	12.31d	HRB500（$d\geqslant 28mm$）
90°	4d	2d	3.93d	6d	2.07d	HRB400
90°	6d	3d	5.5d	8d	2.5d	HRB500（$d<28mm$）
90°	7d	3.5d	6.28d	9d	2.72d	HRB500（$d\geqslant 28mm$）
90°	8d	4d	7.07d	10d	2.93d	框架柱、梁钢筋（$d\leqslant 25mm$）
90°	12d	6d	10.21d	14d	3.79d	框架柱、梁钢筋（$d>25mm$）
90°	12d	6d	10.21d	14d	3.79d	顶层边节点框架柱、梁钢筋（$d\leqslant 25mm$）
90°	16d	8d	13.35d	18d	4.65d	顶层边节点框架柱、梁钢筋（$d>25mm$）
60°	5d	2.5d	3.14d	4.04d	0.9d	HRB400
60°	6d	3d	3.67d	4.62d	0.95d	HRB500（$d<28mm$）
60°	7d	3.5d	4.19d	5.2d	1.01d	HRB500（$d\geqslant 28mm$）
45°	5d	2.5d	2.36d	2.9d	0.54d	HRB400
45°	6d	3d	2.75d	3.31d	0.56d	HRB500（$d<28mm$）
45°	7d	3.5d	3.14d	3.73d	0.59d	HRB500（$d\geqslant 28mm$）
30°	5d	2.5d	1.57d	1.88d	0.3d	HRB400
30°	6d	3d	1.83d	2.14d	0.31d	HRB500（$d<28mm$）
30°	7d	3.5d	2.09d	2.41d	0.32d	HRB500（$d\geqslant 28mm$）

（5）钢筋弯钩增加值。弯钩形式最常用的有半圆弯钩、直弯钩和斜弯钩。弯钩的量度差值与增加长度表见表4-7。

表 4-7 弯钩的量度差值与增加长度表

弯钩角度	弯弧内直径 D	弯弧内半径 R	弧段中心线长度	弧段外包量度值	量度差值	弯钩平直段长度	弯钩增加长度	备注
180°	2.5d	1.25d	5.5d	2.25d	3.25d	3d	6.25d	HPB300
135°	4d	2d	5.89d	3d	2.89d	5d	7.89d	纵筋、非抗震箍筋：HRB400
135°	6d	3d	8.25d	4d	4.25d	5d	9.25d	纵筋、非抗震箍筋：HRB500（$d<28mm$）
135°	7d	3.5d	9.42d	4.5d	4.92d	5d	9.92d	纵筋、非抗震箍筋：HRB500（$d\geqslant28mm$）
135°	4d	2d	5.89d	3d	2.89d	10d	12.89d	抗震箍筋：HRB400
135°	6d	3d	8.25d	4d	4.25d	10d	14.25d	抗震箍筋：HRB500（$d<28mm$）
135°	7d	3.5d	9.42d	4.5d	4.92d	10d	14.92d	抗震箍筋：HRB500（$d\geqslant28mm$）
90°	4d	2d	3.93d	3d	0.93d	12d	12.93d	HRB400
90°	6d	3d	5.5d	4d	1.5d	12d	13.5d	HRB500（$d<28mm$）
90°	7d	3.5d	6.28d	4.5d	1.78d	12d	13.78d	HRB500（$d\geqslant28mm$）
90°	4d	2d	3.93d	3d	0.93d	5d	5.93d	非抗震箍筋：HRB400
90°	6d	3d	5.5d	4d	1.5d	5d	6.5d	非抗震箍筋：HRB500（$d<28mm$）
90°	7d	3.5d	6.28d	4.5d	1.78d	5d	6.78d	非抗震箍筋：HRB500（$d\geqslant28mm$）
90°	4d	2d	3.93d	3d	0.93d	10d	10.93d	抗震箍筋：HRB400
90°	6d	3d	5.5d	4d	1.5d	10d	11.5d	抗震箍筋：HRB500（$d<28mm$）
90°	7d	3.5d	6.28d	4.5d	1.78d	10d	11.78d	抗震箍筋：HRB500（$d\geqslant28mm$）

为了箍筋计算方便，一般将箍筋的弯钩增加长度、弯折减少长度两项合并成一箍筋调整值，见表 4-8。计算时将箍筋外包尺寸或内皮尺寸加上箍筋调整值即为箍筋下料长度。

表 4-8 箍筋调整值

箍筋量度方法	箍筋直径/mm			
	4~5	6	8	10~12
量外包尺寸	40	50	60	70
量内皮尺寸	80	100	120	150~170

(6) 钢筋下料长度计算公式。

直筋下料长度＝构件长度＋搭接长度－保护层厚度＋弯钩增加长度

弯起筋下料长度＝直段长度＋斜段长度＋搭接长度－弯折减少长度＋弯钩增加长度

箍筋下料长度＝直段长度＋弯钩增加长度－弯折减少长度
　　　　　　＝箍筋周长＋箍筋调整值

2) 钢筋配料

钢筋配料是钢筋加工中的一项重要工作，合理的配料能使钢筋得到最大限度的利用，并使钢筋的安装和绑扎工作简单化。钢筋配料是依据钢筋表合理安排同规格、同品种的钢筋下料，使钢筋的出厂规格长度能够得以充分利用，或各种规格和长度的库存钢筋得以充分利用。

(1) 归整相同规格和材质的钢筋。下料长度计算完毕后，把相同规格和材质的钢筋进行归整和组合，同时根据现有钢筋的长度和能够及时采购到的钢筋的长度进行合理的组合加工。

(2) 合理利用钢筋的接头位置。对有接头的配料，在满足构件中接头的对焊、搭接长度及接头错开的前提下，必须根据钢筋原材料的长度来考虑接头的布置。要充分考虑原材料被截下来的一段长度的合理使用，能够使一根钢筋正好分成几段钢筋的下料长度，则是最佳方案。但这往往难以做到，所以在配料时，要尽量地使被截下的一段能够长一些，这样才不致使余料成为废料，使钢筋能得到充分利用。

(3) 钢筋配料应注意的事项。配料计算时，要考虑钢筋的形状和尺寸在满足设计要求的前提下，要有利于加工安装，并且要考虑施工需要的附加钢筋。例如，板双层钢筋中保证上层钢筋位置的撑脚、墩墙双层钢筋中固定钢筋间距的撑铁、柱钢筋骨架增加四面斜撑等。

根据钢筋下料长度计算结果和配料选择后，汇总编制钢筋配料单。在钢筋配料单中必须反映出工程部位、构件名称、钢筋编号、钢筋简图及尺寸、钢筋直径、钢号、数量、下料长度、钢筋质量等。列入加工计划的钢筋配料单，为每一编号的钢筋制作一块钢筋料牌作为钢筋加工的依据，并在安装中作为区别各工程部位、构件和各种编号钢筋的标志。钢筋配料单和料牌应严格校核，必须准确无误，以免返工浪费。钢筋料牌如图 4.20 所示。

(a) 正面

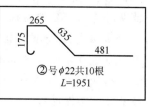

(b) 反面

图 4.20 钢筋料牌

应用案例 4-1

某教学楼第一层楼的 KL1,共计 5 根梁,如图 4.21 所示,KL1 钢筋布置示意图如图 4.22 所示。梁混凝土保护层厚度为 25mm,抗震等级为三级,混凝土强度级别为 C30,柱截面尺寸为 500mm×500mm,请对其进行钢筋下料计算,并填写钢筋配料单。

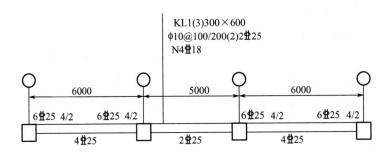

图 4.21 教学楼第一层楼的 KL1 配筋图

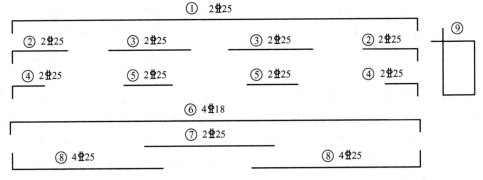

图 4.22 KL1 钢筋布置示意图

依据《混凝土结构施工图平面整体表示方法制图规则和构造详图(现浇混凝土框架、剪力墙、梁、板)》(22G101—1)图集,查得有关计算数据如下。

C30 混凝土,三级抗震,普通钢筋($d \leqslant 25mm$)时,$l_{aE} = l_{abE} = 37d$。

(1)梁钢筋在端支座的锚固长度。

梁纵筋弯锚或直锚判断:端支座宽(500mm−20mm=480mm)≤锚固长度($l_{aE}=37d=37 \times 18mm=666mm$,按最小钢筋直径为 18mm 考虑),所以本例梁纵筋在端支座均需采取弯锚方式。

梁纵筋弯锚时锚固长度计算过程如下。

① 梁上部第一排纵筋(①、②钢筋)。

直锚段长度=h_c−保护层厚度−箍筋直径−柱纵筋直径−25mm=(500−20−10−25−25)mm=420mm>$0.4l_{abE}=0.4 \times 37 \times 25$mm=370mm,弯锚长度=$15d=15 \times 25$mm=375mm,即锚固长度=(420+375)mm=795mm。

② 梁上部第二排纵筋(④钢筋)。

直锚段长度=h_c−保护层厚度−箍筋直径−柱纵筋直径−25mm−梁上部第一排纵筋直径−25mm=(500−20−10−25−25−25−25)mm=370mm=$0.4l_{abE}=0.4 \times 37 \times 25$mm=

370mm，弯锚长度＝15d＝15×25mm＝375mm，即锚固长度＝(370＋375)mm＝745mm。

③ 梁下部第一排纵筋（⑧钢筋）。

$0.4l_{abE}$＝0.4×37×25mm＝370mm，弯锚长度＝15d＝15×25mm＝375mm，375mm（梁上部纵筋弯锚长度）＋375mm（梁下部纵筋弯锚长度）＝750mm＞600mm（梁高），即梁上、下部纵筋弯锚部分重合，⑧钢筋要满足其直锚段长度≥$0.4l_{abE}$，⑧钢筋弯锚部分只能在①、②钢筋弯锚部分之间，且和两者之间不能留净距。故直锚段长度＝h_c－保护层厚度－箍筋直径－柱纵筋直径－25mm－梁上部第一排纵筋直径＝(500－20－10－25－25－25)mm＝395mm＞$0.4l_{abE}$＝370mm，即锚固长度(395＋375)mm＝770mm。

④ 梁侧面抗扭钢筋（⑥钢筋）。

直锚段长度＝h_c－保护层厚度－箍筋直径－柱纵筋直径－25mm＝(500－20－10－25－25)mm＝420mm＞$0.4l_{abE}$＝0.4×37×18mm＝266mm，弯锚长度＝15d＝15×18mm＝270mm，即锚固长度＝(420＋270)mm＝690mm。

注：当框架梁的端支座宽度不足以设置直锚时，须将框架梁纵筋伸至支座（柱）外侧纵筋内侧（其直锚段长度≥$0.4l_{abE}$）。$0.4l_{abE}$表示端支座梁钢筋弯锚时进入支座（柱）中水平段锚固长度最小值，15d表示在支座（柱）中竖直段钢筋的锚固长度值。

(2) 下部纵筋在中间支座的锚固长度（仅⑦、⑧钢筋）。

因为，l_{aE}＝37×25mm＝925mm＞$0.5h_c$＋5d＝0.5×500mm＋5×25mm＝375mm，所以，⑦、⑧钢筋在中间支座处的直锚长度为925mm。

(3) 量度差（纵向钢筋的弯折角度为90°，依据22G101—1图集构造要求，框架梁主筋的弯曲半径R＝4d）。

⌀25钢筋量度差为2.93d＝2.93×25mm＝73mm；

⌀18钢筋量度差为2.93d＝2.93×18mm＝53mm。

(4) 各编号钢筋下料长度。

① 钢筋下料长度＝梁长－左端柱宽/2－右端柱宽/2＋左端支座锚固长度＋右端支座锚固长度－2×量度差值＝(6000＋5000＋6000)mm－500mm/2－500mm/2＋795mm＋795mm－2×73mm＝17944mm。

② 钢筋下料长度＝l_{n1}/3＋端支座锚固长度－量度差值＝(6000－500)mm/3＋795mm－73mm＝2555mm。

③ 钢筋下料长度＝2×l_{nmax}(l_{n1},l_{n2})/3＋中间柱宽＝2×(6000－500)mm/3＋500mm＝4167mm。

式中，l_{nmax}——支座左右两跨净跨较大值；

l_{n1}——支座左跨净跨值；

l_{n2}——支座右跨净跨值。

④ 钢筋下料长度＝l_{n1}/4＋端支座锚固长度－量度差值＝(6000－500)mm/4＋745mm－73mm＝2047mm。

⑤ 钢筋下料长度＝2×l_{nmax}(l_{n1},l_{n2})/4＋中间柱宽＝2×(6000－500)mm/4＋500mm＝3250mm。

⑥ 钢筋下料长度＝梁长－左端柱宽/2－右端柱宽/2＋左端支座锚固长度＋右端支座锚固长度－2×量度差值＝(6000＋5000＋6000)mm－500mm/2－500mm/2＋690mm＋690mm－2×53mm＝17774mm。

⑦ 钢筋下料长度＝左侧中间支座锚固值＋l_{n2}＋右侧中间支座锚固值＝925mm＋(5000－500)mm＋925mm＝6350mm。

⑧ 钢筋下料长度＝l_{n1}＋端支座锚固长度＋中间支座锚固值－量度差值＝(6000－500)mm＋770mm＋925mm－73mm＝7122mm。

⑨ 钢筋下料长度＝2×(梁高＋梁宽)－8×保护层厚度＋25.8d＝2×(600＋300)mm－8×20mm＋25.8×10mm＝1898mm。

式中，d——箍筋直径。

(5) 箍筋数量计算。

加密区长度为900mm（取1.5h_b与500mm的大值，即1.5×600mm＝900mm＞500mm）；

每个加密区箍筋数量＝(900－50)mm/100mm＋1＝10(个)；

边跨非加密区箍筋数量＝(6000－500－900－900)mm/200mm－1＝18(个)；

中跨非加密区箍筋数量＝(5000－500－900－900)mm/200mm－1＝13(个)；

每根梁箍筋总数量＝10×6＋18×2＋13＝109（个）。

钢筋下料表见表4－9。

表4－9 钢筋下料表

构件	钢筋	简图	直径/mm	钢筋级别	下料长度/mm	单位根数	合计根数
KL1梁共5根	①		25	⊕	17944	2	10
	②		25	⊕	2555	4	20
	③		25	⊕	4167	4	20
	④		25	⊕	2047	4	20
	⑤		25	⊕	3250	4	20
	⑥		18	⊕	17774	4	20
	⑦		25	⊕	6350	2	10
	⑧		25	⊕	7122	8	40
	⑨		10	⏀	1898	109	545

3) 钢筋代换

钢筋的级别、钢号和直径应按设计要求采用，若施工中缺乏设计图中所要求的钢筋，在征得设计单位的同意并办理设计变更文件后，可按下述原则进行代换。

(1) 当构件按强度控制时，可按强度相等的原则代换，称为"等强代换"。如设计中

所用钢筋强度为 f_{y1}，钢筋总面积 A_{s1}；代换后钢筋强度为 f_{y2}，钢筋总面积为 A_{s2}，应使代换前后钢筋的总强度相等，即

$$A_{s2}f_{y2} \geqslant f_{y1}A_{s1}$$
$$A_{s2} \geqslant (f_{y1}/f_{y2}) \cdot A_{s1}$$

（2）当构件按最小配筋率配筋时，可按钢筋面积相等的原则进行代换，称为"等面积代换"。

4.2.2 钢筋内场加工

1. 钢筋除锈

钢筋由于保管不善或存放时间过久，就会受潮生锈。在生锈初期，钢筋表面呈黄褐色，称水锈或色锈，这种水锈除在焊点附近必须清除外，一般可不处理；但是当钢筋锈蚀进一步发展，钢筋表面已形成一层锈皮，受锤击或碰撞可见其剥落时，这种铁锈已不能很好地和混凝土黏结，会影响钢筋和混凝土的握裹力，并且在混凝土中会继续发展，需要清除。

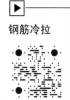
钢筋冷拉

2. 钢筋调直

钢筋在使用前必须经过调直，否则会影响钢筋的受力情况，甚至会使混凝土提前产生裂缝，如未调直直接下料，则会影响钢筋的下料长度，并影响后续工序的质量。

卷扬机调直

钢筋的机械调直可用钢筋调直机、弯筋机等调直。钢筋调直机用于圆钢筋的调直和切断，并可清除其表面的氧化皮和污迹。目前常用的钢筋调直机有 GT16/4、GT3/8、GT6S/12、GT10/16。此外还有一种数控钢筋调直切断机，利用光电管进行调直、输送、切断、除锈等功能的自动控制。

3. 钢筋切断

钢筋的切断有人工剪断、机械切断、氧气切断 3 种方法。直径大于 40mm 的钢筋一般用氧气切断。

钢筋切断与弯曲

钢筋切断机用来把钢筋原材料或已调直的钢筋切断，其主要类型有全自动式和半自动式钢筋切断机。图 4.23 为 GQ40 型钢筋切断机。

4. 钢筋弯曲成型

钢筋弯曲成型是将已切断、配好的钢筋弯曲成所规定的形状尺寸，是钢筋加工的一道主要工序。钢筋弯曲成型要求加工的钢筋形状正确，平面上没有翘曲不平的现象，便于绑扎安装。

钢筋弯曲成型

1）钢筋弯钩和弯折的有关规定

钢筋弯钩和弯折的规定要按受力钢筋和箍筋分别讨论。

（1）受力钢筋。

① HPB300 级钢筋末端应做 180°弯钩，其弯弧内直径不应小于钢筋直径的 2.5 倍，弯钩的弯后平直部分长度不应小于钢筋直径的 3 倍。图 4.24 为受力钢筋弯折。

② 当设计要求钢筋末端需做 135°弯钩时，HRB335、HRB400 级钢筋的弯弧内直径 D

不应小于钢筋直径的 4 倍，弯钩的弯后平直部分长度应符合设计要求。

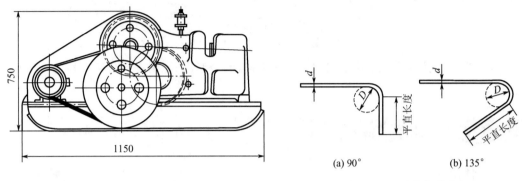

图 4.23 GQ40 型钢筋切断机　　　　　图 4.24 受力钢筋弯折

③ 钢筋做不大于 90°的弯折时，弯折处的弯弧内直径不应小于钢筋直径的 5 倍。

（2）箍筋。除焊接封闭环式箍筋外，箍筋的末端应做弯钩。弯钩形式应符合设计要求；当设计无具体要求时，应符合下列规定。

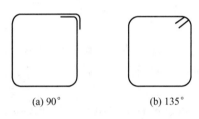

图 4.25 箍筋示意图

① 箍筋弯钩的弯弧内直径除应满足上述要求外，尚应不小于受力钢筋的直径。

② 箍筋弯钩的弯折角度：对一般结构，不应小于 90°；对有抗震等要求的结构应为 135°。箍筋示意图如图 4.25 所示。

③ 箍筋弯后的平直部分长度：对一般结构，不宜小于箍筋直径的 5 倍；对有抗震等要求的结构，不应小于箍筋直径的 10 倍。

2）钢筋弯曲设备

钢筋弯曲成型有手工和机械弯曲成型两种方法。其中，机械弯曲的设备有机械钢筋弯曲机、液压钢筋弯曲机和钢筋弯箍机等几种形式。机械钢筋弯曲机按工作原理又可分为齿轮式及蜗轮蜗杆式钢筋弯曲机两种。

3）弯曲成型工艺

（1）画线。钢筋弯曲前，对形状复杂的钢筋（如弯起钢筋），根据钢筋料牌上标明的尺寸，用石笔将各弯曲点位置画出。画线时应注意以下几点。

① 根据不同的弯曲角度扣除弯曲调整值，其扣法是从相邻两段长度中各扣一半。

② 钢筋端部带半圆弯钩时，该段长度画线时增加 $0.5d$（d 为钢筋直径）。

③ 画线工作宜从钢筋中线开始向两边进行；两边不对称的钢筋，也可从钢筋一端开始画线，如画到另一端有出入时，则应重新调整。

应用案例 4-2

某工程有一根直径 20mm 的弯起钢筋，其所需的形状和尺寸如图 4.26 所示，画线方法如下。

第一步，在钢筋中心线上画第一道线。

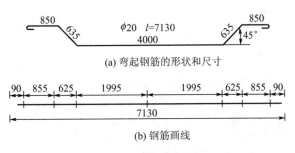

(a) 弯起钢筋的形状和尺寸

(b) 钢筋画线

图 4.26 弯起钢筋的画线

第二步，取中段 $4000mm/2-0.5d/2=1995mm$，画第二道线。

第三步，取斜段 $635mm-2\times0.5d/2=625mm$，画第三道线。

第四步，取直段 $850mm-0.5d/2+0.5d=855mm$，画第四道线。

上述画线方法仅供参考。第一根钢筋成型后应与设计尺寸校对一遍，完全符合后再成批生产。

（2）钢筋弯曲成型。钢筋在弯曲机上成型时（图 4.27），芯轴直径应是钢筋直径的 2.5～5.0 倍，成型轴宜加偏心轴套，以便适应不同直径的钢筋弯曲需要。弯曲细钢筋时，为了使弯弧一侧的钢筋保持平直，挡铁轴宜做成可变挡架或固定挡架（加铁板调整）。

钢筋弯曲点线和芯轴的关系，如图 4.28 所示。由于成型轴和芯轴在同时转动，就会带动钢筋向前滑移。因此，钢筋弯 90°时，弯曲点线约与芯轴内边缘平齐；弯 180°时，弯曲点线距芯轴内边缘为 $1.0\sim1.5d$（钢筋硬时取大值）。

（3）数控钢筋弯曲机成型。数控钢筋弯曲机是由工业计算机精确控制弯曲替代人工弯曲的机械，最大能加工 $\phi32mm$ 螺纹钢筋。数控钢筋弯曲机采用专用控制系统，结合触摸屏控制界面，操作方便，电控程序内的数据库可储存上百种图形。数控钢筋弯曲机的弯曲主轴由伺服控制，弯曲精度高，一次性可弯曲多根钢筋，是传统加工设备生产能力的 10 倍以上。图 4.29 为数控钢筋弯曲机。

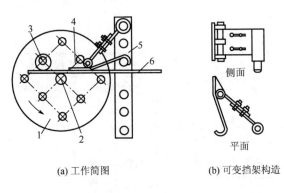

(a) 工作简图　　(b) 可变挡架构造

1—工作盘；2—芯轴；3—成型轴；4—可变挡架；
5—插座；6—钢筋。

图 4.27 钢筋弯曲成型

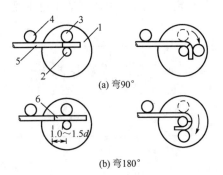

(a) 弯90°

(b) 弯180°

1—工作盘；2—芯轴；3—成型轴；
4—固定挡架；5—钢筋；6—弯曲点线。

图 4.28 钢筋弯曲点线和芯轴的关系

图 4.29 数控钢筋弯曲机

4.2.3 钢筋接头的连接

钢筋接头的连接有焊接和机械连接两类。常用的钢筋焊接设备有电阻焊接机、电弧焊接机、气压焊接机及电渣压力焊接机等。钢筋机械连接方法主要有钢筋套筒挤压连接、直螺纹套筒连接等。钢筋闪光对焊工艺已被住房和城乡建设部列为限制使用施工工艺。

1. 钢筋焊接

钢筋焊接采用焊接代替绑扎,可改善结构受力性能,提高工作效率,节约钢材,降低成本。结构的某些部位,如轴心受拉和小偏心受拉构件中的钢筋接头应焊接。普通混凝土中直径大于22mm的钢筋、直径大于25mm的HRB400级钢筋,均宜采用焊接接头。

钢筋的焊接,主要有电弧焊、电渣压力焊和电阻点焊等方法。钢筋与钢板的T形连接,宜采用埋弧压力焊或电弧焊。钢筋焊接的接头形式、焊接工艺和质量验收,应符合相关规定。焊接方法及其适用范围见表4-10。

表4-10 焊接方法及其适用范围

项次	焊接方法		接头形式	适用范围	
				钢筋级别	直径/mm
1	电阻点焊			HPB300级 冷拔低碳钢丝	6～14 3～5
2	电弧焊	帮条焊 双面焊		HPB300级 HRB400级	10～40
		帮条焊 单面焊		HPB300级 HRB400级	10～40

续表

项次	焊接方法		接头形式	适用范围	
				钢筋级别	直径/mm
2	电弧焊	搭接焊 双面焊		HPB300级	10～40
		搭接焊 单面焊		HPB300级	10～40
		熔槽帮条焊		HPB300级 HRB400级	25～40
		坡口焊 平焊		HPB300级 HRB400级	18～40
		坡口焊 立焊		HPB300级 HRB400级	18～40
		钢筋与钢板搭接焊		HPB300级	8～40
		预埋件、T形接头电弧焊 贴角焊		HPB300级	6～16
		预埋件、T形接头电弧焊 穿孔塞焊		HPB300级	≥18
3	电渣压力焊			HPB300级	14～40
4	预埋件、T形接头埋弧压力焊			HPB300级	6～20

钢筋的焊接质量与钢材的可焊性、焊接工艺有关。在相同的焊接工艺条件下，能获得良好焊接质量的钢材，称其在这种条件下的可焊性好，相反则称其在这种工艺条件下的可焊性差。钢筋的可焊性与其含碳及含合金元素的数量有关。含碳、锰数量增加，则可焊性差；加入适量的钛，可改善焊接性能。焊接参数和操作水平也影响焊接质量，即使可焊性差的钢材，若焊接工艺适宜，也可获得良好的焊接质量。

1) 电阻点焊

电阻点焊

电阻点焊主要用于焊接钢筋网片、钢筋骨架等（适用于直径6～14mm的HPB300级钢筋和直径3～5mm的冷拔低碳钢丝），它生产效率高，节约材料，应用广泛。

电阻点焊的工作原理如图4.30所示，将已除锈的钢筋交叉点放在点焊机的两电极间，使钢筋通电发热至一定温度后，加压使焊点金属焊合。常用的点焊机有单点点焊机、多点点焊机和悬挂式点焊机，施工现场还可采用手提式点焊机。电阻点焊的主要工艺参数有电流强度、通电时间和电极压力。一般宜采用电流强度大、通电时间短的参数，电极压力则根据钢筋级别和直径选择。

钢筋焊接

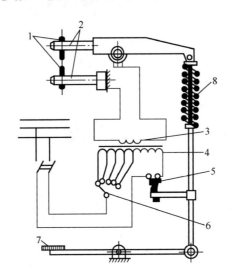

1—电极；2—电极臂；3—变压器的次级绕组；4—变压器的初级绕组；5—断路器；
6—变压器的调节开关；7—脚踏板；8—压紧机构。

图4.30 电阻点焊的工作原理

电阻点焊的焊点应进行外观检查和强度试验，热轧钢筋的焊点应进行抗剪试验。冷处理钢筋除进行抗剪试验外，还应进行抗拉试验。

点焊时，将表面清理好的钢筋叠合在一起，放在两个电极之间预压夹紧，使两根钢筋交接点紧密接触。当踏下脚踏板时，带动压紧机构使上电极压紧钢筋，同时断路器也接通电路，电流经变压器次级绕组引到电极，接触点处在极短的时间内产生大量的电阻热，使钢筋加热到熔化状态，在压力作用下两根钢筋交叉焊接在一起。当放松脚踏板时，电极松开，断路器随着杠杆下降，断开电路，点焊结束。

2) 电弧焊

电弧焊的原理

电弧焊是以焊条作为一极，钢筋为另一极，利用焊接电流通过产生的电弧热进行焊接的一种熔焊方法。电弧焊具有设备简单、操作灵活、成本低等特点，且焊接性能好，但工作条件差、效率低，适用于构件厂内和施工现场焊接碳素钢、低合金结构钢、不锈钢、耐热钢，以及对铸铁的补焊，可在各种条件下进行各种位置的焊接。

电弧焊是利用弧焊机使焊条与焊件之间产生高温电弧,使焊条和电弧燃烧范围内的焊件熔化,待其凝固,便形成焊缝或接头。钢筋电弧焊可分搭接焊、帮条焊、坡口焊和熔槽帮条焊等接头形式。这里简单介绍一下帮条焊接头、搭接焊接头和坡口焊接头,熔槽帮条焊接头可查阅相关资料。图 4.31 为钢筋电弧焊的接头形式。

(1) 帮条焊接头,适用于焊接直径 10～40mm 的各级热轧钢筋,如图 4.31(a) 所示。帮条宜采用与主筋同级别、同直径的钢筋制作,钢筋帮条长度见表 4-11。如帮条级别与主筋相同时,帮条的直径可比主筋直径小一个规格,如帮条直径与主筋相同时,帮条钢筋的级别可比主筋低一个级别。

表 4-11 钢筋帮条长度

钢筋级别	焊接形式	帮条长度 d
HPB300	单面焊	$>8d$
	双面焊	$>4d$

(2) 搭接焊接头,只适用于焊接直径 10～40mm 的 HPB300 级钢筋。焊接时,宜采用双面焊,如图 4.31(b) 所示,不能进行双面焊时,也可采用单面焊,搭接长度应与帮条长度相同。

钢筋帮条焊接头或搭接焊接头的焊缝厚度 h 应不小于 0.3 倍钢筋直径;焊缝宽度 b 不小于 0.7 倍钢筋直径,焊缝尺寸示意图如图 4.32 所示。

(3) 坡口焊接头,有平焊和立焊两种。这种接头比上两种接头节约钢材,适用于在现场焊接装配整体式构件接头中直径为 18～400mm 的各级热轧钢筋。钢筋坡口平焊时,V 形坡口角度为 60°,如图 4.31(c) 所示;坡口立焊时,坡口角度为 45°,如图 4.31(d) 所示。钢垫板长为 40～60mm,平焊时,钢垫板宽度为钢筋直径加 10mm;立焊时,其宽度等于钢筋直径。钢筋根部间隙,平焊时为 4～6mm,立焊时为 3～5mm,最大间隙均不宜超过 10mm。

焊接电流的大小应根据钢筋直径和焊条的直径进行选择。

帮条焊、搭接焊和坡口焊的焊接接头,除应进行外观质量检查外,也需抽样做拉力试验。如对焊接质量有怀疑或发现异常情况,还应进行非破损方式(X 射线、γ 射线、超声波探伤等)检验。

电弧焊又分手弧焊、埋弧压力焊等。

(1) 手弧焊。手弧焊是利用手工操纵焊条进行焊接的一种电弧焊。

(2) 埋弧压力焊。埋弧压力焊是将钢筋与钢板安放成 T 形,利用焊接电流通过时在焊剂层下产生电弧,形成熔池,再加压完成焊接的一种压焊方法。其具有生产效率高、质量好等优点,适用于各种预埋件、T 形接头、钢筋与钢板的焊接。埋弧压力焊适用于热轧直径 6～25mm HPB300 级钢筋的焊接,钢板为普通碳素钢,厚度为 6～20mm。埋弧压力焊机如图 4.33 所示。

在埋弧压力焊时,钢筋与钢板之间引燃电弧之后,由于电弧作用使局部用材及部分焊剂熔化和蒸发,蒸发气体形成了一个空腔,空腔被熔化的焊剂所形成的熔渣包围,焊接电弧就在这个空腔内燃烧,在焊接电弧热的作用下,熔化的钢筋端部和钢板金属形成焊接熔池。待钢筋整个截面均匀加热到一定温度,将钢筋向下顶压,随即切断焊接电源,冷却凝固后即形成焊接接头。

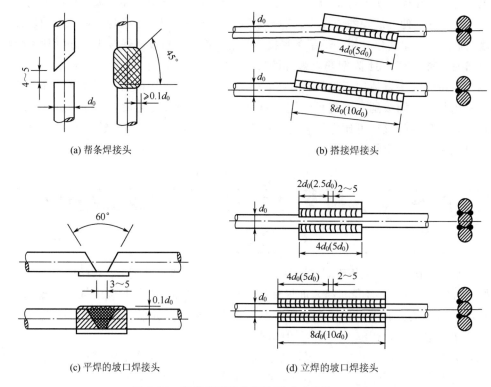

(a) 帮条焊接头　　　　　　　(b) 搭接焊接头

(c) 平焊的坡口焊接头　　　　(d) 立焊的坡口焊接头

图 4.31　钢筋电弧焊的接头形式（单位：mm）

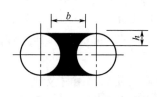

b—焊接宽度；h—焊缝厚度。
图 4.32　焊缝尺寸示意图

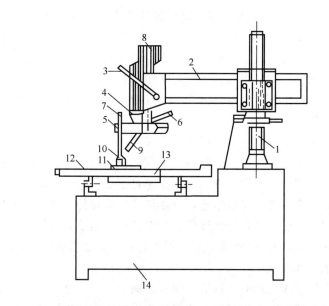

1—立柱；2—摇臂；3—压柄；4—工作头；5—钢筋夹头；
6—手柄；7—钢筋；8—焊剂料箱；9—焊剂漏口；10—铁圈；
11—预埋钢板；12—工作平台；13—焊剂储斗；14—机座。
图 4.33　埋弧压力焊机

3）电渣压力焊

现浇钢筋混凝土框架结构中竖向钢筋的连接，宜采用自动或手动电渣压力焊进行焊接。与电弧焊比较，电渣压力焊工作效率高、节约钢材、成本低，在高层建筑施工中应用广泛。

电渣压力焊是将两根钢筋安放成竖向对接形式，利用焊接电流通过两钢筋端面间隙在焊剂层下形成电弧和电渣，产生电弧热和电阻热熔化钢筋，然后加压完成的一种焊接方法。电渣压力焊操作方便、效率高，适用于竖向或斜向受力钢筋的连接，钢筋级别为HPB300级，直径为14~40mm。

2. 钢筋机械连接

钢筋机械连接常采用挤压连接和直螺纹连接两种形式。机械连接是近年来大直径钢筋现场连接的主要方法。目前主要使用直螺纹钢筋连接。

直螺纹钢筋连接是通过滚轮将钢筋端头部分压圆并一次性滚出螺纹，然后与套筒通过螺纹连接形成的钢筋机械接头。

直螺纹钢筋连接工艺流程为：确定滚丝机位置→钢筋调直、切割机下料→丝头加工→丝头质量检查（套丝帽保护）→用机械扳手进行套筒与丝头连接→接头连接后质量检查→钢筋直螺纹接头送检。

钢筋丝头加工步骤如下。

（1）按钢筋规格调整试棒并调整好滚丝头内孔最小尺寸。

（2）按钢筋规格更换涨刀环，并按规定的丝头加工尺寸调整好剥肋直径尺寸。

（3）调整剥肋挡块及滚压行程开关位置，保证剥肋及滚压螺纹的长度符合丝头加工尺寸的规定。

（4）钢筋丝头长度的确定，确定原则：以钢筋连接套筒长度的一半为钢筋螺纹长度，由于钢筋的开始端和结束端存在不完整螺纹，初步确定钢筋螺纹的有效长度。钢筋螺纹的加工参数见表4-12。钢筋丝头长度的允许偏差为 $0\sim 2P$（P 为螺距），施工中一般按 $0\sim 1P$ 控制。

表4-12 钢筋螺纹的加工参数

钢筋直径/mm	有效螺纹数量/扣	有效螺纹长度/mm	螺距/mm
18	9	27.5	2.5
20	10	30	2.5
22	11	32.5	2.5
25	11	35	3.0
28	11	40	3.0
32	13	45	3.0

钢筋连接时用扳手或管钳对钢筋接头拧紧，只要达到力矩扳手调定的力矩值即可。套筒的连接参数见表4-13。

表 4-13　套筒的连接参数

钢筋直径/mm	≤16	18～20	22～25	28～32	36～40
拧紧扭矩/(N·m)	100	160	230	320	360

4.2.4　钢筋的绑扎与安装

钢筋加工后，就可以进行绑扎、安装。钢筋绑扎、安装前，应先熟悉图纸，核对钢筋配料单和钢筋加工牌，研究与有关工种的配合，确定施工方法。

钢筋的接长、钢筋骨架或钢筋网的成型应优先采用焊接或机械连接，如果不能采用焊接（如缺乏电焊机或电焊机功率不够）或骨架过大过重不便于运输安装时，可采用绑扎的方法。钢筋绑扎一般采用 20～22 号铁丝，铁丝过硬时，可经退火处理。绑扎时应注意钢筋位置是否准确，绑扎是否牢固，搭接长度及绑扎点位置是否符合规范要求。板和墙的钢筋网，除靠近外围两行钢筋的相交点全部扎牢外，中间部分的相交点可相隔交错扎牢，但必须保证受力钢筋不位移。双向受力的钢筋，须全部扎牢。

当受力钢筋采用机械连接或焊接时，设置在同一构件内的接头宜相互错开。同一构件中相邻纵向受力钢筋的绑扎搭接接头宜相互错开。钢筋搭接处，应在中心和两端用铁丝扎牢。在受拉区域内，HPB300 级钢筋绑扎接头的末端应做弯钩。绑扎搭接接头中钢筋的横向净距不应小于钢筋直径，且不应小于 25mm；钢筋绑扎搭接接头连接区段的长度为 $1.3L_l$（L_l 为搭接长度），凡搭接接头中点位于该连接区段长度内的搭接接头均属于同一连接区段。同一连接区段内，纵向受力钢筋绑扎搭接接头面积百分率为该区段内有搭接接头的纵向受力钢筋截面面积与全部纵向受力钢筋截面面积的比值；同一连接区段内，纵向受力钢筋绑扎搭接接头面积百分率应符合规范要求。

纵向受力钢筋绑扎搭接长度按下列规定确定。

(1) 纵向受拉钢筋绑扎搭接接头面积百分率不大于 25% 时，其最小搭接长度应符合表 4-14 的规定。

表 4-14　纵向受拉钢筋的最小搭接长度

钢筋类型		混凝土强度等级			
		C15	C20～C25	C30～C35	≥C40
光圆钢筋	HPB300	45d	35d	30d	25d
带肋钢筋	HRB400	—	55d	40d	35d

注：两根直径不同钢筋的搭接长度，以较细钢筋的直径计算。

(2) 当纵向受拉钢筋绑扎搭接接头面积百分率大于 25%，但不大于 50% 时，其最小搭接长度应按表 4-14 中的数值乘以系数 1.2 取用；当接头面积百分率大于 50% 时，应按表 4-14 中的数值乘以系数 1.35 取用。

(3) 纵向受拉钢筋的最小搭接长度根据前述要求确定后,在下列情况时还应进行修正。

① 带肋钢筋的直径大于25mm时,其最小搭接长度应按相应数值乘以系数1.1取用。

② 对环氧树脂涂层带肋钢筋,其最小搭接长度应按相应数值乘以系数1.25取用。

③ 当在混凝土凝固过程中受力钢筋易受扰动时(如滑模施工),其最小搭接长度应按相应数值乘以系数1.1取用。

④ 对末端采用机械锚固措施的带肋钢筋,其最小搭接长度可按相应数值乘以系数0.7取用。

⑤ 当带肋钢筋的混凝土保护层厚度大于搭接钢筋直径的3倍且配有箍筋时,其最小搭接长度可按相应数值乘以系数0.8取用。

⑥ 对有抗震设防要求的结构构件,其受力钢筋的最小搭接长度对一、二级抗震等级应按相应数值乘以系数1.15采用;对三级抗震等级应按相应数值乘以系数1.05采用。

(4) 纵向受压钢筋搭接时,其最小搭接长度应根据上面的规定确定相应数值后,乘以系数0.7取用。

(5) 在任何情况下,受拉钢筋的搭接长度不应小于300mm,受压钢筋的搭接长度不应小于200mm。梁、柱类构件的纵向受力钢筋在搭接长度范围内,应按设计要求配置箍筋。

钢筋安装或现场绑扎应与模板安装相配合。柱钢筋现场绑扎时,一般在模板安装前进行;柱钢筋采用预制安装时,可先安装钢筋骨架,然后安装柱模板,或先安装三面模板,待钢筋骨架安装后,再钉第四面模板。梁的钢筋一般在梁横板安装后,再安装或绑扎;断面高度较大(大于600mm),或跨度较大、钢筋较密的大梁,可留一面侧模,待钢筋安装或绑扎完后再钉。楼板钢筋绑扎应在楼板模板安装后进行,并应按设计先画线,然后摆料、绑扎。

钢筋保护层应按设计或规范的要求来确定。采用专业化压制设备和标准模具生产垫块工艺生产的垫块垫在钢筋与模板之间,以控制保护层厚度。垫块应布置成梅花形,其相互间距不大于1m。上下双层钢筋之间的尺寸,可通过绑扎短钢筋或设置钢筋撑脚来控制。

目前有的工地采用钢筋捆扎机(图4.34),它是一种智能组合手持式电池类钢筋快速捆扎工具,内置微控制器,能自动完成钢筋捆扎所有步骤。钢筋捆扎机主要由机体、专用线盘、电池盒和充电器四部分组成。目前按可以捆扎的最大钢筋直径划分,钢筋捆扎机主要有24mm、40mm、65mm等几个型号。该产品中的中小型号需要消耗ϕ0.8mm的镀锌铁丝,铁丝被绕在一个特制的线盘里面,线盘再装入机器里面就可以操作使用了。每卷铁丝长为95~100m,机

图4.34 钢筋捆扎机

器根据型号或者设定的不同,可以捆扎2圈或者3圈。每卷线盘可以捆扎150~270个钢筋点。

课题 4.3 现浇钢筋混凝土结构工程施工

4.3.1 混凝土制备

混凝土制备应采用符合质量要求的原材料,按规定的配合比配料,混合料应拌和均匀,以保证结构设计所规定的混凝土强度等级,满足设计提出的特殊要求(如抗冻、抗渗等)和施工和易性要求,并应符合节约水泥、减轻劳动强度等原则。

1. 混凝土施工配合比及施工配料

混凝土的配合比是在试验室根据混凝土的配制强度经过试配和调整而确定的,称为试验室配合比。试验室配合比所用砂、石都是不含水分的。而施工现场砂、石都有一定的含水率,且含水率大小随气温等条件不断变化。为保证混凝土的质量,施工中应按砂、石实际含水率对原配合比进行修正。根据现场砂、石含水率调整后的配合比称为施工配合比。

设试验室配合比水泥:砂:石 $=1:x:y$,水灰比为 W/C,现场砂、石含水率分别为 W_x、W_y,则施工配合比水泥:砂:石 $=1:x(1+W_x):y(1+W_y)$,水灰比保持 W/C 不变,但加水量应扣除砂、石中的含水量。

施工配料是确定每拌一次需用的各种原材料量,它根据施工配合比和搅拌机的出料容量计算。

应用案例 4-3

某工程混凝土试验室配合比水泥:砂:石为 $1:2.4:4.3$,水灰比 $W/C=0.55$,每立方米混凝土水泥用量为 280kg,现场砂、石含水率分别为 2%、1%,求施工配合比。若采用 350L 搅拌机搅拌,求每拌一次材料用量。

水泥:砂:石为

$1:x(1+W_x):y(1+W_y)=1:2.4(1+0.02):4.3(1+0.01)=1:2.448:4.343$

用 350L 搅拌机搅拌,每拌一次材料用量(施工配料)如下。

水泥:280kg×0.35=98kg

砂:98kg×2.448=239.9kg

石:98kg×4.343=425.6kg

水:98kg×0.55−98kg×2.448×0.02−98kg×4.343×0.01=44.9kg

2. 混凝土搅拌机

1)搅拌机的选择

混凝土搅拌是将各种组成材料拌制成质地均匀、颜色一致、具备一定流动性的混凝土拌合物。如混凝土搅拌得不均匀就不能获得密实的混凝土,影响混凝土的质量,所以搅拌是混凝土施工工艺中很重要的一道工序。由于人工搅拌混凝土质量差,消耗水泥多,而且劳动强度大,所以只有在工程量很小时才用人工搅拌,其他时候均采用机械搅拌。混凝土搅拌机有自落式和强制式两类,见表 4-15。

表 4-15 混凝土搅拌机类型

自 落 式			强 制 式			
鼓筒式	双锥式		立轴式			卧轴式（单轴、双轴）
	反转出料	倾翻出料	涡浆式	行星式		
				定盘式	盘转式	

2）搅拌制度的确定

为了获得质量优良的混凝土拌合物，除正确选择搅拌机外，还必须正确确定搅拌制度，即搅拌时间、投料顺序和进料容量等。

（1）搅拌时间。搅拌时间是影响混凝土质量及搅拌机生产率的重要因素之一，时间过短，拌和不均匀，会降低混凝土的强度及和易性；时间过长，不仅会影响搅拌机的生产率，而且会使混凝土和易性降低或产生分层离析现象。搅拌时间与搅拌机的类型、鼓筒尺寸、骨料的品种和粒径以及混凝土的坍落度等有关，混凝土搅拌的最短时间（即自全部材料装入搅拌筒中起到卸料止）见表 4-16。

表 4-16 混凝土搅拌的最短时间

混凝土坍落度/mm	搅拌机	搅拌机出料容量/L		
		<250	250~500	>500
≤30	自落式	90s	120s	150s
	强制式	60s	90s	120s
>30	自落式	90s	90s	120s
	强制式	60s	60s	90s

注：掺有外加剂时，搅拌时间应适当延长。

（2）投料顺序。投料顺序应从提高搅拌质量，减少叶片、衬板的磨损，减少拌合物在搅拌筒内壁的黏结，减少水泥飞扬，改善工作条件等方面综合考虑。常用方法有以下几种。

投料顺序

① 一次投料法。即在料斗中先装石子，再加水泥和砂，然后一次投入搅拌机。在搅拌筒内先加水或在料斗提升进料的同时加水，这种上料顺序使水泥夹在石子和砂中间，上料时不致飞扬，又不致粘住料斗底，且水泥和砂先进入搅拌筒形成水泥砂浆，可缩短包裹石子的时间。

② 二次投料法。它又分为预拌水泥砂浆法和预拌水泥净浆法。预拌水泥砂浆法是先将水泥、砂和水加入搅拌筒内进行充分搅拌，成为均匀的水泥砂浆，再投入石子搅拌成均匀的混凝土。预拌水泥净浆法是将水泥和水充分搅拌成均匀的水泥净浆后，再加入砂和石子搅拌成混凝土。二次投料法搅拌的混凝土与一次投料法相比，混凝土强度可提高约 15%，在强度相同的情况下，可节约水泥 15%~20%。

③ 水泥裹砂法。此法又称为 SEC 法。采用这种方法拌制的混凝土称为 SEC 混凝土，也称作造壳混凝土。其搅拌程序是先在砂子中加一定量的水，将砂表面的含水量调节到某

一规定的数值后,再将石子加入,与湿砂拌匀,然后将全部水泥投入,与润湿后的砂、石拌和,使水泥在砂、石表面形成一层低水灰比的水泥浆壳(此过程称为"成壳"),最后将剩余的水和外加剂加入,搅拌成混凝土。采用 SEC 法制备的混凝土与一次投料法相比,强度可提高 20%～30%,混凝土不易产生离析现象,泌水少,工作性能好。

(3) 进料容量(干料容量)。进料容量为搅拌前各种材料体积的累积。进料容量与搅拌机搅拌筒的几何容量有一定的比例关系,一般情况下为 0.22～0.4。如任意超载,就会使材料在搅拌筒内无充分的空间进行拌和,从而影响混凝土拌合物的均匀性;如装料过少,则又不能充分发挥搅拌机的效率。

使用搅拌机时,应注意安全。在搅拌筒正常转动之后,才能装料入筒。在运转时,不得将头、手或工具伸入筒内。在因故(如停电)停机时,要立即设法将筒内的混凝土取出,以免凝结。在搅拌工作结束时,应立即清洗搅拌筒内外。叶片磨损面积如超过 10%,就应按原样修补或更换。

(4) 搅拌机的清洗。每班作业后应对搅拌机进行全面清洗,并在搅拌筒内放入清水及石子运转 10～15min 后放出,再用竹扫帚洗刷外壁。搅拌筒内不得有积水,以免筒壁及叶片生锈,如遇冰冻季节应放尽水箱及水泵中的存水,以防冻裂。

每天工作完毕后,搅拌机料斗应放至最低位置,不准悬于半空。电源必须切断,锁好电闸箱,保证各机构处于空位。

3. 混凝土搅拌站

在混凝土施工工地,通常把骨料堆场、水泥仓库、配料装置、搅拌机及运输设备等集中布置,组成混凝土搅拌站,或采用成套的混凝土工厂(搅拌楼)来制备混凝土。一些城市建立混凝土集中搅拌站,供应半径为 15～20km。

搅拌站根据其竖向布置方式的不同分为单阶式和双阶式。在单阶式混凝土搅拌站中,原材料一次提升后经过储料斗,然后靠自重下落进入称量和搅拌工序。这种工艺流程,原材料从一道工序到下一道工序的时间短,效率高,自动化程度高,搅拌站占地面积小,适用于产量大的固定式大型混凝土搅拌站。图 4.35 为单阶式混凝土搅拌站。

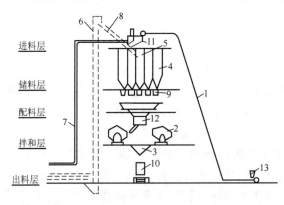

1—传送带;2—水箱及量水器;3—出料斗;4—骨料仓;5—水泥仓;6—斗式提升机输送水泥;
7—螺旋机输送水泥;8—风送水泥管道;9—储料斗;10—混凝土吊罐;
11—回转漏斗;12—回转喂料器;13—进料斗。

图 4.35 单阶式混凝土搅拌站

在双阶式混凝土搅拌站中,原材料经第一次提升后经过储料斗,下落经称量配料后,再经过第二次提升进入搅拌机。图4.36为双阶式混凝土搅拌站。

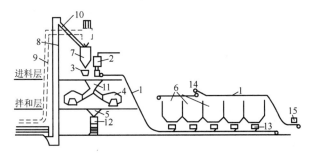

1—传送带;2—水箱及量水器;3—水泥料斗及磅秤;4—拌和机;5—出料斗;6—骨料仓;
7—水泥仓;8—斗式提升机输送水泥;9—螺旋机输送水泥;10—风送水泥管道;
11—集料斗;12—混凝土吊罐;13—配料器;14—回转漏斗;15—回转喂料器。

图4.36 双阶式混凝土搅拌站

4.3.2 混凝土运输

混凝土运输是整个混凝土施工中的一个重要环节,对工程质量和施工进度影响较大。由于混凝土拌和后不能久存,而且在运输过程中对外界的影响敏感,运输方法不当或疏忽大意,都会降低混凝土质量,甚至造成废品。因此要解决好混凝土搅拌、浇筑、水平运输和垂直运输之间的协调配合问题,就必须采取适当的措施,保证运输混凝土的质量。

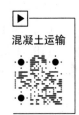

混凝土运输

1. 混凝土拌合物运输的要求

运输过程中,应保持混凝土的均匀性,避免产生分层离析现象,混凝土运至浇筑地点,应符合浇筑时所规定的坍落度(表4-17);混凝土应以最少的中转次数、最短的时间,从搅拌地点运至浇筑地点,保证混凝土从搅拌机卸出后到浇筑完毕的延续时间不超过相关规定(表4-18);运输工作应保证混凝土的浇筑工作连续进行;运送混凝土的容器应严密,其内壁应平整光洁,不吸水,不漏浆,黏附的混凝土残渣应经常清除。

表4-17 混凝土浇筑时的坍落度

项 次	结 构 种 类	坍落度/mm
1	基础或地面等的垫层、无配筋的厚大结构(挡土墙、基础或厚大的块体)或钢筋稀疏的结构	10~30
2	板、梁和大型及中型截面的柱子等	30~50
3	配筋密集的结构(薄壁、斗仓、筒仓、细柱等)	50~70
4	配筋特密的结构	70~90

注:1. 本表是指采用机械振捣的坍落度,采用人工捣实时可适当增大。
2. 需要配置大坍落度混凝土时,应掺用外加剂。
3. 曲面或斜面结构的混凝土,其坍落度值,应根据实际需要另行选定。
4. 轻骨料混凝土的坍落度,宜比表中数值减少10~20mm。
5. 自密实混凝土的坍落度另行规定。

表 4-18　混凝土从搅拌机中卸出后到浇筑完毕的延续时间

混凝土强度等级	混凝土从搅拌机中卸出后到浇筑完毕的延续时间	
	≤25℃	>25℃
C30 及 C30 以下	120min	90min
C30 以上	90min	60min

注：1. 掺外加剂或采用快硬水泥拌制混凝土时，应按试验确定。
　　2. 轻骨料混凝土的运输、浇筑时间应适当缩短。

2. 混凝土运输方式

混凝土运输工作分为地面运输、垂直运输和楼面运输三个阶段，其中楼面运输就是将混凝土从起重设备处运至浇筑现场，此处不再介绍，只讲解前两个阶段。

1）地面运输

常用的运输方式有人工运输、机动翻斗车、混凝土搅拌运输车、自卸汽车、混凝土泵、传送带等，应根据工程规模、施工场地宽窄和设备供应情况选用。

（1）人工运输。人工运输混凝土常使用手推车、架子车和窄轨斗车等。

（2）机动翻斗车。机动翻斗车是混凝土工程中使用较多的地面运输机械。它轻便灵活、转弯半径小、速度快且能自动卸料，适用于短途运输混凝土或砂石料。

（3）混凝土搅拌运输车，如图 4.37 所示。混凝土搅拌运输车是运送混凝土的专用设备。它的特点是在运量大、运距远的情况下，能保证混凝土的质量均匀，一般用于混凝土制备点（商品混凝土站）与浇筑点距离较远时使用。

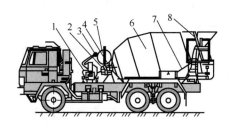

1—泵连接组件；2—减速机总成；3—液压系统；4—机架；5—供水系统；
6—搅拌筒；7—操纵系统；8—进出料装置。

图 4.37　混凝土搅拌运输车

2）垂直运输

混凝土的垂直运输，目前多用塔式起重机、井架，也可采用混凝土泵。

（1）塔式起重机。塔式起重机又称塔机或塔吊，是在门架上装置高达数十米的钢塔，用于增加起重高度。其起重臂多是水平的，起重小车（带有吊钩）可沿起重臂水平移动，用以改变起重幅度。塔式起重机可靠近建筑物布置，沿着轨道移动，利用起重小车变幅，所以控制范围是一个长方形的空间。塔式起重机运输的优点是地面运输、垂直运输和楼面运输都可以采用。混凝土在地面由地面运输工具或搅拌机直接卸入吊斗，运至浇筑部位进行浇筑。图 4.38 为塔式起重机。

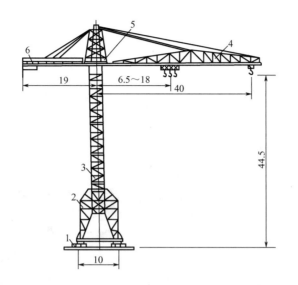

1—车轮；2—门架；3—塔身；4—起重臂；5—回转塔架；6—平衡重。
图 4.38　塔式起重机（单位：m）

（2）井架。混凝土的垂直运送，除采用塔式起重机之外，还可使用井架。混凝土在地面用双轮手推车运至井架的升降平台上，然后井架将双轮手推车提升到楼层上，再将手推车沿铺在楼面上的跳板推到浇筑地点。另外，井架可以兼运其他材料，利用率较高。由于在浇筑混凝土时，楼面上已立好模板，扎好钢筋，因此需铺设手推车行走用的跳板。为了避免压坏钢筋，跳板可用马镫筋垫起。手推车的运输道路应形成回路，避免交叉和运输堵塞。

（3）混凝土泵。混凝土泵是一种有效的混凝土运输工具，它以泵为动力，沿管道输送混凝土，可以同时完成水平和垂直运输，将混凝土直接运送至浇筑地点。混凝土泵根据驱动方式分为柱塞式混凝土泵和挤压式混凝土泵。

可将混凝土泵装在车上，车上装有可以伸缩的"布料杆"，管道装在杆内，末端是一段软管，可将混凝土直接送到浇筑地点，这种车称为混凝土泵车，简称泵车。这种泵车布料范围广、机动性好、移动方便，适用于多层框架结构施工。图 4.39 为三折叠式泵车。

不同型号的混凝土泵，其排量不同，水平运距和垂直运距也不同。常见混凝土泵的混凝土排量为 $30 \sim 90 m^3/h$，水平运距为 $200 \sim 500 m$，垂直运距为 $50 \sim 100 m$。混凝土泵宜与混凝土搅拌车配套使用，且应使混凝土搅拌站的供应能力和混凝土搅拌车的运输能力大于混凝土泵的输送能力，以保证混凝土泵能连续工作。

混凝土泵在输送混凝土前，管道应先用水泥浆或砂浆润滑。泵送时要连续工作，如中断时间过长，混凝土将出现分层离析现象，应将管道内混凝土清除，以免堵塞，泵送完毕要立即将管道冲洗干净。

3. 混凝土辅助运输设备

运输混凝土的辅助设备有吊罐、集料斗、溜槽、溜管等，主要用于混凝土装料、卸料和转运入仓，对保证混凝土质量和运输工作顺利进行起着相当大的作用。

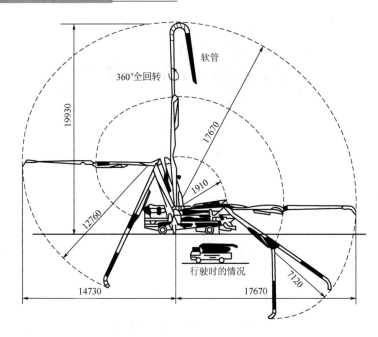

图 4.39　三折叠式泵车（单位：mm）

(1) 溜槽与振动溜槽。溜槽为钢制槽子（钢模），可从传送带、自卸汽车、斗车等受料，将混凝土转送入仓。其坡度可由试验确定，常采用45°左右。当卸料高度过大时，可采用振动溜槽。振动溜槽装有振动器，单节长4～6m，拼装总长可达30m，其输送坡度由于振动器的作用可放缓至15°～20°。采用溜槽时，应在溜槽末端加设1～2节溜管或挡板，以防止混凝土料在下滑过程中分离。利用溜槽转运入仓，是大型机械设备难以控制部位的有效入仓手段。图4.40为溜槽卸料示意图。

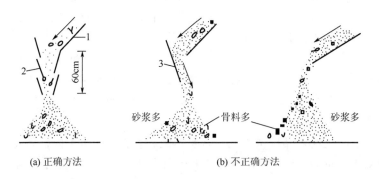

1—溜槽；2—溜管；3—挡板。

图 4.40　溜槽卸料示意图

(2) 溜管与振动溜管。溜管（溜筒）由多节铁皮管串挂而成。每节长0.8～1m，上大下小，相邻管节铰挂在一起，可以拖动。图4.41为溜管卸料示意图，采用溜管卸料可起到缓冲消能作用，以防止混凝土料分离和破碎。

溜管卸料时，其出口离浇筑面的高差应不大于1.5m，并利用拉索拖动均匀卸料，但应使溜管出口段约2m长度与浇筑面保持垂直，以避免混凝土料分离。随着混凝土浇筑面

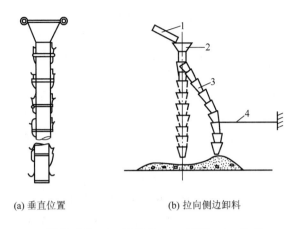

(a) 垂直位置　　(b) 拉向侧边卸料

1—运料工具；2—受料斗；3—溜管；4—拉索。

图 4.41　溜管卸料示意图

的上升，可逐节拆卸溜管下端的管节。

溜管卸料多用于断面小、钢筋密的浇筑部位，其卸料半径为 1～1.5m，卸料高度不大于 10m。

振动溜管与普通溜管相似，但每隔 4～8m 的距离装有一个振动器，以防止混凝土料中途堵塞，其卸料高度可达 10～20m。

（3）吊罐，其示意图如图 4.42 所示，多与塔式起重机配合使用。

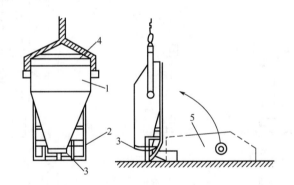

1—装料斗；2—滑架；3—斗门；4—吊梁；5—平卧状态。

图 4.42　吊罐示意图

4.3.3　混凝土浇筑

混凝土浇筑要保证混凝土的均匀性和密实性，要保证结构的整体性、尺寸准确，以及钢筋、预埋件的位置正确，拆模后混凝土表面要平整、光洁。

1. 浇筑要求

1）防止离析

浇筑混凝土时，混凝土拌合物由料斗、漏斗、混凝土输送管、运输车内卸

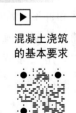

混凝土浇筑的基本要求

出时,如自由倾落高度过大,由于粗骨料在重力作用下,克服黏聚力后的下落动能大,下落速度比砂浆快,因而可能形成混凝土离析。为此,混凝土自高处倾落的自由高度不应超过2m,在竖向结构中限制自由倾落高度不宜超过3m,否则应沿串筒、斜槽、溜管等下料。

2) 正确留置施工缝

混凝土结构大多要求整体浇筑。如因技术或组织上的原因不能连续浇筑,且停顿时间有可能超过混凝土的初凝时间时,应事先确定适当位置留置施工缝。由于混凝土的抗拉强度约为其抗压强度的1/10,因而施工缝是结构中的薄弱环节,宜留在结构剪力较小的部位,同时要方便施工。

(1) 施工缝的留设位置。施工缝设置的原则,一般宜留在结构受力(剪力)较小且便于施工的部位;柱子的施工缝宜留在基础与柱子交接处的水平面上、梁的下面或吊车梁牛腿的下面、吊车梁的上面、无梁楼盖柱帽的下面,柱子的施工缝位置如图4.43所示;高度大于1m的钢筋混凝土梁的水平施工缝,应留在楼板底面下20~30mm处,当板下有梁托时,应留在梁托下部;单向板的施工缝,可留在平行于短边的任何位置处;对于有主次梁的楼板结构,宜顺着次梁方向浇筑,施工缝应留在次梁跨度的中间1/3范围内,有梁板的施工缝位置如图4.44所示。

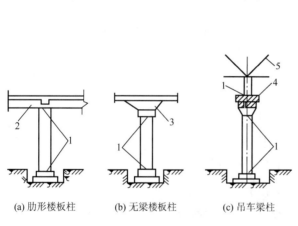

(a) 肋形楼板柱　　(b) 无梁楼板柱　　(c) 吊车梁柱

1—施工缝;2—梁;3—柱帽;4—吊车梁;5—屋架。

图 4.43　柱子的施工缝位置

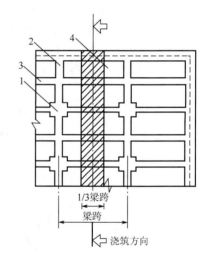

1—柱;2—主梁;3—次梁;4—板。

图 4.44　有梁板的施工缝位置

(2) 施工缝的处理。施工缝处继续浇筑混凝土时,应待混凝土的抗压强度不小于1.2MPa方可进行;施工缝浇筑混凝土之前,应除去施工缝表面的水泥薄膜、松动石子和软弱的混凝土层,处理方法有风砂枪喷毛、高压水冲毛、风镐凿毛或人工凿毛,并充分湿润和冲洗干净,不得有积水;浇筑时,施工缝处宜先铺水泥浆(水泥:水=1:0.4),或铺与混凝土成分相同的水泥砂浆一层,厚度为30~50mm,以保证接缝的质量;浇筑过程中,施工缝应细致捣实,使其紧密结合。

2. 浇筑方法

多层钢筋混凝土框架结构在浇筑时,首先要划分施工层和施工段,施工层一般按结构层划分,而每一施工层如何划分施工段,则要考虑工序数量、技术要求、结构特点等。要做到木工在第一施工层安装完模板,准备转移到第二施工层的第一施工段上时,该施工段所浇筑的混凝土强度应达到允许工人在其上操作的强度(1.2MPa)。

柱梁板混凝土施工

混凝土浇筑前应做好必要的准备工作,如模板、钢筋和预埋管线的检查和清理,以及隐蔽工程的验收;浇筑用脚手架、走道的搭设和安全检查;根据试验室下达的混凝土配合比通知单准备和检查原材料;做好施工用具的准备等。

梁和板一般应同时浇筑,顺次梁方向从一端开始向前推进。只有当梁高大于1m时才允许将梁单独浇筑,此时的施工缝留在楼板板面下20~30mm处。梁底侧面注意振实,振动器不要直接触及钢筋和预埋件。楼板混凝土的虚铺厚度应略大于板厚,用表面振动器或内部振动器振实,用铁插尺检查混凝土厚度,振捣完后用长的木抹子抹平。

为保证捣实质量,混凝土应分层浇筑,每层厚度见表4-19。

表4-19 混凝土浇筑层的厚度

项次	捣实混凝土的方法		浇筑层厚度/mm
1	插入式振动		振动器作用部分长度的1.25倍
2	表面振动		200
3	人工捣实	在基础或无筋混凝土和配筋稀疏的结构中	250
		在梁、墙、板、柱的结构中	200
		在配筋密集的结构中	150
4	轻骨料混凝土	插入式振动	300
		表面振动(振动时需加荷)	200

3. 混凝土密实成型

混凝土浇入模板以后是较疏松的,里面含有很多气泡,而混凝土的强度、抗冻性、抗渗性及耐久性等,都与混凝土的密实程度有关。可以采用人工或机械捣实混凝土使混凝土密实。人工捣实是用人力的冲击来使混凝土密实成型,只有在缺乏机械、工程量不大或机械不便工作的部位采用。

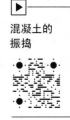
混凝土的振捣

混凝土振捣主要采用振捣器进行,振捣器能产生小振幅、高频率的振动,使混凝土在其振动的作用下,内摩擦力和黏结力大大降低,使干稠的混凝土获得了流动性,在重力的作用下骨料互相滑动而紧密排列,空隙由砂浆所填满,空气被排出,从而使混凝土密实,并填满模板内部空间,且与钢筋紧密结合。

1)混凝土振捣器

混凝土振捣器的类型,按振捣方式的不同,分为插入式振捣器、外部式振捣器、表面式振捣器和振动台等,如图4.45所示。其中,外部式振捣器只适用于柱、墙等结构尺寸小且钢筋密的构件;表面式振捣器只适用于薄层混凝土的捣实(如渠道衬砌、道路、薄板等);振动台多用于试验室。

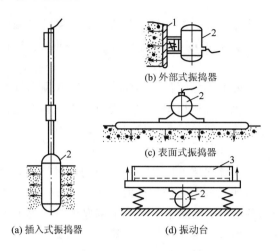

1—模板；2—电动机；3—构件。
图 4.45 混凝土振捣器

2) 振捣器的使用与振实判断

下面分别对插入式振捣器、外部式振捣器、振动台的使用及振实判断进行说明。

混凝土振捣作业要点

(1) 插入式振捣器。用插入式振捣器振捣混凝土，应按一定顺序和间距，逐点插入进行振捣。每个插入点振捣时间一般需要 20～30s，实际操作时的振实标准是：混凝土表面不再显著下沉，不出现气泡，并在表面出现一层薄而均匀的水泥浆。如振捣时间不够，则达不到要求；过振则骨料下沉、砂浆上翻，产生离析。

振捣器的有效振动范围，用振动作用半径 R 表示。R 值的大小与混凝土坍落度和振捣器性能有关，可经试验确定，一般为 30～50cm。

为了避免漏振，插入点之间的距离不能过大。要求相邻插入点间距不应大于其影响半径的 1.5～1.75 倍，振捣器插入点排列示意图如图 4.46 所示。在布置振捣器插点位置时，还应注意不要碰到钢筋和模板。但离模板的距离也不要大于 20～30cm，以免因漏振使混凝土表面出现蜂窝、麻面。

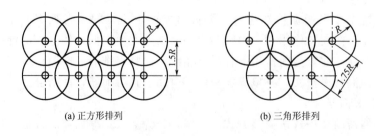

(a) 正方形排列　　　　(b) 三角形排列

图 4.46 振捣器插入点排列示意图

在每个插入点进行振捣时，振捣器要垂直插入，快插慢拔，并插入下层混凝土 5～10cm，以保证上、下层混凝土结合。

(2) 外部式振捣器。以常见的附着式振捣器为例，附着式振捣器安装时应保证转轴水平或垂直。在一个模板上安装多台附着式振捣器同时进行作业时，各振捣器频率必须保持一致，相对安装的振捣器的位置应错开。振捣器所附着的构件模板，要坚固牢靠，构件的面积应与振捣器的额定振动板面积相适应。图 4.47 为附着式振捣器的安装。

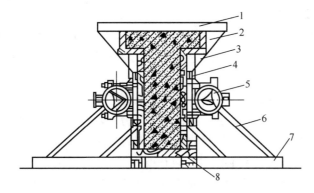

1—模板面；2—模板；3—角撑；4—夹木枋；5—附着式振捣器；
6—斜撑；7—横底枋；8—纵底枋。

图 4.47 附着式振捣器的安装

（3）振动台。其是一种强力振动成型机械装置，必须安装在牢固的基础上，地脚螺栓应有足够的强度并拧紧。在振捣作业中，必须安置牢固可靠的模板锁紧夹具，以保证模板和混凝土与台面一起振动。

4. 混凝土的养护

混凝土浇筑完毕后，在一个相当长的时间内，应保持其适当的温度和足够的湿度，形成混凝土良好的硬化条件，这就是混凝土的养护工作。

混凝土的养护方法分为自然养护和热养护两类，见表 4-20。养护时间取决于当地气温、水泥品种和结构物的重要性。

表 4-20 混凝土的养护

类别	名 称	说 明
自然养护	洒水（喷雾）养护	在混凝土面不断洒水（喷雾），保持其表面湿润
	覆盖浇水养护	在混凝土面覆盖湿麻袋、草袋、湿砂、锯末等，不断洒水保持其表面湿润
	围水养护	四周围成土埂，将水蓄在混凝土表面
	铺膜养护	在混凝土表面铺上薄膜，阻止水分蒸发
	喷膜养护	在混凝土表面喷上薄膜，阻止水分蒸发
热养护	蒸汽养护	利用热蒸汽对混凝土进行湿热养护
	热水（热油）养护	将水或油加热，将构件搁置在其上养护
	电热养护	对模板加热或微波加热养护
	太阳能养护	利用各种罩、窑、集热箱等封闭装置对构件进行养护

4.3.4 混凝土的质量检查与缺陷防治

1. 混凝土的质量检查

（1）施工过程中的质量检查，即在混凝土制备和浇筑过程中对原材料的质量、配合比、坍落度等的检查，每一工作班至少检查两次，如遇特殊情况还应及时进行抽查。混凝土的搅拌时间应随时检查。

（2）混凝土养护后的质量检查，主要指混凝土的立方体抗压强度检查。混凝土的抗压强度应以标准立方体试件（边长150mm）的检测结果为准，即在标准条件下，温度（20±3）℃和相对湿度90%以上的湿润环境，养护28d后测得的具有95%保证率的抗压强度。

（3）混凝土结构的强度等级必须符合设计要求。

（4）现浇混凝土结构的允许偏差，应符合规范规定；当有专门规定时，尚应符合相应的规定。

（5）混凝土表面外观质量要求：不应有蜂窝、麻面、露筋、孔洞、缝隙及薄夹层、缺棱掉角和裂缝等。

2. 现浇混凝土结构的质量缺陷及产生原因

1）现浇混凝土结构的外观质量缺陷的确定

混凝土缺陷检查与处理

现浇混凝土结构的外观质量缺陷，应由监理（建设）单位、施工单位等各方根据其对结构性能和使用功能影响的严重程度，按规范确定。

2）现浇混凝土常见质量缺陷及其产生的原因

（1）蜂窝。混凝土配合比不准确，砂浆少而石子多，或搅拌不均造成砂浆与石子分离，或浇筑方法不当，或振捣不足，或模板严重漏浆等都可能造成蜂窝现象。

（2）麻面。麻面可由以下几种情况造成：模板表面粗糙不光滑、模板湿润不够、接缝不严密、振捣时发生漏浆等。

（3）露筋。浇筑时垫块位移、漏放或钢筋紧贴模板，或者因混凝土保护层处漏振或振捣不密实均可造成露筋。

（4）孔洞。混凝土结构内存在空隙，砂浆严重分离，石子成堆，砂与水泥分离等情况会形成孔洞。另外，有泥块等杂物掺入也会形成孔洞。

（5）缝隙和薄夹层。混凝土内部处理不当的施工缝、温度缝和收缩缝，以及混凝土内有外来杂物等均可造成缝隙和薄夹层。

（6）缺棱掉角和裂缝。构件制作时受到剧烈振动，混凝土浇筑后模板变形或沉陷，混凝土表面水分蒸发过快，养护不及时，以及构件堆放、运输、吊装时位置不当或受到碰撞等均可能造成缺棱掉角和裂缝。

3）产生混凝土强度不足的原因

（1）配合比设计方面，有时不能及时测定水泥的实际活性，影响了混凝土配合比设计的正确性。另外，套用混凝土配合比时选用配合比不当或外加剂用量控制不准等，分离或浇筑方法不当，或振捣不足，以及模板严重漏浆，都可能导致混凝土强度不足。

（2）搅拌方面任意增加用水量，配合比称料不准，搅拌时颠倒加料顺序及搅拌时间过短等,都有可能导致混凝土强度降低。

(3) 现场浇捣方面,施工中振捣不实,以及发现混凝土有离析现象时,未能及时采取有效措施来纠正。

(4) 养护方面不按规定的方法、时间对混凝土进行妥善的养护,造成混凝土强度降低。

3. 混凝土质量缺陷的防治与处理

(1) 表面抹浆修补。对数量不多的小蜂窝、麻面、露筋、露石的混凝土表面,主要是保护钢筋和混凝土不受侵蚀,可用(1∶2)~(1∶2.5)水泥砂浆抹面修整。

(2) 细石混凝土填补。当蜂窝比较严重或露筋较深时,应去掉不密实的混凝土,用清水洗净并充分湿润后,再用比原强度等级高一级的细石混凝土填补并仔细捣实。

(3) 水泥灌浆与化学灌浆。对于宽度大于0.5mm的裂缝,宜采用水泥灌浆;对于宽度小于0.5mm的裂缝,宜采用化学灌浆。

课题4.4 预应力混凝土工程施工

4.4.1 先张法预应力混凝土施工

先张法是在浇筑混凝土之前张拉钢筋(钢丝)产生预应力,一般用于预制梁、板等构件。先张法生产预应力混凝土板如图4.48所示。先张法一般用于预制构件厂生产定型的中小型构件,如楼板、屋面板、檩条及吊车梁等。

先张法施工

先张法生产时,可采用台座法和机组流水法。采用台座法时,预应力筋的张拉、锚固,混凝土的浇筑、养护及预应力筋放松等均在台座上进行;预应力筋放松前,其拉力由台座承受。采用机组流水法时,构件连同钢模通过固定的机组,按流水方式完成(张拉、锚固、混凝土浇筑和养护)每一生产过程;预应力筋放松前,其拉力由钢模承受。

1. 先张法施工准备

1) 台座

台座由台面、横梁和承力结构等组成,是先张法生产的主要设备。预应力筋的张拉、锚固,混凝土的浇筑、振捣和养护,以及预应力筋的放张等全部施工过程都是在台座上完成的;预应力筋放松前,台座承受全部预应力筋的拉力。因此,台座应有足够的强度、刚度和稳定性。台座一般采用墩式台座和槽式台座。

槽式台座由端柱、传力柱、横梁和柱垫等组成,如图4.49所示。槽式台座既可承受拉力,又可作蒸汽养护槽,适用于张拉吨位较高的大型构件,如屋架、吊车梁等。使用之前,需要进行强度和稳定性计算。

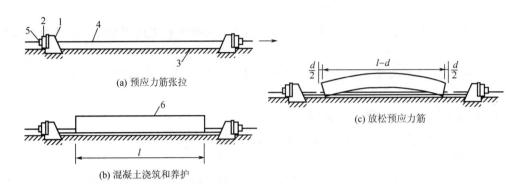

(a) 预应力筋张拉
(b) 混凝土浇筑和养护
(c) 放松预应力筋

1—台座；2—横梁；3—台面；4—预应力筋；5—夹具；6—构件。

图 4.48 先张法生产预应力混凝土板

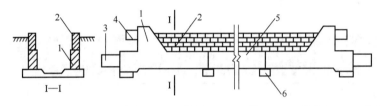

1—钢筋混凝土端柱；2—砖墙；3—下横梁；4—上横梁；5—传力柱；6—柱垫。

图 4.49 槽式台座

2）夹具

夹具是构件使用先张法施工时，保持预应力筋承受拉力，并将预应力筋固定在张拉台座（或设备）上的临时性锚固装置，按其工作用途不同分为锚固夹具和张拉夹具。

（1）锚固夹具分为锥形夹具（图 4.50）和镦头夹具（图 4.51）。

锚固夹具常用圆套筒三片式夹具，由套筒和夹片组成。圆套筒三片式夹具如图 4.52 所示。

（2）张拉夹具是夹持住预应力筋后，与张拉机械连接起来进行预应力筋张拉的机具。常用的张拉夹具有月牙形夹具、偏心式夹具、楔形夹具等，如图 4.53 所示，适用于张拉钢丝和直径 16mm 以下的钢筋。

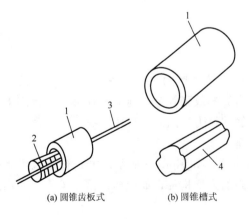

(a) 圆锥齿板式
(b) 圆锥槽式

1—套筒；2—齿板；3—钢丝；4—锥塞。

图 4.50 锥形夹具

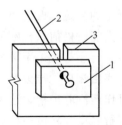

1—垫片；2—镦头钢丝；3—承力板。

图 4.51 镦头夹具

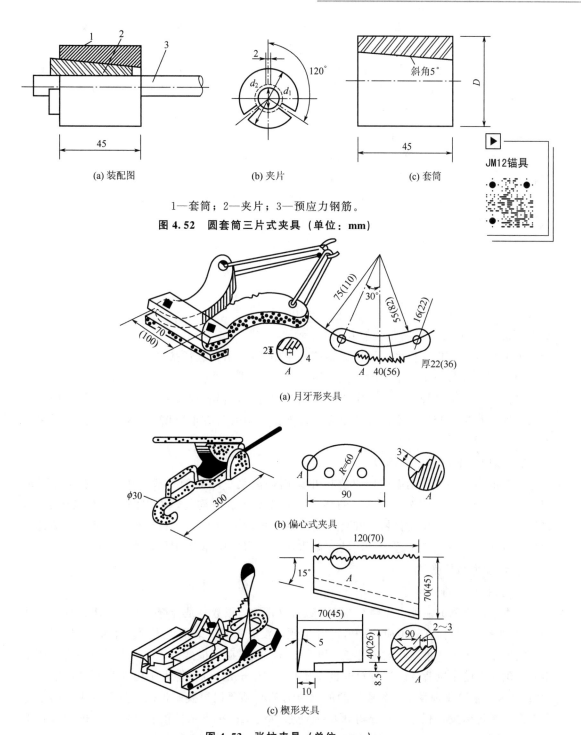

1—套筒；2—夹片；3—预应力钢筋。
图 4.52 圆套筒三片式夹具（单位：mm）

图 4.53 张拉夹具（单位：mm）

3）张拉设备

张拉设备的张拉力应不小于预应力筋张拉力的 1.5 倍；张拉设备的张拉行程不小于预应力筋伸长值的 1.1～1.3 倍。

钢丝张拉分单根张拉和成组张拉。用钢模以机组流水法或传送带法生产构件时，常采

穿心式千斤顶

用成组钢丝张拉。用台座法生产构件一般采用单根钢丝张拉,可采用电动卷扬机、电动螺杆张拉机进行张拉。

钢筋张拉设备一般采用千斤顶,张拉时,高压油泵启动,从后油嘴进油,前油嘴回油,被偏心夹具夹紧的钢筋随液压缸的伸出而被拉伸。

2. 先张法施工工艺

1)张拉控制应力和张拉程序

张拉控制应力是指张拉预应力筋时所达到的应力,应按设计规定采用。控制应力的数值直接影响预应力的效果。

施工中预应力筋需要超张拉时,张拉控制应力可比设计要求提高3%~5%,但其最大张拉控制应力不得超过规定。

张拉程序可按式(4-1)或式(4-2)进行

$$0 \to 105\%\sigma_{con} \xrightarrow{\text{持荷 2min}} \sigma_{con} \quad (4-1)$$

或

$$0 \to 103\%\sigma_{con} \quad (4-2)$$

式中:σ_{con}——预应力筋的张拉控制应力。

为了减少应力松弛损失,预应力钢筋宜采用式(4-1)进行张拉。

预应力钢筋张拉工作量大时,宜采用式(4-2)进行张拉。

张拉设备应配套校验,以确定张拉控制应力与仪表读数的关系曲线,保证张拉控制应力的准确,每半年校验一次。设备出现反常现象或检修后应重新校验。张拉设备宜定岗负责,专人专用。

2)预应力筋(丝)的铺设

台座的台面在铺放钢筋前,应清扫并涂刷隔离剂。隔离剂一般选用皂角水溶性隔离剂,具有易干燥、易清除污染钢筋的特点。隔离剂涂刷应均匀,不得漏涂,待其干燥后,铺设预应力筋,一端用夹具锚固在台座横梁的定位承力板上,另一端卡在台座张拉端的承力板上待张拉。在生产过程中,应防止雨水或养护水冲刷掉台面隔离剂。

3. 预应力筋的张拉

1)张拉前的准备

核查预应力筋的品种、级别、规格、数量(排数、根数)是否符合设计要求;预应力筋的外观质量应全数检查,预应力筋应展开平顺,没有弯折,表面无裂纹、小刺、机械损伤、氧化铁皮和油污等;张拉设备应完好,测力装置校核准确;横梁、定位承力板应贴合及严密稳固;预应力筋张拉后,设计位置的偏差不得大于5mm,也不得大于构件截面最短边长的4%;在浇筑混凝土前发生断裂或滑脱的预应力筋必须予以更换;张拉、锚固预应力筋应专人操作,实行岗位责任制,并做好预应力筋张拉记录;在已张拉钢筋(丝)上进行绑扎钢筋、安装预埋铁件、安装模板等操作时,要防止踩踏、敲击或碰撞钢筋(丝)。

2)混凝土的浇筑与养护

为了减少混凝土的收缩和徐变引起的预应力损失,在确定混凝土配合比时,应优先选用干缩性小的水泥,采用低水灰比,控制水泥用量,对骨料采取良好的级配等。预应力筋张拉、绑扎、预埋铁件安装及立模工作完成后,应立即浇筑混凝土,每条生产线应一次连续浇筑完成。采用机械振捣密实时，要避免碰撞钢筋（丝）。混凝土未达到一定强度前，不允许碰撞或踩踏钢筋（丝）。预应力混凝土可采用自然养护或湿热养护，自然养护不得少于14d。干硬性混凝土浇筑完毕后，应立即覆盖进行养护。当预应力混凝土采用湿热养护时，要尽量减少由于温度升高而引起的预应力损失，在混凝土未达到一定强度前，温差不要太大，一般不超过20℃。

4. 预应力筋放张

1）放张顺序

预应力筋放张时，应缓慢放松锚固装置，使各根预应力筋缓慢放松；预应力筋放张顺序应符合设计要求，当设计未规定时，要求承受轴心预应力的构件，所有预应力筋同时放张；承受偏心预压力构件，应先放张预压力较小区域的预应力筋，再放张预压力较大区域的预应力筋。长线台座生产的预应力构件，剪断钢筋（丝）宜从台座中部开始；叠层生产的预应力构件，宜按自上而下的顺序进行放松；板类构件放松时，应从两边逐渐向中心进行。

2）放张方法

对于中小型预应力混凝土构件，预应力筋的放张宜从生产线中间处开始，以减少回弹量且有利于脱模；对于大型构件，应从外向内对称、逐根交错放张，以免构件扭转、端部开裂或钢筋断裂。放张单根预应力筋，一般采用千斤顶放张，构件预应力筋较多时，整批同时放张可采用砂箱、楔块等放松装置。

4.4.2　后张法预应力混凝土施工

后张法是在混凝土浇筑的过程中，预留孔道，待混凝土构件达到设计强度后，在孔道内穿主要受力钢筋，张拉锚固建立预应力，并在孔道内进行压力灌浆，用水泥浆包裹保护预应力钢筋。后张法主要用于制作大型吊车梁和屋架。后张法预应力混凝土施工示意图如图4.54所示。

后张法施工

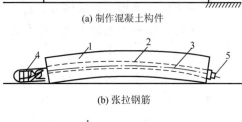

(a) 制作混凝土构件

(b) 张拉钢筋

(c) 锚固和孔道灌浆

1—混凝土构件；2—预留孔道；
3—预应力钢筋；4—千斤顶；5—锚具。
图4.54　后张法预应力混凝土施工示意图

后张法施工工艺与预应力施工有关的是孔道留设、预应力筋张拉和孔道灌浆部分。

1) 孔道留设

构件中留设孔道主要为穿预应力钢筋（束）及张拉锚固后灌浆用。孔道留设要求：孔道直径应保证预应力筋（束）能顺利穿过；孔道应按设计要求的位置、尺寸埋设准确、牢固，浇筑混凝土时不应出现移位和变形；在设计规定位置上留设灌浆孔；在曲线孔道的曲线波峰部位应设置排气兼泌水管，必要时可在最低点设置排水管；灌浆孔及泌水管的孔径应能保证浆液畅通。

预留孔道形状有直线、曲线和折线形，孔道留设方法有钢管抽芯法、胶管抽芯法和预埋管法等。

2) 预应力筋张拉

预应力筋的张拉控制应力应符合设计要求，施工时预应力筋若需超张拉，可比设计要求提高3%~5%。

将成束的预应力筋一头对齐，按顺序编号套在穿束器上。预应力筋张拉顺序应按设计规定进行；如设计无规定时。应分批分阶段对称进行。屋架下弦杆预应力筋的张拉顺序如图4.55所示。吊车梁预应力筋应采用分批分阶段对称张拉，其张拉顺序如图4.56所示。平卧重叠浇筑的预应力混凝土构件，张拉预应力筋的顺序是先上后下，逐层进行。

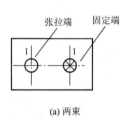

1，2—预应力筋的分批张拉顺序。

图4.55 屋架下弦杆预应力筋的张拉顺序

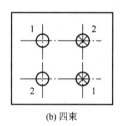

1，2，3—预应力筋的分批张拉顺序。

图4.56 吊车梁预应力筋的张拉顺序

预应力筋的张拉程序，主要根据构件类型、张锚体系、松弛损失等因素来确定。用超张拉方法减少预应力筋的松弛损失时，预应力筋的张拉程序宜为

$$0 \to 105\%\sigma_{con} \xrightarrow{\text{持荷 2min}} \sigma_{con} \qquad (4-3)$$

如果预应力筋张拉吨位不大，根数很多，而设计中又要求采取超张拉以减少应力松弛损失时，其张拉程序可为

$$0 \to 103\%\sigma_{con} \qquad (4-4)$$

对于曲线预应力筋和长度大于24m的直线预应力筋，应采用两端同时张拉的方法；长度等于或小于24m的直线预应力筋，可一端张拉，但张拉端宜分别设置在构件两端。对预埋波纹管孔道曲线预应力筋和长度大于30m的预埋波纹管孔道直线预应力筋宜在两端张拉，长度等于或小于30m的预埋波纹管孔道直线预应力筋可在一端张拉。安装张拉设备时，对于直线预应力筋，应使张拉控制应力的作用线与孔道中心线重合；对于曲线预应力筋，应使张拉控制应力的作用线与孔道中心线末端的切线方向重合。

3）孔道灌浆

预应力筋张拉后，应立即用灰浆泵将水泥浆压灌到预应力孔道中去。灌浆用水泥浆应有足够的黏结力，且应有较大的流动性、较小的干缩性和泌水性。灌浆前，用压力水冲洗和湿润孔道。灌浆顺序应先下后上，以免上层孔道漏浆把下层孔道堵塞。灌浆工作应缓慢均匀连续进行，不得中断。

4.4.3 无黏结预应力混凝土施工

无黏结预应力混凝土是将无黏结预应力筋同普通钢筋一样铺设在结构模板设计位置上，用20～22号铁丝与非预应力钢丝将无黏结预应力筋绑扎牢靠后浇筑混凝土；待混凝土达到设计强度后，对无黏结预应力筋进行张拉和锚固，借助于构件两端锚具传递预压应力。

1）无黏结预应力筋

无黏结预应力筋是由7根5mm高强钢丝组成的钢丝束或扭结成的钢绞线，通过专门设备涂覆涂料层和包裹外包层构成的。涂料层一般采用防腐沥青。无黏结预应力混凝土中，锚具必须具有可靠的锚固能力，要求不低于无黏结预应力筋抗拉强度的95%。

2）无黏结预应力筋的铺放与定位

铺设双向配筋的无黏结预应力筋时，应先铺设标高较低的钢丝束，再铺设标高较高的钢丝束，以避免两个方向钢丝束相互穿插。无黏结预应力筋应在绑扎完底筋以后进行铺放，且铺放在电线管下面。

无黏结预应力筋常用钢丝束镦头锚具和钢绞线夹片式锚具。无黏结钢丝束镦头锚具张拉端钢丝束从外包层抽拉出来，穿过锚杯孔眼镦粗头。无黏结钢绞线夹片式锚具常采用XM型锚具，其固定端采用压花成型埋置在设计部位，待混凝土强度等级达到设计强度后，方能形成可靠的黏结式锚头。

混凝土强度达到设计强度时才能进行张拉，张拉程序采用 $0 \rightarrow 103\%\sigma_{con}$。锚具外包浇筑钢筋混凝土圈梁。

4.4.4 电热法施工工艺

电热法是利用钢筋热胀冷缩原理来张拉预应力筋的一种施工方法。电热法适用于冷拉HRB400、RRB400级钢筋或钢丝的先张法、后张法和模外张拉法。

课题4.5 装配式钢筋混凝土工程施工

4.5.1 预制混凝土构件施工

1. 预制混凝土构件制作工艺

预制混凝土构件的制作过程包括模板的制作与安装，钢筋的制作与安装，混凝土的制备与运输,构件的浇筑振捣和养护、脱模与堆放等。

根据生产过程中组织构件成型和养护的不同特点,预制构件制作工艺可分为台座法、机组流水法和传送带法三种。

(1)台座法。台座是表面光滑平整的混凝土地坪、胎模或混凝土槽。构件的成型、养护、脱模等生产过程都在台座上进行。

(2)机组流水法。机组流水法是在车间内,根据生产工艺的要求将整个车间划分为几个工段,每个工段皆配备相应的工人和机具设备,构件的成型、养护、脱模等生产过程分别在有关的工段循序完成。

(3)传送带法。模板在一条呈封闭环形的传送带上移动,各个生产过程都是在沿传送带循序分布的各个工作区中进行。

2. 预制混凝土构件模板

现场就地制作预制混凝土构件常用的模板有胎模、重叠支模、水平拉模等。预制厂制作预制构件常用的模板有固定式胎模、拉模、折页式钢模等。

(1)胎模。胎模是指用砖或混凝土材料筑成构件外形的底模,它通常用木模作为边模,多用于生产预制梁、柱、槽形板及大型屋面板等构件,如图4.57所示。

(2)重叠支模。重叠支模如图4.58所示,即利用先预制好的构件作底模,沿构件两侧安装侧模板后再制作同类构件。对于矩形、梯形柱和梁以及预制桩,还可以采用间隔重叠支模,以节省侧模板,间隔重叠支模如图4.58(b)所示。

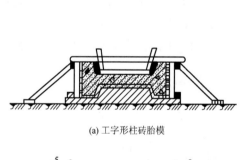

(a) 工字形柱砖胎模

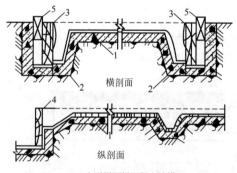

横剖面

纵剖面

(b) 大型屋面板混凝土胎模

1—胎模;2—65mm×5mm 方木;
3—侧模;4—端模;5—木楔。

图 4.57 胎模

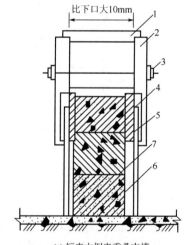

(a) 短夹木倒夹重叠支模

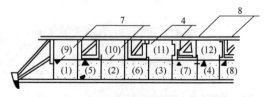

(b) 间隔重叠支模

1—临时撑头;2—短夹木;
3—M12 螺栓;4—侧模;5—支脚;6—已捣构件;
7—隔离剂或隔离层;8—卡具。

图 4.58 重叠支模

(3) 水平拉模。水平拉模由钢制外框架、内框架侧模与芯管、前后端头板、振动器、卷扬机抽芯装置等部分组成。内框架侧模、芯管和前后端头板组装为一个整体，可整体抽芯和脱膜。

3. 预制混凝土构件的成型

预制混凝土构件常用的成型方法有振动法、挤压法、离心法等。

（1）振动法。用台座法制作构件，使用插入式振动器和表面振动器振捣。加压的方法分为静态加压法和动态加压法。前者用一压板加压，后者是在压板上加设振动器加压。

（2）挤压法。用挤压法连续生产预制混凝土构件有两种切断方法：一种是在混凝土达到可以放松预应力筋的强度时，用钢筋混凝土切割机整体切断；另一种是在混凝土初凝前用灰铲手工操作或用气割法、水冲法把混凝土切断。

（3）离心法。离心法是将装有混凝土的模板放在离心机上，使模板以一定转速绕自身的纵轴旋转，模板内的混凝土由于离心力作用而远离纵轴，均匀分布于模板内壁，并将混凝土中的部分水分挤出，使混凝土密实。

4. 预制混凝土构件的养护

预制混凝土构件的养护方法有自然养护、蒸汽养护、热拌混凝土热模养护、太阳能养护、远红外线养护等。

自然养护成本低，简单易行，但养护时间长，模板周转率低，占用场地大，我国南方地区的台座法生产多用自然养护。

蒸汽养护可缩短养护时间，模板周转率相应提高，占用场地大大减少。蒸汽养护是将构件放置在饱和蒸汽或蒸汽与空气混合物的养护室（或窑）内，在较高温度和湿度的环境中进行养护，以加速混凝土的硬化，使之在较短的时间内达到规定的强度标准值。

5. 预制混凝土构件的成品堆放

混凝土强度达到设计强度后方可起吊。先用撬棍将构件轻轻撬松脱离底模，然后起吊归堆。构件的移运方法和支撑位置，应符合构件的受力情况，防止损伤。构件堆放应符合下列要求。

（1）堆放场地应平整夯实，并有排水措施。

（2）构件应按吊装顺序，以刚度较大的方向为主堆放稳定。

（3）重叠堆放的构件，标志应向外，堆垛高度应按构件强度、地面承载力、垫木强度及堆垛的稳定性确定，各层垫木的位置，应在同一垂直线上。

6. 预制混凝土构件的质量检验

预制混凝土构件，其外观质量、尺寸偏差及结构性能应符合标准图或设计的要求。

预制构件的外观不宜有一般缺陷，对已经出现的一般缺陷，应按技术处理方案进行处理，并重新检查验收。抽样数量为全数检查。

预制构件的尺寸偏差应符合有关规定。抽样数量：同一工作班生产的同类型构件，应抽查5%且不少于3件。预制构件与结构之间的连接应符合设计要求。

预制构件应进行结构性能检验。应按批对生产的构件进行抽检，同一工艺正常生产的不超过1000件且不超过3个月的同类型产品为一批。检验内容包括：对非预应力钢筋混凝土构件和允许出现裂缝的预应力混凝土构件进行承载力、挠度和裂缝宽度检验；对不允许出现裂缝的预应力混凝土构件进行承载力、挠度和抗裂检验；预应力混凝土构件中的非预应力杆件按钢筋混凝土构件的要求进行检验。

4.5.2 装配式混凝土结构安装

1. 吊装机具

1）吊索具

（1）绳索。常用绳索有白棕绳、尼龙绳、钢丝绳。前两者适用于起重量不大的吊装工程或作辅助性绳索，后者强度高、韧性好、耐磨，广泛应用于吊装工程中。

① 白棕绳。白棕绳是将麻纤维经机械加工制成的。白棕绳的强度只有钢丝绳的10%左右，由于强度低、耐久性差，且易磨损，特别是在受潮后其强度会降低50%，因此仅用于手动提升的小型构件（1000kg以下）或作吊装临时牵引控制定位绳。捆绑构件时应用柔软垫片包角保护，以防白棕绳被构件边角磨损。

② 钢丝绳。吊装用钢丝绳多用6股钢丝束和1根浸油麻绳芯组成，其中绳芯用以增加钢丝绳的挠性和弹性，绳芯中的油脂能润滑钢丝绳和防止钢丝生锈。钢丝绳一般分为6×19、6×37、6×61等几种，6×37表示钢丝绳由6股钢丝束组成，每股含37根钢丝，其余类推。每股钢丝束所含的钢丝数越多其直径越小，则越柔软，但不耐磨损。6×19的钢丝绳较硬，宜用于不受弯曲或可能遭到磨损的地方，如作缆风绳和拉索；6×37和6×61的钢丝绳较柔软，可用作穿滑轮组的起重绳和制作捆物体用的千斤绳。

当钢丝绳磨损起刺，在任一截面中检查断丝数达到总丝数的1/6时，则该钢丝绳应作报废处理。经燃烧、通电等发生过高温的钢丝绳，强度削减很大，不宜再用作起重吊装。

使用钢丝绳时应注意：捆绑有棱角的构件，应用木板或草袋等衬垫，避免钢丝绳磨损；起吊前应检查绳扣是否牢固，起吊时如发现打结，要随时捋顺，以免钢丝产生永久性扭弯变形；定期对钢丝绳加润滑油，以减少磨损；存放在仓库里的钢丝绳应成圈排列，避免重叠堆放，库中应保持干燥，防止受潮锈蚀。

（2）滑车及滑车组。滑车又名滑轮或葫芦，分定滑车和动滑车。定滑车安装在固定位置，只起改变绳索方向的作用；动滑车安装在运动的轴上，其吊钩与重物同时变位，起省力作用。定滑车和动滑车联合工作而成为滑车组，普遍用于起重机构中。

（3）链条滑车。链条滑车又称神仙葫芦、倒链、手动葫芦或差动葫芦，由钢链、蜗杆或齿轮传动装置组成，装有自锁装置，能保证所吊物体不会自动下落，工作安全，适用于吊装构件，起重量有1t、2t、3t、5t、7t和10t等，齿轮式链条滑车如图4.59所示。

（4）吊具。在吊装工程中最常用的吊具（图4.60）有吊钩、卸甲、绳卡、绳圈（鸭舌、马眼）等。为便于吊装各种构件，尽量使各种构件受力均匀和保持完好，可自制一些特制吊具，如吊梁（钢扁担）、蝴蝶铰、钢桁架、钢拉杆、钢吊轴等。这些吊具都要进行力学验算和试吊。

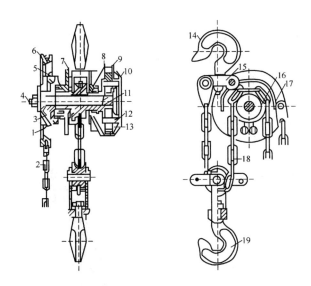

1—摩擦垫圈；2—手链；3—圆盘；4—链轮轴；5—棘轮圈；6—牵引链轮；7—夹板；8—传动轮；
9—齿圈；10—驱动装置；11—齿轮；12—轴心；13—行星齿轮；14—挂钩；15—横梁；
16—起重星轮；17—保险弹簧；18—链条；19—吊钩。

图 4.59 齿轮式链条滑车

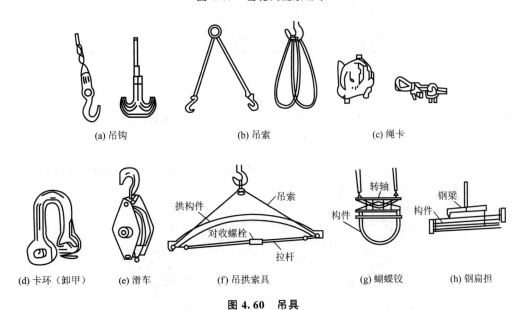

图 4.60 吊具

(5) 卷扬机。卷扬机有手摇式和电动式两种，一般用电动式卷扬机，电动式卷扬机是电动机通过齿轮的传动变速机构来驱动卷筒，并设有磁吸式或手动式的制动装置。卷扬机按拽引速度可分快速卷扬机和慢速卷扬机两种。快速卷扬机拽引速度一般为 30~50m/min，多用于混凝土、钢筋等的吊运；慢速卷扬机拽引速度为 7~15m/min，主要用于设备安装作业。

(6) 锚碇。锚碇又称地锚或地龙，用来固定卷扬机、绞盘、缆风绳等，为起重机构稳定系统中的重要组部分。

2）起重机械

结构吊装中常用的起重机械有自行杆式（履带式、汽车式或轮胎式）起重机、塔式起重机和桅杆式起重机三大类型。前两类已在前面作了介绍，桅杆式起重机是在缺少其他机械的情况下因地制宜，根据施工现场地形、构件形式和重量等条件自制简易的起重机构。

(1) 履带式起重机。履带式起重机是一种具有履带行走装置的全回转起重机，它利用两条面积较大的履带着地行走，由行走装置、回转机构、机身及起重臂等部分组成。履带式起重机如图4.61所示。

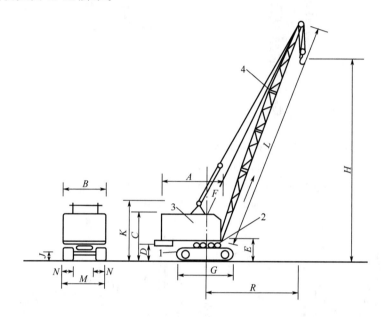

1—行走装置；2—回转机构；3—机身；4—起重臂。

图 4.61 履带式起重机

(2) 汽车式起重机。汽车式起重机是自行杆式起重机，它的起重机构安装在汽车的通用或专用底盘上。汽车式起重机如图4.62所示。

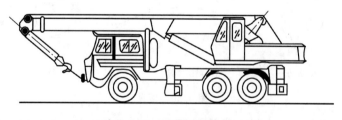

图 4.62 汽车式起重机

(3) 轮胎式起重机。轮胎式起重机是把起重机构安装在由加重型轮胎和轮轴组成的特制底盘上的一种全回转起重机。轮胎式起重机如图4.63所示。

(4) 塔式起重机。塔式起重机有一般式塔式起重机、附着式自升塔式起重机、爬升式塔式起重机等形式。

(5) 桅杆式起重机。建筑工程中常用的桅杆式起重机有独脚拔杆、人字拔杆、悬臂拔杆和牵缆式桅杆起重机等（图4.64）。桅杆式起重机制作简单，装拆方便，起重量较大，受地形限制小，能用于其他起重机械不能安装的一些特殊工程和设备。但这类机械的服务半径小，移动困难，需要较多的缆风绳。

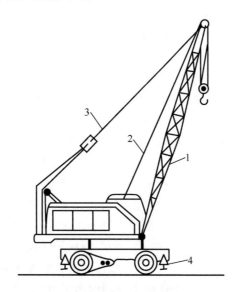

1—起重杆；2—起重索；3—变幅索；4—支腿。

图4.63 轮胎式起重机

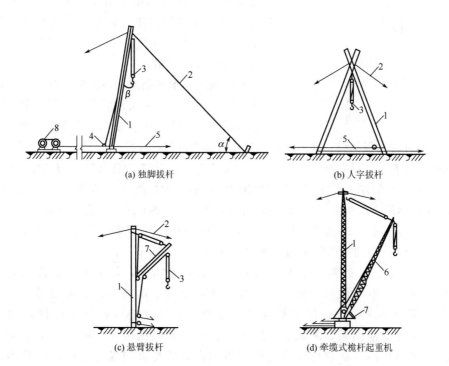

1—拔杆；2—缆风绳；3—起重滑轮组；4—导向装置；5—拉索；6—起重臂；7—回转盘；8—卷扬机。

图4.64 桅杆式起重机

2. 装配式单层工业厂房结构安装

1) 准备工作

厂房构造及吊装

准备工作主要有场地清理，道路修筑，基础准备，构件运输、堆放，构件拼装加固、检查清理、弹线、编号，以及机械、机具的准备工作等。

(1) 构件的检查与清理。

① 检查构件的型号与数量。

② 检查构件的截面尺寸。

③ 检查构件的外观质量（变形、缺陷、损伤等）。

④ 检查构件的混凝土强度。

⑤ 检查预埋件、预留孔的位置及质量等，并做相应的清理工作。

(2) 构件的弹线与编号。

① 柱子要在3个面上弹出安装中心线，所弹中心线的位置应与柱基杯口面上的安装中心线相吻合。此外，在柱顶与牛腿面上还要弹出屋架及吊车梁的安装中心线。图4.65为柱子弹线。

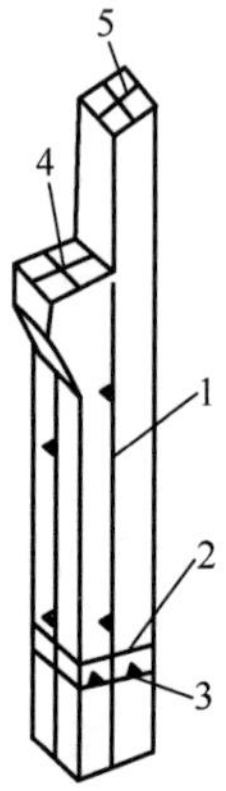

② 屋架上弦顶面应弹出几何中心线，并从跨度中央向两端分别弹出天窗架、屋面板的安装位置线，在屋架的两个端头，弹出屋架的纵横安装中心线。

③ 在梁的两端及顶面弹出安装中心线。在弹线的同时，应按图样对构件进行编号，号码要写在明显部位。不易辨别上下左右的构件，应在构件上标明记号，以免安装时将方向搞错。

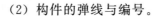

1—柱子中心线；
2—地坪标高线；3—基础顶面线；
4—吊车梁对位线；5—柱顶中心线。

图 4.65 柱子弹线

(3) 混凝土杯形基础的准备工作。检查杯口的尺寸，再在基础顶面弹出十字交叉的安装中心线，用红油漆画上三角形标志。为保证柱子安装之后牛腿面的标高符合设计要求，可在杯内壁测设一水平线，并对杯底标高进行一次抄平与调整，以使柱子安装后其牛腿面标高能符合设计要求。图4.66为基础弹线，图4.67为柱基抄平与调整。柱基调整时先用尺子测出杯底实际标高 H_1（小柱测中间一点，大柱测四个角点）。牛腿面设计标高 H_2 与杯底实际标高 H_1 的差，就是柱脚底面至牛腿面应有的长度 l_1，再与柱实际长度 l_2 相比（其差值就是制作误差），即可算出杯底标高调整值 ΔH，结合柱脚底面平整程度，用水泥砂浆或细石混凝土将杯底垫至所需高度。标高允许偏差为±10mm。

(4) 构件运输。一些质量不大而数量较多的定型构件，如屋面板、连系梁、轻型吊车梁等，宜在预制厂预制，再用汽车将构件运至施工现场。起吊运输时，必须保证构件的强度符合要求，吊点位置符合设计规定；构件支垫的位置要正确，数量要适当，且上下层支垫应在同一垂线上。运输过程中，要确保构件不倾倒、不损坏、不变形。构件的运输顺序、堆放位置应按施工组织设计的要求和规定进行，以免增加构件的二次搬运。

2) 构件的吊装工艺

装配式单层工业厂房的结构安装构件有柱子、吊车梁、基础梁、连系梁、屋架、天窗架、屋面板及支撑等。构件的吊装工艺包括绑扎、吊升、对位、临时固定、校正、最后固定等工序。

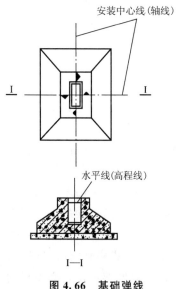

图 4.66 基础弹线

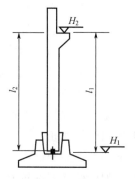

图 4.67 柱基抄平与调整

（1）柱子吊装，分为以下几个步骤。

① 绑扎。柱子的绑扎方法、绑扎位置和绑扎点数，应根据柱子的形状、长度、截面、配筋、起吊方法和起重机性能等确定。常用的绑扎方法是一点绑扎斜吊法［图 4.68(a)］、一点绑扎直吊法［图 4.68(b)］、两点绑扎斜吊法、两点绑扎直吊法。

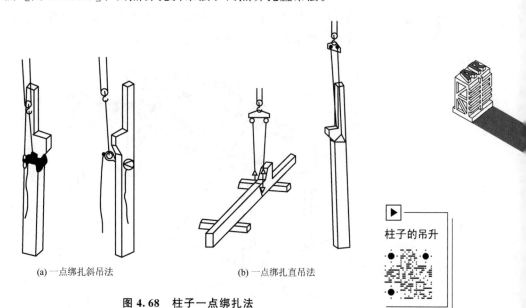

(a) 一点绑扎斜吊法　　　　　(b) 一点绑扎直吊法

图 4.68 柱子一点绑扎法

② 吊升。柱子的吊升方法，应根据柱子的质量、长度、起重机的性能和现场条件而定。单机吊装时，一般有旋转法和滑行法两种起吊方法。

③ 就位和固定。当柱脚插入杯口后,并不立即将柱子降至杯底,而是停在离杯底 30～50mm 处。此时,用 8 只楔块从柱子的四边放入杯口,并用撬棍撬动柱脚,使柱的吊装准线对准杯口上的准线,并使柱子基本保持垂直。对位后,将 8 只楔块略加打紧,放松吊钩,让柱子靠自重下沉至杯底,如准线位置符合要求,立即用大锤将楔块打紧,将柱子临时固定。然后起重机完全放钩,拆除绑扎索具。

柱子的位置经过检查校正后,应立即进行最后固定。固定方法是在柱脚与杯口的空隙中灌注细石混凝土,所用混凝土的强度等级可比原构件混凝土强度等级高一级。混凝土的浇筑分两次进行。第一次浇筑混凝土至楔块下端,当混凝土强度达到 25% 设计强度时,即可拔去楔块,将杯口浇满混凝土并捣实。

(2) 吊车梁安装。吊车梁的安装必须在杯口浇筑的混凝土强度达到 70% 以后进行。吊车梁一般保持水平吊装,当就位后要校正标高、平面位置和垂直度。吊车梁的标高如果误差不大,可在吊装轨道时,在吊车梁上面用水泥砂浆找平。确定吊车梁的平面位置时,可根据吊车梁的定位轴线拉钢丝通线,然后用撬棍分别拨正。吊车梁的垂直度则可在梁的两端支撑面上用斜垫铁纠正。吊车梁校正之后,应立即按设计图样用电焊最后固定。

(3) 屋架安装。屋架多在施工现场平卧浇筑,在屋架吊装前应当将屋架扶直、就位。钢筋混凝土屋架的侧面刚度较差,扶直时极易扭曲,造成屋架损伤,必须特别注意。扶直屋架时起重机的吊钩应对准屋架中心,吊索应左右对称,吊索与水平面的夹角不小于 45°。

屋架起吊后应基本保持平衡,吊至柱顶后,应使屋架的端头轴线与柱顶轴线重合,然后落位并加以临时固定。

第一榀屋架的临时固定必须十分可靠,因为它是单片结构,且第二榀屋架的临时固定还要以第一榀屋架为支撑。第一榀屋架的临时固定,一般是用 4 根缆风绳从两边把屋架拉牢;其他各榀屋架可用工具式支撑固定在前面一榀屋架上,待屋架校正、固定,并安装了若干大型屋面板后才能将支撑取下。图 4.69 为屋架的临时固定。

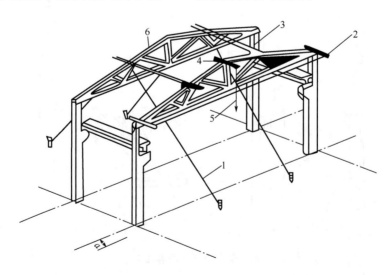

1—缆风绳;2、3—挂线木尺;4—屋架校正器;5—线锤;6—屋架。

图 4.69 屋架的临时固定

(4) 屋面板的安装。屋面板一般埋有吊环，起吊时应使 4 根吊索拉力相等，使屋面板保持水平。屋面板安装时，应自两边檐口左右对称地逐块铺向屋脊，避免屋架只承受半边荷载。屋面板就位后，应立即进行电焊固定。

3. 多层装配式框架结构安装

多层装配式框架结构可分为全装配式框架结构和装配整体式框架结构。

全装配式框架结构是指柱、梁、板等均由装配式构件组成的结构，按其主要传力方向可分为横向承重框架结构和纵向承重框架结构两种。

装配整体式框架结构又称半装配框架体系，其主要特点是柱子现浇，梁、板等构件预制。装配整体式框架结构的施工有以下三种方案。

（1）先现浇每层柱，拆模后再安装预制梁、板，逐层施工。

（2）先支柱模板和安装预制梁，然后浇筑柱子混凝土及梁柱节点处的混凝土，最后安装预制楼板。

（3）先支柱模板、安装预制梁和预制板，然后浇筑柱子混凝土及梁柱节点和梁板节点的混凝土。

多层装配式框架结构安装应注意以下几点。

1) 起重机械的选择

装配式框架结构吊装时，起重机械的选择要根据建筑物的结构形式、高度（构件最大安装高度）、构件质量及吊装工程量等条件决定。

多层装配式框架结构吊装机械常采用塔式起重机、履带式起重机、汽车式起重机、轮胎式起重机等。

高层装配式框架结构宜采用附着式、爬升式塔式起重机吊装。塔式起重机的型号主要根据建筑物的高度及平面尺寸、构件的质量以及现有设备条件来确定。

目前，10 层以下的民用建筑结构安装通常采用 QT1-6 型轨道式塔式起重机。

2) 起重机械的平面布置

起重机械的平面布置方案主要根据房屋形状及平面尺寸、现场环境条件、选用的起重机械性能及构件质量等因素来确定。

一般情况下，起重机械布置在建筑物外侧，有单侧布置及双侧（或环形）布置两种方案。图 4.70 为塔式起重机在建筑外侧布置。房屋宽度较小，构件也较轻时，起重机械可单侧布置。房屋宽度较大或构件较重时，单侧布置的起重力矩不能满足最远构件的吊装要求，起重机械可双侧布置。起重机械可布置在建筑物内侧，其布置方式有跨内单行布置及跨内环形布置两种。图 4.71 为塔式起重机在跨内布置。

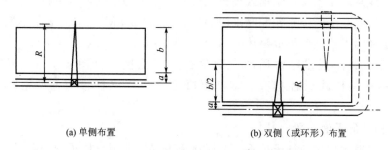

(a) 单侧布置　　　　　(b) 双侧（或环形）布置

图 4.70　塔式起重机在建筑物外侧布置

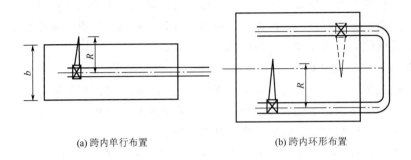

(a) 跨内单行布置　　　　　　(b) 跨内环形布置

图 4.71　塔式起重机在跨内布置

3) 结构吊装方法

常用的结构吊装方法有分件吊装法和综合吊装法。

分件吊装法是起重机械每开行一次吊装一种或两种构件,如先吊装柱,再吊装梁,最后吊装板。分件吊装法又分为分层分段流水作业及分层大流水作业两种。

采用综合吊装法吊装构件时,一般以一个节间或几个节间为一个施工段,以房屋的全高为一个施工层来组织各工序的施工,起重机械把一个施工段的所有构件按设计要求安装至房屋的全高后,再转入下一施工段施工。

4) 构件吊装工艺

多层装配式框架结构的结构形式有梁板式结构和无梁楼盖结构两类。其中,梁板式结构是由柱、主梁、次梁、楼板组成。主梁(框架梁)沿房屋横向布置,与柱组成框架;次梁(纵梁)沿房屋纵向布置,在施工时起纵向稳定作用。多层装配式框架结构柱一般为方形或矩形截面。柱的吊装分为以下几个步骤。

(1) 绑扎。普通单根柱(长 10m 以内)采用一点绑扎直吊法;十字形柱绑扎时,柱起吊后要保持垂直;T 形柱的绑扎方法与十字形柱基本相同。

(2) 起吊。柱的起吊方法与单层工业厂房柱的吊装方法相同,一般采用旋转法。

(3) 柱的临时固定及校正。上节柱吊装在下节柱的柱头上时,视柱的质量不同,采用不同的临时固定和校正方法。

(4) 柱接头施工。柱接头形式如图 4.72 所示,有榫式接头、插入式接头和浆锚式接头三种。

榫式接头是上柱和下柱外露的受力钢筋用剖口焊焊接,配置一定数量的箍筋,最后浇灌接头混凝土后形成整体;插入式接头是将上柱做成榫头,下柱顶部做成杯口,上柱插入杯口后用水泥砂浆灌注填实;浆锚式接头是将上柱伸出的钢筋插入下柱的预留孔中,然后用浇筑柱子所用混凝土的配合比配制水泥砂浆,或用 42.5MPa 水泥配制不低于 M30 的水泥砂浆,灌缝锚固上柱钢筋形成整体。

梁柱接头的做法很多,常用的有明牛腿式刚性接头(图 4.73)、齿槽式梁柱接头、钢筋混凝土整体式梁柱接头、钢筋混凝土暗牛腿梁柱接头、型钢暗牛腿梁柱接头等。

5) 预制构件的平面布置

多层装配式框架结构的柱子较重,一般在施工现场预制。柱子预制阶段的平面布置有平行布置、垂直布置、斜向布置等几种方式。其布置原则与单层工业厂房构件的布置原则基本相同。其他构件的平面布置与柱子相同。

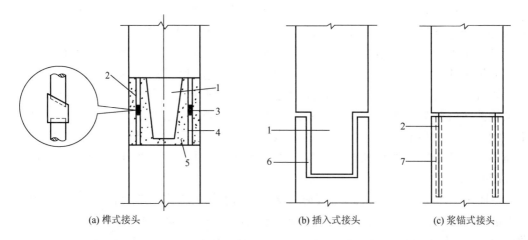

(a) 榫式接头　　　　(b) 插入式接头　　　　(c) 浆锚式接头

1—榫头；2—上柱外伸钢筋；3—剖口焊；4—下柱外伸钢筋；
5—后浇接头混凝土；6—下柱杯口；7—下柱预留孔。

图 4.72　柱接头形式

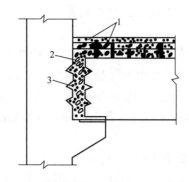

1—剖口焊；2—后浇细石混凝土；3—齿槽。

图 4.73　明牛腿式刚性接头

课题 4.6　钢筋混凝土工程冬期和雨期施工

4.6.1　钢筋混凝土工程冬期施工

1. 钢筋工程

在负温条件下钢筋的力学性能会发生变化，屈服点和抗拉强度增加，而伸长率及抗冲击韧性降低，脆性增加，钢筋的这种特性称为冷脆性。

冬期施工时，焊接应尽量在室内进行，焊接工作间应保暖，使焊接接头温度不会突然下降。若在负温时采用闪光对焊，宜选用预热闪光对焊或闪光—预热—闪光对焊的工艺；变压器级数应降低1~2级；闪光前可将钢筋多次接触，使钢筋温度上升；烧化过程中期的速度应适当减慢；预热时的接触压力适当提高，预热间歇时间适当增长。使用电弧焊时，应先从接头中部引弧，再向两端运弧；焊缝可采用分层控温施焊；焊接时电流应略微增大，焊接速度适当减慢。所有焊接接头，焊完后可放在炉灰渣中让其缓慢降温，不得立即拿到室外降温。在室外的焊接，则必须使环境温度不低于－20℃，同时应有挡风、防雨雪的措施；焊后的接头严禁立刻碰到冰雪。室外竖向钢筋使用气压焊时，要增长预热时间，压接后要小火加热2~3min，使接头慢慢由红变成暗灰色。

冬期在室外使用竖向电渣压力焊时，要适当调整焊接参数，如应根据钢筋直径和环境温度选择电流大小，与常温相比应适当增大电流，并应适当增加通电时间。焊接后，接头的药盒要比常温时延长2min左右再拆，接头处的焊渣壳，应延长5min后再去渣，施工时应进行检查，并按规定进行取样送检。

2. 混凝土工程

现浇混凝土在养护初期若遭受冻结，当气温恢复到0℃以上后，即使养护到一定龄期，也不能达到其设计强度，这就是混凝土的早期冻害。混凝土的早期冻害是由于混凝土内部的水结冰所致。

混凝土允许受冻而不致使其各项性能遭到损害的最低强度称为混凝土的受冻临界强度。我国现行规范规定，冬期浇筑的混凝土抗压强度，在受冻前，硅酸盐水泥或普通硅酸盐水泥配制的混凝土不得低于其设计强度标准值的30%；矿渣水泥配制的混凝土不得低于其设计强度标准值的40%。掺防冻剂的混凝土，温度降低到防冻剂规定温度以下时，混凝土的强度不得低于3.5MPa。

防止混凝土早期冻害的措施有下面两项。

(1) 早期增强，主要提高混凝土早期强度，使其尽快达到混凝土受冻临界强度。

(2) 改善混凝土内部结构，如增加混凝土的密实度、掺用外加剂等。

在一般情况下，混凝土冬期施工要求正温浇筑、正温养护。对原材料的加热，以及混凝土的搅拌、运输、浇筑和养护进行热工计算，并据此施工。混凝土冬期施工的工艺要求如下。

(1) 对材料和材料加热的要求如下。

① 冬期施工中配制混凝土用的水泥，应优先选用活性高、水化热大的硅酸盐水泥和普通硅酸盐水泥，不宜用火山灰质硅酸盐水泥和粉煤灰硅酸盐水泥。蒸汽养护时用的水泥品种应经试验确定。水泥的强度等级不应低于42.5，最小水泥用量不宜少于300kg/m，水灰比不应大于0.6。水泥不得直接加热，使用前1~2d运入暖棚存放，暖棚温度宜在5℃以上。因为水的比热容是砂石骨料的5倍左右，所以冬期拌制混凝土时应先采用加热水的方法，但加热温度不得超过有关规定。

② 骨料要求提前清洗和储备，做到骨料清洁，无冻块和冰雪。冬期骨料所用储备场地应选择地势较高不积水的地方。冬期施工拌制混凝土的砂石温度要符合热工计算需要的温度。骨料加热的方法有将骨料放在铁板上面，底下燃烧直接加热；或者通过

蒸汽管、电热线加热；等等。但不得用火焰直接加热骨料。加热的方法可因地制宜，但以蒸汽加热法为宜，其优点是加热温度均匀，热效率高；缺点是骨料中的含水量增加。

③ 原材料不论用何种方法加热，在设计加热设备时，必须先求出每天的最大用料量和要求达到的温度，根据原材料的初温和比热容，求出需要的总热量，同时考虑加热过程中的热量的损失。根据所求总热量，决定热源的种类、规模和数量。

④ 钢筋冷拉可在负温下进行，但温度不得低于－20℃。如采用控制应力的方法时，冷拉控制应力较常温下提高30MPa；采用控制冷拉率的方法时，冷拉率与常温相同。钢筋的焊接可在室内进行。如必须在室外焊接，其最低温度不低于－20℃，且应有防雪和防风措施。钢焊接的接头严禁立即碰到冰雪，避免造成冷脆现象。

（2）混凝土的搅拌、运输和浇筑的要求如下。

① 混凝土不宜露天搅拌，应尽量搭设暖棚，优先选用大容量的搅拌机，以减少混凝土的热量损失。搅拌前，用热水或蒸汽冲洗搅拌机。混凝土的拌和时间比常温规定时间延长50%。由于水泥和80℃左右的水搅拌会发生骤凝现象，所以材料投放时，应先将水和砂石投入搅拌，然后加入水泥。若能保证热水不和水泥直接接触，水可以加热到100℃。

② 混凝土的运输时间和距离应保证混凝土不离析、不丧失塑性。采取的措施主要为减少运输时间和距离；使用大容积的运输工具并加以适当的保温。

③ 混凝土在浇筑前，应清除模板和钢筋上的积雪和污垢，尽量加快混凝土的浇筑速度，防止热量散失过多。混凝土拌合物的出机温度不宜低于10℃，入模温度不得低于5℃。采用加热养护时，混凝土养护前的温度不低于2℃。

④ 在施工操作上要加强混凝土的振捣，尽可能提高混凝土的密实程度。冬期振捣混凝土要采用机械振捣，振捣时间应比常温时有所增加。

⑤ 加热养护整体式结构时，施工缝的位置应设置在温度应力较小处。加热温度超过40℃时，由于温度高，势必在结构内部产生温度应力，因此，在施工之前应征求设计单位的意见，在跨内适当位置设置施工缝。留施工缝处，在水泥终凝后立即用304～506kPa的气流吹除结合面的污水和松动石子。继续浇筑时，为使新旧混凝土牢固结合，不产生裂缝，要对旧混凝土表面进行加热，使其温度和新浇筑混凝土入模温度相同。

⑥ 为了保证现浇筑混凝土与钢筋的可靠黏结，当气温在－15℃以下时，直径大于25mm的钢筋和预埋件，可喷热风加热至5℃，并清除钢筋上的污土和锈渣。

⑦ 冬期不得在强冻胀性地基上浇筑混凝土。这种土冻胀变形大，如果在上面浇筑，必然引起混凝土的冻害及变形。在弱冻胀性地基上浇筑时，地基应进行保温。

混凝土冬期施工常用的施工方法有蓄热法、掺外加剂法、外部加热法以及综合蓄热法。在选择施工方法时，要根据工程特点，首先，保证混凝土尽快达到受冻临界强度，避免遭受冻害；其次，承重结构的混凝土要迅速达到出模强度，保证模板周转。

（1）蓄热法。蓄热法就是利用对混凝土组成材料（水、砂、石）预加的热量和水泥水化热，再加以适当的覆盖保温，从而保证混凝土能够在正温下达到规范要求的受冻临界强度。

用蓄热法施工时,最好使用活性高、水化热大的硅酸盐水泥和普通硅酸盐水泥。当室外最低温度不低于−15℃时,对于表面系数(结构冷却的表面积与结构体积之比)不大于$15m^{-1}$的结构,应优先采用蓄热法养护。蓄热法适用于气温不太寒冷的地区或是初冬和冬末季节。当混凝土拆模时所需强度较小,或室外温度高、风力小,或水泥强度等级高、水泥发热量大,也可优先考虑蓄热法。

由于蓄热法施工简单,冬期施工费用低廉,较易保证质量,所以在实际操作中应用广泛,但是需注意蓄热法施工前应进行热工计算。

(2)综合蓄热法。综合蓄热法是在蓄热法的基础上,充分利用水泥的水化热和掺加相应的外加剂或者进行短时加热等综合措施,创造加速混凝土硬化的条件,使混凝土在浇筑温度降低到冰点之前尽快达到受冻临界强度。

综合蓄热法一般分为低蓄热养护和高蓄热养护两种。低蓄热养护主要以使用早强水泥或掺加负温外加剂等冷操作方法为主,使混凝土在冷却至冰点前达到受冻临界强度。这两种方法的选择取决于施工条件和气温条件。一般日平均气温不低于−15℃、表面系数为$6\sim12m^{-1}$且选用高效保温材料时,宜采用低蓄热养护;当日平均气温低于−15℃、表面系数大于$13m^{-1}$时,宜采用短时加热的高蓄热养护。

(3)掺外加剂法。掺外加剂法是指在冬期施工的混凝土中加入一定剂量的外加剂,以降低混凝土中的液相冰点,保证水泥在负温环境下能继续水化,从而使混凝土在负温下能达到受冻临界强度。掺外加剂法常与蓄热法一起应用,以充分利用混凝土的初始热量及水泥在水化过程中所释放出来的热量,加快混凝土强度的增长。

4.6.2　钢筋混凝土工程雨期施工

钢筋混凝土工程雨期施工应注意以下事项。

(1)模板隔离层在涂刷前要及时掌握天气预报,以防隔离层被雨水冲掉。

(2)遇到大雨应停止浇筑混凝土,已浇部位应加以覆盖。现浇混凝土应根据结构情况,多考虑几道施工缝的留设位置。

(3)雨期施工时,应加强对混凝土粗细骨料含水量的测定,及时调整用水量。

(4)大面积的混凝土浇筑前,要了解2~3d的天气预报,尽量避开大雨。混凝土浇筑现场要预备大量防雨材料,以备浇筑时突然遇雨能及时进行覆盖。

(5)模板支撑下回填要夯实,并加好垫板,雨后及时检查有无下沉。

拓展案例4

(6)构件堆放地点要平整坚实,周围要做好排水工作,严禁构件堆放区积水、浸泡,防止泥土沾到预埋件上。

(7)塔式起重机路基,必须高出自然地面15cm,严禁雨水浸泡路基。

(8)雨后吊装时,要先做试吊,将构件吊至1m左右,往返上下数次稳定后再进行吊装工作。

单元小结

本单元包括模板工程施工、钢筋工程施工、现浇钢筋混凝土结构施工、预应力混凝土工程施工、装配式钢筋混凝土工程施工、钢筋混凝土工程的冬期和雨期施工等方面内容。

模板工程施工、钢筋工程施工、现浇钢筋混凝土结构施工内容包括：模板的作用、分类、组成、构造、安装要求及模板拆除；钢筋验收与存放，常用钢筋加工机械，钢筋连接方法与规定，钢筋配料与代换计算，钢筋的加工、绑扎与安装，施工质量检查验收方法；混凝土制备、运输、浇筑、养护、施工质量的验收与评定方法，混凝土结构工程的质量问题及防治措施，施工的安全技术。

预应力混凝土工程施工主要介绍了预应力混凝土的分类、特点，预应力筋的种类及特性。关于先张法，重点介绍了张拉设备、台座、夹具和张拉工艺；关于后张法，重点介绍了张拉设备、锚具、预应力筋的制作及张拉工艺；无黏结预应力筋的制作、铺放、张拉等内容。无黏结预应力混凝土是近几年发展的新技术，并广泛应用于高层建筑和较大跨度施工中。

装配式钢筋混凝土工程施工包括预制混凝土构件施工和装配式混凝土结构安装。预制混凝土构件施工主要介绍了预制混凝土构件施工的模板、成型方法、养护方法；装配式混凝土结构安装主要介绍了卷扬机、钢丝绳、锚碇等的规格和使用注意事项以及单层工业厂房和多层装配式框架结构安装；应熟悉各种起重机械的特点、工作性能与适用性，掌握柱、梁、板等几种基本构件的吊装工艺和结构安装方案。装配式结构各类构件的吊装工艺一般包括绑扎、吊升、临时固定、校正和最后固定几个步骤，但不同的构件具体的工艺也有所不同，主要是构件的几何形状、起吊安装高度、固定方式等都有区别，因此，应熟悉不同的构件的吊装方法。装配式结构安装工程的特点：构件重，操作面小，高空作业多，机械化程度高，可多工程上下交叉作业等。但是，如果措施不当，也极易发生安全事故。因此，在组织施工时，要重视这些特点，采取相应的安全措施。

推荐阅读资料

1. 《建筑工程施工质量验收统一标准》（GB 50300—2013）
2. 《混凝土结构工程施工质量验收规范》（GB 50204—2015）

拓展讨论

党的二十大报告提出，建成世界最大的高速铁路网、高速公路网，机场港口、水利、能源、信息等基础设施建设取得重大成就。

钢筋混凝土结构是各种基础设施建设的常用结构形式，结合本章内容，举例说明钢筋混凝土结构在高速公路网、高速铁路网、机场港口等基础设施中的应用。

习 题

一、简答题

1. 定型组合钢模板由哪几部分组成？
2. 模板安装的程序是怎样的？包括哪些内容？
3. 模板在安装过程中，应注意哪些事项？
4. 模板拆除时要注意哪些内容？
5. 钢筋下料长度应考虑哪些内容？
6. 钢筋为什么要调直？钢筋调直应符合哪些要求？机械调直可采用哪些机械？
7. 钢筋切断有哪几种方法？
8. 钢筋弯曲成型有哪几种方法？
9. 钢筋的接头连接分为哪几类？
10. 钢筋焊接有哪几种形式？
11. 钢筋的搭接有哪些要求？
12. 钢筋的现场绑扎的基本程序有哪些？
13. 钢筋安装质量控制的基本内容有哪些？
14. 混凝土工程施工缝的处理要求有哪些？
15. 混凝土浇筑前应对模板、钢筋及预埋件进行哪些检查？
16. 搅拌机使用前的检查项目有哪些？
17. 普通混凝土投料要求有哪些？
18. 混凝土搅拌质量如何进行外观检查？
19. 混凝土在运输过程中应满足哪些基本要求？
20. 混凝土的水平运输方式有哪些？
21. 混凝土的垂直运输方式有哪些？
22. 铺料方法有哪些？
23. 如何使用振捣器平仓？
24. 振捣器使用前的检查项目有哪些？
25. 振捣器如何进行操作？
26. 混凝土浇筑后为何要进行养护？
27. 预制混凝土构件的预制方法有哪些？
28. 预制混凝土构件的养护要求有哪些？
29. 预制混凝土构件成品堆放应符合哪些要求？
30. 如何对预制混凝土构件质量进行检验？
31. 试述先张法预应力混凝土构件的生产流程。
32. 先张法预应力混凝土构件生产的夹具有哪些？
33. 先张法预应力混凝土构件生产的张拉设备有哪些？
34. 先张法预应力混凝土构件生产的张拉控制应力和张拉程序有哪些要求？

35. 先张法预应力筋（丝）如何铺设？
36. 先张法预应力筋如何张拉？
37. 先张法预应力筋如何放张？
38. 后张法预应力混凝土构件生产的夹具有哪些？
39. 后张法预应力混凝土构件生产的张拉控制应力和张拉程序有哪些要求？
40. 后张法预应力筋的下料长度如何计算？
41. 后张法预应力施工孔道如何留设？
42. 试述无黏结预应力混凝土施工方法。
43. 常用吊索具有哪些？
44. 装配式单层工业厂房结构安装准备工作有哪些？
45. 装配式单层工业厂房吊车梁如何吊装？
46. 装配式单层工业厂房屋架如何吊装？
47. 装配式单层工业厂房屋面板如何吊装？
48. 多层装配式框架结构吊装方案有哪些？
49. 装配式框架结构吊装时，如何选择起重机械？
50. 装配式框架结构吊装时，起重机械如何布置？
51. 装配式框架结构吊装时，如何吊装构件？

二、计算题

1. 钢筋配料计算。一钢筋混凝土梁，高500mm，宽250mm，长4800mm，保护层厚度为25mm，梁内钢筋的规格及形状如图4.74所示。试计算每根钢筋的下料长度。

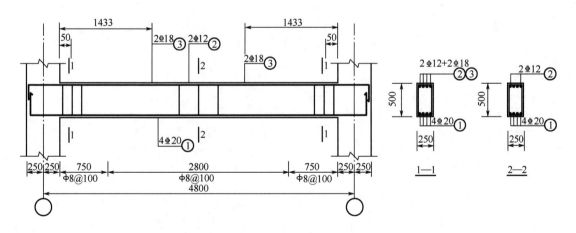

图4.74 梁内钢筋的规格及形状

2. 已知C20混凝土的试验室配合比为1∶2.52∶4.24，水灰比为0.50，经测定砂的含水率为2.5%，石子的含水率为1%，混凝土的水泥用量为340kg/m³，则施工配合比为多少？工地采用JZ350型搅拌机搅拌混凝土，出料容量为0.35m³，则每搅拌一次的装料数量为多少？

3. 某高层建筑承台板长×宽×高为60m×15m×1m，混凝土强度等级为C30，用强度等级为 42.5 的普通硅酸盐水泥，水泥用量为 386kg/m³，试验室配合比为 1∶2.18∶3.82，水灰比为 0.40，若现场砂的含水率为 1.5%，石子的含水率为 1%，试确定各种材料的用量。

4. 一高层建筑基础底板长×宽×高分别为 60m×20m×2.5m，要求连续浇筑混凝土，现场混凝土最大供应量为 60m³/h，若混凝土运输时间为 1.5h，掺用缓凝剂后混凝土初凝时间为 4.5h，每个浇筑层厚度为 300mm。

（1）试确定混凝土浇筑方案（若采用斜面分层方案，要求斜面坡度不小于 1∶6）。

（2）求每小时混凝土的浇筑量。

（3）求完成浇筑任务所需的时间。

单元 5　钢结构工程施工

思维导图

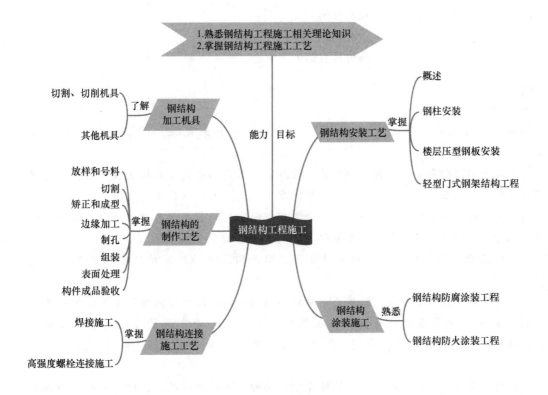

引 例

国家体育场（又称为"鸟巢"）是第29届夏季奥林匹克运动会的主会场，位于北京奥林匹克公园内、北京城市中轴线北端。建筑面积25.8ha，用地面积20.4万ha。

"鸟巢"的主体结构由巨大的门式钢桁架组成，共有24根桁架柱，建筑顶面呈鞍形，长轴为332.3m，短轴为296.4m，最高点高度为68.5m，最低点高度为42.8m。大跨度屋盖支撑在24根桁架柱之上，柱距为37.96m。主桁架围绕屋盖中间的开口呈放射形布置，有22榀主桁架直通或接近直通。为了避免出现过于复杂的节点，少量主桁架在内环附近截断。钢结构大量采用由钢板焊接而成的箱形构件，交叉布置的主桁架与屋面及立面的次结构一起形成了"鸟巢"的特殊建筑造型。

整个体育场结构的组件相互支撑，形成网格状的构架，外观看上去就仿若树枝织成的鸟巢，其灰色矿质般的钢网被透明的膜材料覆盖，其中包含着一个土红色的碗状体育场看台。在这里，中国传统文化中镂空的手法、陶瓷的纹路、红色的灿烂与热烈，与现代最先进的钢结构设计完美地相融在一起。

思考：（1）钢材是如何加工成构件的？

（2）单个构件是如何吊装的？

（3）单个构件之间是如何连接的？

知识点

钢结构厂房是很多现行厂房所采用的结构。其特点是施工方便、速度快、自重小。

由于政府部门的引导和支持，钢结构作为绿色环保产品得到公认和发展。其特点是建筑钢材强度高，塑性、韧性好，适用于建造跨度大、高度高、承载重的结构。

（1）塑性好。钢结构在一般条件下不会因超载而突然断裂，只会增大变形，故易于被发现。此外，尚能将局部最大应力重分配，使应力变化趋于平缓。

（2）韧性好。钢结构适宜在动力荷载下工作，因此在易地震地区采用钢结构较为有利。

（3）质量轻。钢材密度大，强度高，做成的结构却比较轻。以同样跨度承受同样的荷载，钢屋架的质量最多为钢筋混凝土屋架的1/4～1/3，冷弯薄壁型钢屋架甚至接近1/10，质量轻，可减轻基础的负荷，降低地基、基础部分的造价，同时还方便运输和吊装。

（4）材质均匀。力学计算假定比较符合钢结构的实际受力情况，在计算中采用的经验公式不多，从而计算上的不定性较小，计算结果比较可靠。

（5）制作简便，施工周期短。钢结构构件一般是在金属结构厂制作的，施工机械化、准确度和精密皆较高，加工简易而迅速。钢结构构件较轻，连接简单，安装方便，施工周期短。轻型钢结构尚可在现场制作，吊装简易。钢结构由于连接的特性，易于加固、改建和拆迁。

（6）密闭性好。钢结构的钢材连接（如焊接）的水密性和气密性较好，适宜于密闭的板壳结构,如高压容器、油库、气柜、管道等。

(7) 耐腐蚀性差,对涂装要求高。钢材容易锈蚀,对钢结构必须注意防护,特别是薄壁构件要注意,钢结构涂装工艺要求高,在涂油漆以前应彻底除锈,油漆质量和涂层厚度均应符合要求。

钢结构工程施工包括钢构件的场内制作,钢结构的吊装、安装,钢结构的涂装等。钢结构施工难度大,施工质量要求高,因此施工前应针对钢结构工程的施工特点,制定合理的施工方案。

课题5.1 钢结构加工机具

5.1.1 切割、切削机具

钢结构加工中的切割、切削机具主要有以下几种。

(1) 半自动切割机。它由可可调速的电动机拖动,沿着轨道可作直线运行或圆运动。

(2) 风动砂轮机。风动砂轮机以压缩空气为动力,携带方便,使用安全可靠,因而得到广泛的应用。

(3) 电动砂轮机。电动砂轮机为常见金属刃磨工具,主要由罩壳、砂轮、长端盖、电动机、开关和把手组成。

(4) 风铲。风铲属风动冲击工具,与风镐相似,具有结构简单、效率高、体积小、质量轻等特点。

(5) 砂轮锯。砂轮锯又名砂轮切割机,为金属材料切割设备。其由切割动力头、可转夹钳、中心调整机构及底座等部分组成。

(6) 龙门剪板机。龙门剪板机是板材剪切中应用较广的设备,具有剪切速度快、精度高、使用方便等特点。为防止剪切时钢板移动,床面有压料及栅板装置;为控制剪料的尺寸,前后设有可调节的定位挡板等装置。

(7) 联合冲剪机。联合冲剪机集冲压、剪切、剪断等功能于一体。型钢剪切头配合相应模具,可以剪断各种型钢;冲头部位配合相应模具,可以完成冲孔、落料等冲压工序;剪切部位可直接剪断扁钢和条状板材料。

(8) 锉刀。锉刀分为普通锉、特种锉和整形锉三种。

(9) 凿子。凿子主要用于凿削剔除毛坯件表面多余的金属、毛刺、分割材料,切坡口及其他不便于机械加工的场合。

(10) 型锤。

5.1.2 其他机具

钢结构加工中的其他机具主要包括钢尺、游标卡尺、卡钳、画针、画规、样冲、手锯、自动气体切割机、等离子切割机、铣边机、矫正机、数据冲床、冲剪机等。

课题 5.2　钢结构的制作工艺

5.2.1　放样和号料

1. 放样工作内容

放样是钢结构制作工艺中的第一道工序，只有放样尺寸准确，才能避免以后各道加工工序的积累误差，才能保证整个工程的质量。

放样的内容包括核对图样的安装尺寸和孔距；以 1∶1 的大样放出节点；核对各部分的尺寸；制作样板和样杆作为下料、弯制、铣、刨、制孔等加工的依据。

放样时以 1∶1 的比例在放样台上利用几何作图方法放出大样。放样检查无误后，用铁皮或塑料板制作样板，用木杆、钢皮或扁铁制作样杆。样板、样杆上应注明工号、图号、零件号、数量及加工边、坡口部位、弯折线和弯折方向、孔径和滚圆半径等。然后用样板、样杆进行号料，样板和样杆如图 5.1 所示。样板、样杆应妥善保存，直至下料结束。

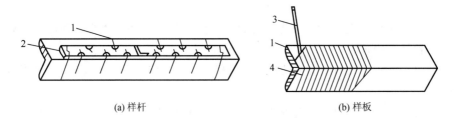

(a) 样杆　　(b) 样板

1—角钢；2—样杆；3—画针；4—样板。

图 5.1　样板和样杆

2. 号料工作的内容

号料的工作内容包括：检查核对材料；在材料上画出切割、铣、刨、弯曲、钻孔等的加工位置；打冲孔；标出零件编号；等等。

钢材如有较大弯曲应先矫正，根据配料表和样板进行套裁，尽可能节约材料。当工艺有规定时，应按规定的方向进行取料，号料应有利于切割和保证零件质量。

3. 放样和号料用工具

放样和号料用工具及设备有画针、冲子、手锤、粉线、弯尺、直尺、钢卷尺、剪刀、小型剪板机、折弯机。

钢结构制作、安装、验收及土建施工用的量具，必须用同一标准进行鉴定，且应具有相同的精度要求。

4. 放样号料应注意的问题

(1) 放样时，铣、刨的工作要考虑加工余量，焊接构件要按工艺要求留出焊接收缩量，高层钢结构的框架柱应预留弹性压缩量。

(2) 号料时要根据切割方法留出适当的切割余量。

(3) 如果图样要求桁架起拱,放样时上、下弦杆应同时起拱,起拱后垂直杆的方向仍然垂直于水平线,而不与下弦杆垂直。

(4) 样板、号料的允许偏差要满足要求。

5.2.2 切割

钢材下料切割方法有剪切、冲切、锯切、气割等。施工中采用哪种方法应该根据具体要求和实际条件选用。切割后钢材不得有分层,断面上不得有裂纹,应清除切口处的毛刺或熔渣和飞溅物。气割和机械切割的允许偏差应符合规定。

1. 气割

气割主要以氧气与燃料燃烧时产生的高温来熔化钢材,并借喷射压力将溶渣吹去,造成割缝,达到切割金属的目的。氧气与各种燃料燃烧时的火焰温度在2000~3200℃,远远高于铁的熔点,所以气割能切割各种厚度的钢材,设备灵活,费用经济,切割精度也高,是目前广泛使用的切割方法。气割按切割设备分类可分为手工气割、半自动气割、仿形气割、多头气割、数控气割和光电跟踪气割等。其中,手工气割的操作要点主要有以下几点。

(1) 首先点燃割炬,随即调整火焰。

(2) 开始切割时,打开氧气阀门,观察切割氧流线的形状,若为笔直而清晰的圆柱体,并有适当的长度即可正常切割。

(3) 切割过程中嘴头产生鸣爆并发生回火现象,可能因嘴头过热或堵住,或燃料供应不及时,此时需马上处理。

(4) 临近终点时,嘴头应向前进的反方向倾斜,以利于钢板的下部提前割透,使收尾时割缝整齐。

(5) 当切割结束时应迅速关闭氧气阀门,并将割炬抬起,再关闭燃料阀门,最后关闭预热氧阀门。

2. 机械切割

(1) 带锯机床。带锯机床适用于切断型钢及型钢构件,其效率高,切割精度高。

(2) 砂轮锯。砂轮锯适用于切割薄壁型钢及小型钢管,其切口光滑、生刺较薄且易清除,但噪声大、粉尘多。

(3) 无齿锯。无齿锯依靠高速摩擦而使工件熔化,形成切口,适用于精度要求较低的构件。其切割速度快,噪声大。

(4) 剪板机、型钢冲剪机。其适用于切割薄钢板、压型钢板等,具有切割速度快、切口整齐、效率高等特点,但是其对刀片要求较高,刀片必须锋利,剪切时要注意调整刀片间隙。

3. 等离子切割

等离子切割适用于切割不锈钢、铝、铜及其合金等,在一些尖端技术上应用广泛。其具有切割温度高、冲刷力大、切割边质量好、变形小、可以切割任何高熔点金属等特点。

5.2.3 矫正和成型

1. 矫正

在钢结构制作过程中,原材料变形、切割变形、焊接变形、运输变形等变形经常影响构件的制作及安装。矫正就是要造成新的变形去抵消已经发生的变形。

型钢的矫正分机械矫正、手工矫正、火焰矫正等。型钢机械矫正是在矫正机上进行的,在使用时要根据矫正机的技术性能和实际使用情况对矫正机进行选择。手工矫正多数用在小规格的型钢上,依靠锤击力进行矫正。火焰矫正是在构件局部用火焰加热,利用金属热胀冷缩的物理性能,冷却时产生很大的冷缩应力来矫正变形。

型钢矫正前首先要确定弯曲点的位置,这是矫正工作不可缺少的步骤。目测法是常用的找弯方法,确定型钢的弯曲点时应注意型钢自重下沉产生的弯曲,对于较长的型钢要放在水平面上,用拉线法测量。型钢矫正后的允许偏差见表 5-1。

表 5-1 型钢矫正后的允许偏差

项次	偏差名称	示意图	允许偏差
1	钢板、扁钢的局部挠曲矢高 f		在 1m 范围内:$d>14$,$f\leqslant 1.0$;$d\leqslant 14$,$f\leqslant 1.5$
2	角钢、工字钢、槽钢挠曲矢高 f	—	长度的 1/1000,但不大于 5mm
3	角钢肢的垂直度 Δ		$\Delta\leqslant b/100$,但双肢铆接连接时角钢的角度不得大于 90°
4	翼缘对腹板的垂直度 槽钢		$\Delta\leqslant b/80$(槽钢)
	工字钢、H 形钢		$\Delta\leqslant b/100$,且不大于 2.0(工字钢、H 形钢)

2. 弯曲成型

型钢弯曲的工艺方法有滚圆机滚弯、压力机压弯,还有顶弯、拉弯等。在正式弯曲成型前应先按型材的截面形状、材质规格及弯曲半径制作相应的胎模,经试弯符合要求后方准加工。钢结构零件、部件在矫正和弯曲时,最小弯曲半径和最大弯曲矢高应符合验收规范要求。

1）钢板卷曲

钢板卷曲一般是通过旋转辊轴对板料进行连续三点弯曲形成的。当制件曲率半径较大时，可在常温状态下卷曲；如曲率半径较小或钢板较厚时，需对钢板加热后再进行卷曲。钢板卷曲按其卷曲类型可分为单曲率卷制和双曲率卷制。单曲率卷制包括对圆柱面、圆锥面和任意柱面的卷制，其操作简便，较常用，如图 5.2 所示。双曲率卷制可实现球面、双曲面的卷制，其制作工艺较复杂。钢板卷曲工艺一般包括预弯、对中和卷曲三个过程。

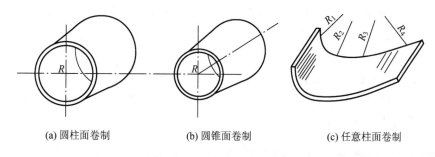

(a) 圆柱面卷制　　(b) 圆锥面卷制　　(c) 任意柱面卷制

图 5.2　单曲率卷制钢板

2）型材弯曲

型材弯曲包括型钢的弯曲和钢管的弯曲两种。

5.2.4　边缘加工

在钢结构制造中，经过切割或气割过的钢板边缘，其内部结构会发生硬化和变态。为了保证桥梁或重型吊车梁等重型构件的质量，需要对边缘进行再加工。此外，为了保证焊缝质量，考虑到装配的准确性，切割时要将钢板边缘刨成或铲成坡口，气割时往往要将边缘刨直或铣平。

一般需要作边缘加工的部位包括吊车梁翼缘板、支座支撑面等具有工艺性要求的加工面；设计图样中有技术要求的焊接坡口；尺寸精度要求严格的加劲板、隔板、腹板及有孔眼的节点板；等等。常用的边缘加工方法有铲边、刨边、铣边和切割等。

5.2.5　制孔

高强度螺栓的采用，使孔加工在钢结构制造中占有很大比重，在精度上要求也越来越高。

1. 制孔的质量

（1）精制螺栓孔。精制螺栓孔（A、B 级螺栓孔——Ⅰ类孔）的直径应与螺栓公称直径相等，孔应具有 H12 的精度，孔壁表面粗糙度 $R_a \leqslant 12.5 \mu m$。其孔径允许偏差应符合规定。

（2）普通螺栓孔。普通螺栓孔（C 级螺栓孔——Ⅱ类孔）包括高强度螺栓（大六角头螺栓、扭剪型螺栓等)、普通螺钉、半圆头铆钉等的孔。其孔直径应比螺栓杆、钉杆的公称直径大 1.0～3.0mm，孔壁粗糙度 $R_a \leqslant 25\mu m$。孔的允许偏差应符合要求。

(3) 孔距。螺栓孔孔距的允许偏差应符合规定。如果超过偏差，应采用与母材材质相匹配的焊条补焊后重新制孔。

2. 制孔的方法

钢材的制孔通常有钻孔和冲孔两种方法。钻孔是钢结构制作中普遍采用的方法。冲孔是用冲孔设备的冲裁力产生的孔，孔壁质量差，在钢结构制作中已较少采用。

钻孔有人工钻孔和机床钻孔两种。人工钻孔多用于直径较小、材料较薄的孔；机床钻孔施钻方便快捷，精度高。

除了钻孔，还有扩孔、锪孔、铰孔等孔加工类型。扩孔是将已有孔眼扩大到需要的直径，锪孔是在已钻好孔的上表面加工成一定形状的孔，铰孔是将已经粗加工的孔进行精加工以提高孔的光洁度和精度。

5.2.6 组装

组装也称装配、组拼，是把加工好的零件按照施工图的要求拼装成单个构件。钢构件的大小应根据运输道路、现场条件、运输和安装单位的机械设备能力与结构受力的允许条件等来确定。

1. 一般要求

(1) 钢构件组装应在平台上进行，平台应测平。用于装配的组装架及胎模要牢固地固定在平台上。

(2) 组装工作开始前要编制组装顺序表，组拼时严格按照组装顺序表所规定的顺序进行。

(3) 组装时，要根据零件加工编号，严格检验核对其材质、外形尺寸，毛刺飞边要清除干净，对称零件要注意方向，避免错装。

(4) 对于尺寸较大、形状较复杂的构件，应先分成几个部分组装成简单组件，再逐渐拼成整个构件，并注意先组装内部组件，再组装外部组件。

(5) 组装好的构件或结构单元，应按图样的规定对构件进行编号，并标注构件的质量、重心位置、定位中心线、标高基准线等。构件编号位置要在明显易查处，大构件要在 3 个面上都编号。

2. 焊接连接的构件组装

(1) 根据图纸尺寸，在平台上画出构件的位置线，焊上组装架及胎模夹具。

(2) 每个构件的主要零件位置调整好并检查合格后，把全部零件组装上并进行点焊，使之定形。

(3) 为了减少焊接变形，应该选择合理的焊接顺序，如对称法、分段逆向焊接法、跳焊法等。

5.2.7 表面处理

1. 高强度螺栓摩擦面的处理

采用高强度螺栓连接时，应对构件摩擦面进行加工处理，摩擦面处理后的抗滑移系数必须符合设计文件的要求。

摩擦面的处理方法一般有喷砂、酸洗、砂轮打磨等几种，其中喷砂处理过的摩擦面的抗滑移系数值较高，离散率较小。处理好的摩擦面严禁有飞边、毛刺、焊疤和污损等，不得涂油漆，在运输过程中应防止摩擦面损伤。

构件出厂前应按批检验试件抗滑移系数，试件的处理方法应与构件相同，检验的最小数值应符合设计要求，并附3组试件，供安装时复验抗滑移系数。

2. 构件成品的防腐涂装

钢结构构件在加工验收合格后，应进行防腐涂料涂装。但构件焊缝连接处、高强度螺栓摩擦面处不能做防腐涂装，应在现场安装完后，再补刷防腐涂料。

5.2.8 构件成品验收

钢结构构件制作完成后，应根据《钢结构工程施工质量验收标准》（GB 50205—2020）及其他相关规范、规程的规定进行成品验收。钢结构构件加工制作质量验收，可按相应的钢结构制作工程或钢结构安装工程检验批的划分原则划分为一个或若干个检验批进行。

构件出厂时，应提交产品质量证明（构件合格证）和下列技术文件。

（1）钢结构施工详图，设计更改文件，制作过程中的技术协商文件。
（2）钢材、焊接材料及高强度螺栓的质量证明书，以及必要的试验报告。
（3）钢零件及钢部件加工质量检验记录。
（4）高强度螺栓连接质量检验记录，包括构件摩擦面处抗滑移系数的试验报告。
（5）焊接质量检验记录。
（6）构件组装质量检验记录。

课题5.3 钢结构连接施工工艺

5.3.1 焊接施工

1. 焊接方法选择

焊接是钢结构的主要的连接方法之一，常用焊接方法有电弧焊、电渣焊等，其中使用最广泛的是电弧焊。在电弧焊中又以手工焊、埋弧自动焊、半自动焊与CO_2气体保护焊为主。焊接的类型、特点和适用范围见表5-2。

表 5-2 焊接的类型、特点和适用范围

类型		特点	适用范围
电弧焊	手工焊 交流焊机	利用焊条与焊件之间产生的电弧热焊接，设备简单，操作灵活，可进行各种位置的焊接，是建筑工地应用最广泛的焊接方法	焊接普通钢结构
	手工焊 直流焊机	焊接技术与交流焊机相同，成本比交流焊机高，但焊接时电弧稳定	焊接要求较高的钢结构
	埋弧自动焊	利用埋在焊剂层下的电弧热焊接，效率高，质量好，操作技术要求低，劳动条件好，是大型构件制作中应用最广的高效焊接方法	焊接长度较大的对接、贴角焊缝，一般是有规律的直焊缝
	半自动焊	与埋弧自动焊基本相同，操作灵活，但使用不够方便	焊接较短的或弯曲的对接、贴角焊缝
	CO_2气体保护焊	用 CO_2 或惰性气体保护的实心焊丝或药芯焊接，设备简单，操作简便，焊接效率高，质量好	用于构件的长焊缝的自动焊
	电渣焊	利用电流通过液态熔渣所产生的电阻热焊接，能焊大厚度焊缝	用于箱形梁及柱隔板与面板全焊透连接

2. 焊接工艺要点

（1）焊接工艺设计。确定焊接方式、焊接参数及焊条、焊丝、焊剂的规格型号等。

（2）焊条烘烤。焊条和粉芯焊丝使用前必须按质量要求进行烘焙，低氢型焊条经过烘焙后，应放在保温箱内随用随取。

（3）定位点焊。焊接结构在拼接、组装时要确定零件的准确位置，要先进行定位点焊。定位点焊的位置应尽量避开构件的端部、边角等应力集中的地方。

（4）焊前预热。预热可降低热影响区的冷却速度，防止焊接延迟裂纹的产生。预热区在焊缝两侧，每侧宽度均应大于焊件厚度的 1.5 倍以上，且不应小于 100mm。

钢结构焊接

（5）焊接顺序确定。一般从焊件的中心开始向四周扩展；先焊收缩量大的焊缝，后焊收缩量小的焊缝；尽量对称施焊；焊缝相交时，先焊纵向焊缝，待冷却至常温后，再焊横向焊缝；钢板较厚时要分层施焊。

（6）焊后热处理。焊后热处理主要是对焊缝进行脱氢处理，以防止冷裂纹的产生。焊后热处理应在焊后立即进行，保温时间应根据板厚按每 25mm 板厚保温 1h 确定。

5.3.2 高强度螺栓连接施工

高强度螺栓连接是目前与焊接并举的钢结构的主要连接方法之一。其特点是施工方便、可拆可换、传力均匀、接头刚性好、承载能力大、疲劳强度高、螺母不易松动、结构安全可靠。高强度螺栓从外形上可分为大六角头高强度螺栓（即扭矩形高强度螺栓）和扭剪型高强度螺栓两种。高强度螺栓和与之配套的螺母、垫圈总称为高强度螺栓连接副。

1. 一般要求

（1）高强度螺栓使用前，应按有关规定对高强度螺栓的各项性能进行检验。运输过程中应轻装轻卸，防止损坏。当出现包装破损、螺栓有污染等异常现象时，应用煤油清洗，并按高强度螺栓验收规程进行复验，经复验扭矩系数合格后方能使用。

（2）工地储存高强度螺栓时，应放在干燥、通风、防雨、防潮的仓库内，并且不得沾染脏物。

（3）安装时，应按当天需用量领取，当天没有用完的螺栓，必须装回容器内，妥善保管，不得乱扔、乱放。

（4）安装高强度螺栓时接头摩擦面上不允许有毛刺、铁屑、油污、焊接飞溅物。摩擦面应干燥，没有结露、积霜、积雪，并且不得在雨天进行安装。

（5）使用定扭矩扳手紧固高强度螺栓时，每天都应对定扭矩扳手进行校核，合格后方能使用。

2. 安装工艺

（1）一个接头上的高强度螺栓连接，应从螺栓群中部开始安装，向四周扩展，逐个拧紧。对于扭矩型高强度螺栓的初拧、复拧、终拧，每完成一次应涂上相应的颜色或标记，以防漏拧。

（2）接头如有高强度螺栓连接又有焊接连接时，宜按先栓后焊的方式施工，先终拧完高强度螺栓后再焊接焊缝。

（3）高强度螺栓应自由穿入螺栓孔内，当板层发生错孔时，允许用铰刀扩孔。扩孔时，铁屑不得掉入板层间。扩孔数量不得超过一个接头螺栓的1/3，扩孔后的孔径不应大于 $1.2d$（d 为螺栓直径）。严禁使用气割进行高强度螺栓孔的扩孔。

（4）一个接头由多个高强度螺栓穿入时，螺栓方向应一致。垫圈有倒角的一侧应朝向螺栓头和螺母，螺母有圆台的一面应朝向垫圈，螺母和垫圈不应装反。

（5）高强度螺栓连接副在终拧以后，螺栓螺纹外露应为2～3扣，在全部的螺栓中允许有10%的螺栓螺纹外露1扣或4扣。

3. 紧固方法

1）大六角头高强度螺栓紧固

大六角头高强度螺栓紧固一般采用扭矩法和转角法。

（1）扭矩法。扭矩法要使用可直接显示扭矩值的专用扳手，分初拧和终拧两次拧紧。初拧扭矩为终拧扭矩的60%～80%，其目的是通过初拧，使接头各层钢板达到充分密贴，通过终拧把螺栓拧紧。

（2）转角法。转角法是在构件紧密接触后，根据螺母的旋转角度与螺栓的预拉力成正比的关系确定的一种方法。操作时分初拧和终拧两次施拧。初拧可用短扳手将螺母拧至构件靠拢，并做标记。终拧用长扳手将螺母从标记位置拧至规定的终拧位置。转动角度的大小在施工前由试验确定。

2）扭剪型高强度螺栓紧固

扭剪型高强度螺栓有一特制尾部，采用带有两个套筒的专用电动扳手紧固。紧固时用专用电动扳手的两个套筒分别套住螺母和螺栓尾部的梅花头，接通电源后，两个套筒按反向旋转，拧断尾部后即达相应的扭矩值。一般用定扭矩扳手初拧，用专用电动扳手终拧。

课题5.4 钢结构安装工艺

5.4.1 概述

钢结构安装前应进行图纸会审，对施工的场地条件、钢构件核查等相关作业条件进行准备，以便钢结构施工安装工作的顺利开展。

钢结构安装施工中除了起重设备外，还需采用校正构件安装偏差的千斤顶、用于垂直及水平运输的卷扬机、用于固定缆风绳的地锚、用于起吊轻型构件的倒链等设备。

1. 钢结构工程安装方法

钢结构工程安装方法有分件安装法、节间安装法和综合安装法三种。

1）分件安装法

分件安装法是指起重机在节间内每开行一次仅安装一种或两种构件。例如，起重机第一次开行中先吊装全部柱子，并进行校正和最后固定。然后依次吊装地梁、柱间支撑、墙梁、吊车梁、托架（托梁）、屋架、天窗架、屋面支撑和墙板等构件，直至整个建筑物吊装完成。有时屋面板的吊装也可在屋面上单独用桅杆或屋面小吊车来进行。

分件安装法的优点是起重机在每次开行中仅吊装一类构件，吊装内容单一，准备工作简单，校正方便，吊装效率高；有充分时间进行校正；构件可分类在现场顺序预制、排放，场外构件可按先后顺序组织供应；构件预制吊装、运输、排放条件好，易于布置；可选用起重量较小的起重机械，可利用改变起重臂杆长度的方法，分别满足各类构件吊装重量和起升高度的要求。其缺点是起重机开行频繁，机械台班费用增加；起重机开行路线长；起重臂长度改变需一定的时间；不能按节间吊装，不能为后续工程及早提供工作面，阻碍了工序的穿插；相对的吊装工期较长；屋面板吊装有时需要有辅助机械设备。

分件安装法适用于一般中小型厂房的吊装。

2）节间安装法

节间安装法是指起重机在厂房内一次开行中，分节间依次安装所有各类型构件，即先吊装一个节间柱子，并立即加以校正和最后固定，然后接着吊装地梁、柱间支撑、墙梁（连续梁）、吊车梁、走道板、柱头系统、托架（托梁）、屋架、天窗架、屋面支撑、屋面板和墙板等构件。一个（或几个）节间的全部构件吊装完毕后，起重机行进至下一个（或几个）节间，再进行下一个（或几个）节间全部构件的吊装，直至吊装完成。

节间安装法的优点是起重机开行路线短，起重机停机点少，停机一次可以完成一个（或几个）节间全部构件的安装工作，可为后期工程及早提供工作面，可组织交叉平行流水作业，缩短工期；构件制作和吊装误差能及时发现并纠正；吊装完一节间，校正固定一节间，结构整体稳定性好，有利于保证工程质量。其缺点是需用起重量大的起重机同时吊装各类构件，不能充分发挥起重机效率，无法组织单一构件连续作业；各类构件需交叉配合，场地构件堆放拥挤，吊具、索具更换频繁，准备工作复杂；校正工作零碎，困难；柱子固定时间较长，难以组织连续作业，使吊装时间延长，降低吊装效率；操作面窄，易发生安全事故。

节间安装法适用于采用回转式桅杆进行吊装，或特殊要求的结构（如门式框架）或某种原因局部特殊施工（如急需施工地下设施）时采用。

3）综合安装法

综合安装法是将全部或一个区段的柱头以下部分的构件用分件安装法吊装，即柱子吊装完毕并校正固定，再按顺序吊装地梁、柱间支撑、吊车梁、走道板、墙梁、托架（托梁），接着按节间安装法综合吊装屋架、天窗架、屋面支撑和屋面板等屋面结构构件。整个吊装过程可按三次流水进行，根据结构特性有时也可采用两次流水，即先吊装柱子，然后分节间吊装其他构件。吊装时通常采用两台起重机，一台起重量大的起重机用来吊装柱子、吊车梁、托架和屋面结构系统等，另一台用来吊装柱间支撑、走道板、地梁、墙梁等构件并承担构件卸车和就位排放工作。

综合安装法结合了分件安装法和节间安装法的优点，能最大限度地发挥起重机的能力和效率，缩短工期，是广泛采用的一种安装方法。

2. 钢结构工程安装工艺顺序及流水段划分

钢结构工程安装顺序是先吊装竖向构件，后安装平面构件。竖向构件安装顺序为柱—连系梁—柱间支撑—吊车梁—托架等。单种构件安装形成流水作业，既能保证体系纵列形成排架，稳定性好，又能提高生产效率。平面构件安装顺序主要以形成空间结构稳定体系为原则，其工艺流程图如图5.3所示。

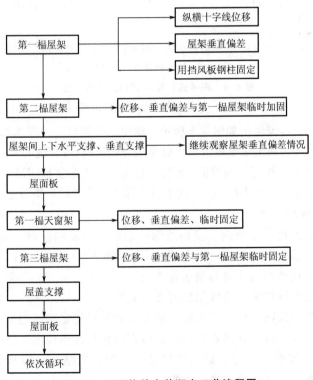

图5.3 平面构件安装顺序工艺流程图

平面流水段的划分应考虑钢结构在安装过程中的对称性和稳定性，立面流水以一节钢柱为单元，首先完成以主梁或钢支撑框架的安装，其次是其他构件的安装。可以采用由一端向另一端进行的吊装顺序，既有利于安装期间结构的稳定，又有利于设备安装单位的进场施工。

履带式起重机跨内综合安装法如图 5.4 所示，图中是按照吊装两层装配式框架结构的顺序来进行吊装的。起重机Ⅰ先安装 CD 跨间第 1~2 节间柱 1~4、梁 5~8 形成框架后，再吊装楼板 9，接着吊装第二层梁 10~13 和楼板 14，完成后起重机后退，依次同样顺序吊装第 2~3 节间、第 3~4 节间各层构件；起重机Ⅱ安装 AB 跨、BC 跨柱、梁和楼板，顺序与起重机Ⅰ相同。

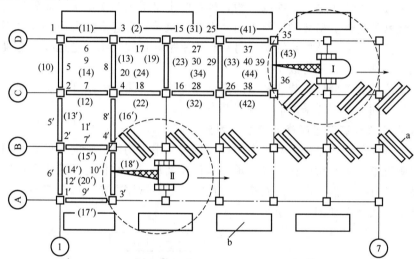

a—预制柱堆放场地；b—梁和楼板堆放场地；1~44—起重机Ⅰ的吊装顺序；
1'~20'—起重机Ⅱ的吊装顺序。

图 5.4　履带式起重机跨内综合安装法

注：带（ ）的为第 2 层梁板的吊装顺序。

塔式起重机跨外分件安装法如图 5.5 所示，图中是按照分层分段流水吊装四层框架的顺序来进行吊装的，划分为四个吊装段进行。起重机先吊装第Ⅰ吊装段的第一层柱 1~12，再吊装梁 15~28，形成框架；接着吊装第Ⅱ吊装段的柱、梁，再吊装Ⅰ、Ⅱ吊装段的楼板；接着进行第Ⅲ、Ⅳ吊装段吊装，顺序同前。第一施工层全部吊装完成后，接着进行上层吊装。

3. 钢构件的运输和摆放

（1）钢构件的运输可采用公路、铁路或海路运输。运输构件时，应根据构件的长度、质量、断面形状、运输形式的要求选用合理的运输方式。

（2）大型或重型构件的运输宜编制运输方案。

（3）构件的运输顺序应满足构件吊装进度计划要求。

（4）钢构件的包装应满足构件不失散、不变形和装运稳定牢固的要求。

（5）构件装卸时，应按设计吊点起吊，并应有防止构件损伤的措施。

（6）钢构件中转堆放场，应根据构件尺寸、外形、质量、运输与装卸机械、场地条件，绘制平面布置图，并尽量减少搬运次数。

（7）构件堆放场地应平整、坚实、排水良好。

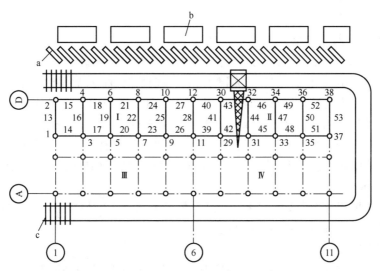

a—预制柱堆放场地；b—梁和楼板堆放场地；c—塔式起重机轨道；
Ⅰ～Ⅳ—吊装段编号；1～53—构件吊装顺序。

图 5.5　塔式起重机跨外分件安装法

(8) 构件应按种类、型号、安装顺序分区堆放。
(9) 构件堆放应确保不变形、不损坏、有足够的稳定性。
(10) 构件叠放时，其支点应在同一直线上，叠放层数不宜过高。

5.4.2　钢柱安装

1. 首节钢柱的安装与校正

安装前，应对建筑物的定位轴线、首节柱的安装位置、基础的标高和基础混凝土的强度进行复检，合格后才能进行安装。

1）柱顶标高调整

根据钢柱实际长度和柱底平整度，利用柱子底板下地脚螺栓上的调整螺母调整柱底标高（图5.6），以精确控制柱顶标高。

2）纵横十字线对正

首节钢柱在起重机吊钩不脱钩的情况下，利用制作时在钢柱上画出的中心线与基础顶面十字线对正就位。

3）垂直度调整

用两台呈90°的经纬仪投点，采用缆风法校正。在校正过程中不断调整柱底板下螺母，校正完毕后将柱底板上面的两个螺母拧上，缆风绳松开，使柱身呈自由状态，再用经纬仪复核。如有小偏差，微调下螺母，无误后将上螺母拧紧。柱底板与基础面间预留的空隙，用无

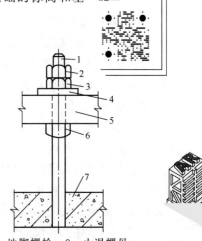

1—地脚螺栓；2—止退螺母；
3—紧固螺母；4—螺母垫圈；
5—柱子底板；6—调整螺母；
7—钢筋混凝土基础。

图 5.6　采用调整螺母调整柱底标高

收缩砂浆以捻浆法垫实。

2. 上节钢柱安装与校正

上节钢柱安装时，利用柱身中心线就位，为使上下柱不出现错口，应尽量做到上、下柱定位轴线重合。上节钢柱就位后，按照先调整标高，再调整位移，最后调整垂直度的顺序校正。

校正时，可采用缆风校正法或无缆风校正法。目前多采用无缆风校正法，如图5.7所示，即利用塔式起重机、钢楔、垫板、撬棍及千斤顶等工具，在钢柱呈自由状态下进行校正。此法施工简单、校正速度快、易于吊装就位和确保安装精度。为适应无缆风校正法，应特别注意钢柱节点临时连接耳板的构造。上下耳板的间隙宜为15～20mm，以便插入钢楔。

1）标高调整

钢柱一般采用相对标高安装、设计标高复核的方法。正常情况下，标高偏差调整至零。若钢柱制造误差超过5mm，则应分次调整。

2）位移调整

钢柱定位轴线应从地面控制轴线直接引上，不得从下层柱的轴线引上。

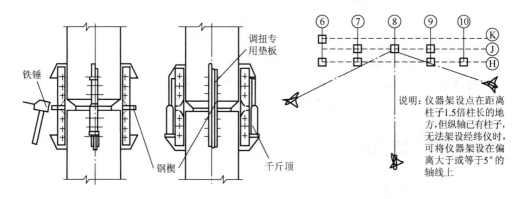

图 5.7 无缆风校正法

3）垂直度调整

用两台经纬仪在相互垂直的位置投点，进行垂直度观测。

注意：为达到调整标高和垂直度的目的，临时接头上的螺栓孔应比螺栓直径大4.0mm。由于钢柱制造允许误差一般为$-1\sim+5$mm，螺栓孔扩大后能有足够的余量将钢柱校正准确。

3. 钢梁的安装与校正

（1）钢梁安装时，同一列柱，应先从中间跨开始对称地向两端扩展。同一跨钢梁，应先安装上层梁再安装中下层梁。

（2）在安装和校正柱与柱之间的主梁时，可先把柱子撑开，跟踪测量、校正，预留接头焊接收缩量。柱之间的内力，在焊接完毕焊缝收缩后也就消失了。

（3）一节柱的各层梁安装好后，应先焊上层主梁后焊下层主梁，以使框架稳固，便于施工。一节柱（3层）的竖向焊接顺序是：上层主梁→下层主梁→中层主梁→上柱与下柱焊接。

每天安装的构件，应形成空间稳定体系，确保安装质量和结构安全。

5.4.3 楼层压型钢板安装

多、高层钢结构楼板，一般采用压型钢板与混凝土叠合层组合而成。柱的各层梁安装校正后，应立即安装本节柱范围内的各层楼梯，并铺好各层楼面的压型钢板，进行混凝土叠合层施工。楼层压型钢板安装工艺流程是：弹线→清板→吊运→布板→切割→压合→侧焊→端焊→封堵→验收→栓钉焊接。

压型钢板安装铺设内容如下。

（1）在铺板区弹出钢梁的中心线。主梁的中心线是铺设压型钢板固定位置的控制线，并决定压型钢板与钢梁熔透焊接的焊点位置，次梁的中心线决定熔透焊栓钉的焊接位置。

（2）将压型钢板分层分区按料单清理、编号，并运至施工指定部位。

（3）用专用软吊索吊运。吊运时，应保证压型钢板板材整体不变形、局部不卷边。

（4）按设计要求铺设。压型钢板铺设应平整、顺直、波纹对正，设置位置正确；压型钢板与钢梁的锚固支承长度应符合设计要求，且不应小于 50mm。

压型钢板

（5）采用等离子切割机或剪板钳裁剪边角。裁减放线时，富余量应控制在 5mm 范围内。

（6）压型钢板固定。压型钢板与压型钢板侧板间连接采用咬口钳压合，使单片压型钢板连成整板，然后用点焊将整板侧边及两端头与钢梁固定，最后采用栓钉固定。为了浇筑混凝土时不漏浆，端部肋应做封端处理。

5.4.4 轻型门式刚架结构工程

门式刚架结构是大跨度建筑常用的结构形式之一。轻型门式刚架结构是指主要承重结构采用实腹门式刚架，具有轻型屋盖和轻型外墙的单层房屋钢结构。

1. 钢柱的安装

轻型门式刚架钢柱的安装顺序是：吊装单根钢柱→柱标高调整→纵横十字线位移→垂直度校正。

钢柱一般采用一点起吊，吊耳放在柱顶处。为防止钢柱变形，也可两点或三点起吊。对于大跨度轻型门式刚架变截面 H 形钢柱，由于柱根小、柱顶大，头重脚轻，且重心是偏心的，因此安装固定后，为防止倾倒需加临时支撑。

2. 刚架斜梁的拼接与安装

轻型门式刚架斜梁的特点是跨度大（构件长）、侧向刚度小，为确保安装质量和安全施工，提高生产效率，减小劳动强度，应根据场地和起重设备条件，最大限度地将拼装工作在地面完成。

刚架斜梁一般采用立放拼装，拼装程序是：将要拼接的单元放在拼装平台上→找平→拉通线→安装普通螺栓定位→安装高强度螺栓→复核尺寸。刚架斜梁拼接示意图如图 5.8 所示。

斜梁的起吊应选好吊点，大跨度斜梁的吊点须经计算确定。斜梁可选用单机两点或三点、四点起吊，或用横吊梁减小索具对斜梁产生的压力。对于侧向刚度小、腹板宽厚比大

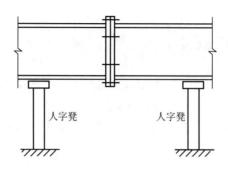

图 5.8　刚架斜梁拼接示意图

的斜梁，为防止构件扭曲和损坏，应采取多点起吊及双机抬升。

应用案例 5-1

某机库 72m 长刚架主梁吊装示意图如图 5.9 所示。刚架主梁采用了如下吊装方案：在有支撑的跨间，将两榀梁都在地面拼装成 36m 长的半跨刚性单元（两半榀梁立放拼装，所有高强度螺栓终拧，除吊点处檩条外所有檩条和跨间支撑均安装到位），由两台起重机通过横吊梁吊起两个左半榀梁，使其与各自轴线柱连接后，2 号起重机将两个左半榀梁空中定位，1 号起重机摘钩后与 3 号起重机吊起两个右半榀梁，使其与各自轴线柱对接，最后对接中间节点，形成整体刚架。

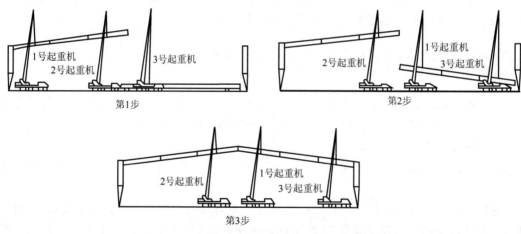

图 5.9　刚架主梁吊装示意图

3. 檩条和墙梁的安装

轻型门式刚架结构的檩条和墙梁，一般采用卷边槽钢、Z 形冷弯薄壁型钢或高频焊接轻型 H 形钢。檩条和墙梁通常与焊接在刚架斜梁和柱上的角钢支托连接。檩条和墙梁端部与支托的连接螺栓不应少于两个。

4. 彩钢夹芯板围护结构安装

轻型门式刚架结构中，目前主要采用彩钢夹芯板（也称彩钢保温板）作围护结构。彩钢夹芯板按功能不同分为屋面夹芯板和墙面夹芯板。屋面夹芯板和墙面夹芯板的边缘部位，要设置彩钢配件用来防风雨和装饰建筑外形。屋面配件有屋脊件、封檐件、山墙封边件、高低跨泛水件、天窗泛水件、屋面洞口泛水件等；墙面配件有转角件、板底泛水件、板顶封边件、门窗洞口包边件等。彩钢夹芯板安装方法如下。

（1）实测安装板材的长度，按实测长度核对对应板号的板材长度，必要时对该板材进行剪裁。

（2）将提升到屋面的板材按排板起始线放置，并使板材的板宽度标志线对准排板起始线，在板长方向两端排出设计要求的构造长度。板材安装示意图如图5.10所示。

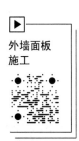

外墙面板施工

（3）用紧固件紧固板材两端，然后安装第二块板。其安装顺序为先自左（右）至右（左），后自上而下。

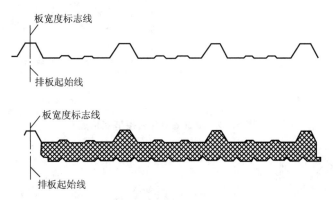

图5.10 板材安装示意图

（4）安装到下一放线标志点处时，复查本标志段内板材安装的偏差，满足要求后进行全面紧固。紧固自攻螺钉时应掌握紧固的程度，紧固过度会使密封垫圈上翻，甚至将板面压得下凹而积水；紧固不够会使密封不到位而出现漏雨。

（5）安装完后的屋面应及时检查有无遗漏紧固点。

（6）屋面板的纵、横向搭接，应按设计要求铺设密封条和密封胶，并在搭接处用自攻螺钉或带密封胶的拉铆钉连接，紧固件应设在密封条处。纵向搭接（板短边之间的搭接）时，可将彩钢夹芯板的底板在搭接处切掉搭接长度，并除去该部分的芯材。屋面板纵、横向连接节点构造如图5.11和图5.12所示。

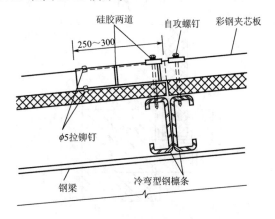

图5.11 屋面板纵向连接节点构造

（7）墙面板安装。彩钢夹芯板用于墙面时多为平板，一般采用横向布置。横向布置墙面板水平缝与竖缝节点如图 5.13 所示。墙面板底部表面应低于室内地坪 30～50mm，且应在底面抹灰找平后安装，墙面基底构造如图 5.14 所示。

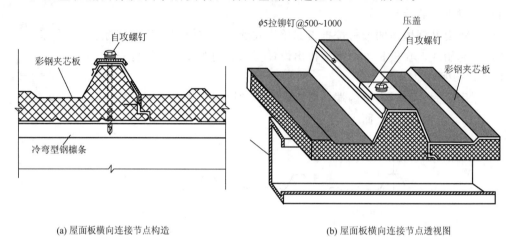

(a) 屋面板横向连接节点构造　　　　　(b) 屋面板横向连接节点透视图

图 5.12　屋面板横向搭接节点构造

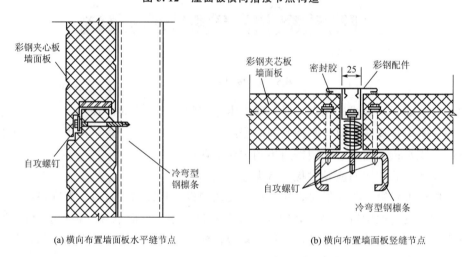

(a) 横向布置墙面板水平缝节点　　　　(b) 横向布置墙面板竖缝节点

图 5.13　横向布置墙面板水平缝与竖缝节点

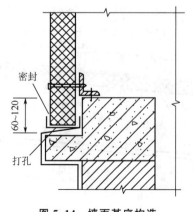

图 5.14　墙面基底构造

屋面外板施工

课题5.5 钢结构涂装施工

钢结构在常温大气环境中安装、使用，易被空气中水分、氧气和其他污染物腐蚀。钢结构的腐蚀不仅造成经济损失，还直接影响到结构安全。另外，钢材导热快、比热容小，虽是一种不燃烧材料，但极不耐火。未加防火处理的钢结构构件在火灾温度下，温度上升很快，只需十几分钟，钢材温度就可达540℃以上，此时钢材的力学性能（如屈服点、抗拉强度、弹性模量及载荷能力等）都将急剧下降。达到600℃时，强度则近于零，钢构件将不可避免地产生扭曲变形，最终导致整个结构的垮塌毁坏。

因此，根据钢结构所处的环境及工作性能采取相应的防腐与防火措施，是钢结构设计与施工的重要内容。目前国内外主要采用涂料涂装的方法进行钢结构的防腐与防火。

5.5.1 钢结构防腐涂装工程

1. 钢材表面除锈等级与除锈方法

钢结构构件制作完毕，经质量检验合格后应进行防腐涂料涂装。涂装前钢材表面应进行除锈处理，以提高底漆的附着力，保证涂层质量。除锈处理后，钢材表面不应有焊渣、焊疤、灰尘、油污、水和毛刺等。

《钢结构工程施工质量验收标准》（GB 50205—2020）规定，钢材表面的除锈方法和除锈等级应与设计文件采用的涂料相适应。当设计无要求时，钢材表面最低的除锈等级应符合表5-3。

表5-3 各种底漆或防锈漆要求最低的除锈等级

涂料品种	除锈等级
油性酚醛、醇酸等底漆或防锈漆	St3
高氯化聚乙烯、氯化橡胶、氯磺化聚乙烯、环氧树脂、聚氨酯等底漆或防锈漆	Sa2½
无机富锌、有机硅、过氯乙烯等底漆	Sa2½

目前国内各大中型钢结构加工企业一般都具备喷射、抛射除锈的能力，所以应将喷射、抛射除锈作为首选的除锈方法，而手工和电动工具除锈仅作为喷射、拖射除锈的补充手段。随着科学技术的不断发展，不少喷射、抛射除锈设备已采用微机控制，具有较高的自动化水平，并配有除尘器，消除粉尘污染。

2. 钢结构防腐涂料

钢结构防腐涂料是一种胶体溶液，涂敷在钢材表面，结成一层薄膜，使钢材与外界腐蚀介质隔绝。涂料分底漆和面漆两种。

底漆是直接涂在钢材表面上的漆，其含粉料多，基料少，成膜粗糙，与钢材表面黏结力强，与面漆结合性好。

面漆是涂在底漆上的漆，其含粉料少，基料多，成膜后有光泽，主要功能是保护下层底漆。面漆对大气和湿气有高度的不渗透性，并能抵抗腐蚀介质、阳光紫外线所引起的风化分解。

钢结构的防腐涂层，可由几层不同的涂料组合而成。涂料的层数和总厚度是根据使用条件来确定的，一般室内钢结构要求涂层总厚度为 $125\mu m$，即底漆和面漆各两道。高层建筑钢结构一般处在室内环境中，而且要喷涂防火涂层，所以通常只刷两道防锈底漆。

3. 防腐涂装方法

钢结构喷涂

钢结构防腐涂装，常用的施工方法有刷涂法和喷涂法两种。

（1）刷涂法。刷涂法应用较广泛，适宜于油性基料刷涂。因为油性基料虽干燥得慢，但渗透性大、流平性好，不论面积大小，刷起来都会平滑流畅。一些形状复杂的构件，使用刷涂法也比较方便。

（2）喷涂法。喷涂法施工工作效率高，适合于大面积施工，对于快干和挥发性强的涂料尤为适合。喷涂的漆膜较薄，为了达到设计要求的厚度，有时需要增加喷涂的次数。喷涂施工比刷涂施工涂料损耗大，一般要增加20%左右。

5.5.2　钢结构防火涂装工程

钢结构防火涂料能够起到防火作用，主要有三个方面的原因：一是涂层对钢材起屏蔽作用，隔离了火焰，使钢构件不至于直接暴露在火焰或高温之中；二是涂层吸热后，部分物质分解出水蒸气或其他不燃气体，起到消耗热量、降低火焰温度和燃烧速度、稀释氧气的作用；三是涂层本身多孔轻质或受热膨胀后形成炭化泡沫层，热导率均在 $0.233W/(m·K)$ 以下，阻止了热量迅速向钢材传递，推迟了钢材受热升温到极限温度的时间，从而提高了钢结构的耐火极限。

1. 厚涂型防火涂料涂装

1）施工方法与机具

厚涂型防火涂料一般采用喷涂施工，局部修补可采用抹灰刀等工具手工抹涂。

2）涂料的搅拌与配置

（1）由工厂制造好的单组分湿涂料，现场应采用便携式搅拌器搅拌均匀。

（2）由工厂提供的干粉料，现场加水或用其他稀释剂调配，应按涂料说明书规定配比混合搅拌，边配边用。

（3）由工厂提供的双组分涂料，应按配制涂料说明书规定的配比混合搅拌，边配边用。特别是化学固化干燥的涂料，配制的涂料必须在规定的时间内用完。

（4）搅拌和调配涂料，使稠度适宜，既能在输送管道中畅通流动，喷涂后又不会流淌和下坠。

3）涂装施工操作

（1）喷涂应分2~5次完成，第一次喷涂基本盖住钢材表面即可，以后每次喷涂厚度为5~10mm，一般7mm左右为宜。通常情况下，每天喷涂一遍即可。

(2) 喷涂时，应注意移动速度，不能在同一位置久留，以免造成涂料堆积流淌。配料及往挤压泵加料应连续进行，不得停顿。

(3) 施工工程中，应采用测厚针检测涂层厚度，直到符合设计规定的厚度，方可停止喷涂。

(4) 喷涂后的涂层要适当修补，对明显的乳突，应采用抹灰刀等工具剔除，以确保涂层表面均匀。

2. 薄涂型防火涂料涂装

1) 施工方法与机具

(1) 喷涂底层、主涂层涂料，宜采用重力（或喷斗）式喷枪，配以能自动调压的 $0.6\sim0.9 m^3/min$ 的空压机。喷嘴直径为 $4\sim6mm$，压强为 $0.4\sim0.6MPa$。

(2) 面层装饰涂料，一般采用喷涂施工，也可以采用刷涂或滚涂的方法。喷涂时，应将喷涂底层的喷嘴直径换为 $1\sim2mm$，空气压力调为 $0.4MPa$。

(3) 局部修补或小面积施工，可采用抹灰刀等工具手工抹涂。

2) 涂装施工操作

(1) 底层及主涂层一般应喷 $2\sim3$ 遍，每遍间隔 $4\sim24h$，待前遍基本干燥后再喷后一遍。第一遍喷涂盖住基底面的 70% 即可，第二、三遍喷涂每遍厚度不超过 $2.5mm$。施工过程中应采用测厚针检测涂层厚度，确保各部位涂层达到设计规定的厚度。

拓展案例5

(2) 面层涂料一般涂饰 $1\sim2$ 遍。若第一遍从左至右喷涂，第二遍则应从右至左喷涂，以确保全部覆盖住下部主涂层。

单元小结

本单元内容包括钢结构加工机具、钢结构的制作工艺、钢结构连接施工工艺、钢结构安装工艺、钢结构涂装施工等部分。

钢结构构件由于类型多、技术复杂、制作工艺要求严格，一般由专业工厂来加工制作。钢结构构件的加工制作，包括加工制作前的准备、零件加工、构件组装、成品表面处理等。

钢结构连接主要采用焊接和高强度螺栓连接。钢结构焊接广泛使用的是电弧焊，在电弧焊中又以手工焊、埋弧自动焊、半自动焊、CO_2 气体保护焊为主，在某些特殊场合，则需要使用电渣焊。焊接工艺要点包括焊接工艺设计、焊条烘烤、定位点焊、焊前预热、焊接顺序确定、焊后热处理等。高强度螺栓分为大六角头高强度螺栓（扭矩形高强度螺栓）和扭剪型高强度螺栓两种。高强度螺栓连接包括螺栓安装和紧固两个程序。

多层及高层钢结构工程规模大、结构复杂、工期长、专业性强，其安装施工应根据建筑物的平面形状、结构形式、安装机械的数量和位置等，合理划分施工流水区段，确定安装顺序，编制构件安装顺序表。多层及高层钢结构施工，主要包括构件吊点设置与起吊、构件安装与校正、楼层压型钢板安装等。

轻型门式刚架结构工程包括钢柱的安装和彩钢夹芯板围护结构安装等。门式刚架结构是大跨度建筑常用的结构形式之一，属平面杆系结构。门式刚架结构安装工艺流程为：

钢柱安装→钢柱校正→斜梁地面拼装→斜梁安装、临时固定→钢柱重校→高强度螺栓紧固→复校→安装檩条、拉杆→钢结构验收。

彩钢夹芯板围护结构是指将彩色有机涂层钢板按设计要求经工厂或现场加工成的屋面板或墙面板，用各种紧固件和各种泛水配件组装成的围护结构。其安装施工过程包括放线、板材安装、门窗安装、配件安装等。配件安装时，应作二次放线。

钢结构构件防腐涂装前，钢材表面应进行除锈处理。除锈方法可分为喷射或抛射除锈、手工和电动工具除锈、火焰除锈三种类型。钢结构防腐涂装，常用的施工方法有刷涂法和喷涂法两种。钢结构防火涂料按涂层的厚度分为薄涂型防火涂料和厚涂型防火涂料两类，一般采用喷涂法施工。

推荐阅读资料

1. 《钢结构工程施工质量验收标准》（GB 50205—2020）
2. 《建筑用压型钢板》（GB/T 12755—2008）
3. 《建筑防腐蚀工程施工规范》（GB 50212—2014）
4. 《建筑结构荷载规范》（GB 50009—2012）
5. 《门式刚架轻型房屋钢结构技术规范》（GB 51022—2015）

1. 钢结构加工机具有哪些？
2. 什么叫放样、画线？零件加工主要有哪些工序？
3. 钢构件组装的一般要求是什么？
4. 钢结构焊接的类型主要有哪些？简述钢结构焊接的工艺要点。
5. 高强度螺栓主要有哪两种类型？简述高强度螺栓连接的安装工艺和紧固方法。
6. 简述多层及高层钢结构工程流水段的划分原则及构件安装顺序。
7. 多层及高层钢结构构件是如何进行吊点设置与起吊的？
8. 简述多层及高层钢结构构件的安装与校正方法。
9. 简述多层及高层钢结构工程楼层压型钢板的安装工序。
10. 简述轻型门式刚架结构的安装工艺流程。
11. 简述彩钢夹芯板围护结构屋面板的安装工序。
12. 钢材表面除锈等级分为哪三种类型？防腐涂装主要采用哪两种施工方法？
13. 钢结构防火涂料按涂层的厚度分为哪两类？主要施工方法是什么？

单元5
在线答题

单元 6 防水与屋面工程施工

思维导图

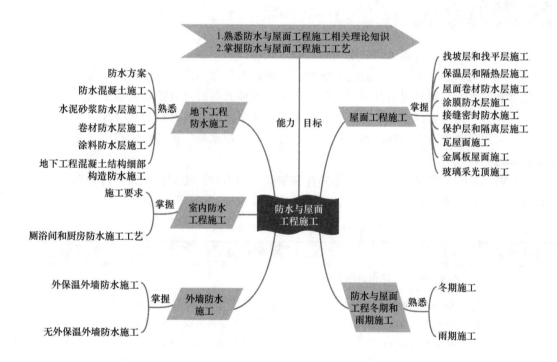

引例

随着近年来我国建筑技术的发展，大跨度、轻型和高层建筑日益增多，屋面的造型变化多样，地下建筑应用广泛。停车场、运动场、花园等不同类型屋面的出现，使屋面功能大大增加。但是自20世纪80年代以来，房屋渗漏成为我国工程建设中非常突出的问题。房屋渗漏直接影响到房屋的使用功能与用户安全，也给国家造成了巨大经济损失。在房屋渗漏治理过程中，由于措施不当，效果不好，以致出现"年年漏、年年修，年年修、年年漏"的现象。

思考：如何预防和解决建筑物渗漏水问题？

课题6.1 地下工程防水施工

6.1.1 防水方案

目前，地下工程防水施工的方案主要有以下几种。

（1）采用防水混凝土结构。通过调整配合比或掺入外加剂等方法，来提高混凝土本身的密实度和抗渗性，使其成为具有一定防水能力的整体式混凝土或钢筋混凝土结构。

（2）在地下结构表面另加防水层。如抹水泥砂浆防水层或贴涂料防水层等。

（3）采用防水加排水措施。通常可用盲沟排水、渗排水与内排法排水等方法把地下水排走，以达到防水的目的。

根据防水工程的重要性、使用功能和建筑物类别的不同，按围护结构允许渗漏水的程度，将地下工程防水等级分为四级，各级标准应符合表6-1的要求。

表6-1 地下工程防水等级标准

防水等级	防水标准
一级	不允许渗水，结构表面无湿渍
二级	（1）不允许漏水，结构表面可有少量湿渍； （2）工业与民用建筑：总湿渍面积不应大于总防水面积（包括顶板、墙面、地面）的1/1000；任意100m²防水面积上的湿渍点数不超过2处，单个湿渍的最大面积不大于0.1m²； （3）其他地下工程：湿渍总面积不应大于总防水面积的2/1000；任意100m²防水面积上的湿渍点数不超过3处，单个湿渍的最大面积不大于0.2m²；其中，隧道工程平均渗水量不大于0.05L/(m²·d)，任意100m²防水面积上的渗水量不大于0.15L/(m²·d)
三级	（1）有少量漏水点，不得有线流和漏泥砂； （2）任意100m²防水面积上的漏水或湿渍点数不超过7处，单个漏水点的最大漏水量不大于2.5L/d，单个湿渍的最大面积不大于0.3m²

续表

防水等级	防水标准
四级	(1) 有漏水点，不得有线流和漏泥砂； (2) 整个工程平均漏水量不大于 $2L/(m^2·d)$，任意 $100m^2$ 防水面积上的平均漏水量不大于 $4L/(m^2·d)$

6.1.2 防水混凝土施工

防水混凝土结构是指因本身的密实性而具有一定防水能力的整体式混凝土或钢筋混凝土结构。防水混凝土适用于有防水要求的地下整体式混凝土结构。

防水混凝土一般分为普通防水混凝土、外加剂防水混凝土和膨胀剂或膨胀水泥防水混凝土三大类。外加剂防水混凝土又分为引气剂防水混凝土、减水剂防水混凝土、三乙醇胺防水混凝土、氯化铁防水混凝土等。

1）防水混凝土施工缝的处理

防水混凝土应连续浇筑，少留施工缝。当留设施工缝时，应符合下列规定。

(1) 墙体水平施工缝不应留在剪力最大处或底板与侧墙的交接处，应留在高出底板表面不小于 300mm 的墙体上。拱（板）墙结合的水平施工缝，宜留在拱（板）墙接缝线以下 150~300mm 处。墙体有预留孔洞时，施工缝距孔洞边缘不应小于 300mm。

(2) 垂直施工缝应避开地下水和裂隙水较多的地段，并宜与变形缝相结合。

2）防水混凝土的施工工艺

(1) 模板安装。防水混凝土所用模板，除满足一般要求外，还要特别注意拼缝严密不漏浆，构造应牢固稳定。固定模板的螺栓（或铁丝）不宜穿过防水混凝土结构。固定模板的螺栓必须穿过混凝土结构时，可采用工具式螺栓、螺栓加堵头、螺栓上加焊方形止水环等做法。止水环尺寸及环数应符合设计规定。如设计无规定，则止水环应为 $10cm×10cm$ 的方形止水环，且不少于一环。

(2) 钢筋施工。钢筋施工前要做好钢筋绑扎前的除污、除锈工作。绑扎钢筋时，应按设计规定留出保护层厚度，且迎水面钢筋保护层厚度不应小于 50mm。应以相同配合比的细石混凝土或水泥砂浆制成垫块，将钢筋垫起，以保证保护层厚度。严禁以垫铁或钢筋头垫钢筋，或将钢筋用铁钉或铁丝直接固定在模板上。钢筋应绑扎牢固，避免因碰撞、振动使绑扣松散、钢筋移位，造成露筋。钢筋及绑扎铁丝均不得接触模板。采用马镫筋架设钢筋时，在不便取掉马镫筋的情况下，应在马镫筋上加焊止水环。

(3) 混凝土搅拌。选定配合比时，其试配的抗渗强度值应较其设计值提高 0.2MPa，并准确计算及称量每种用料，投入混凝土搅拌机。

(4) 混凝土运输。防水混凝土拌合物在常温下应于 0.5h 以内运至现场；运送距离较远或气温较高时，可掺入缓凝型减水剂，缓凝时间宜为 6~8h。

(5) 混凝土的浇筑和振捣。在结构中若有密集管群、预埋件或钢筋稠密之处，不易使混凝土浇捣密实时，应选用免振捣的自密实高性能混凝土进行浇筑。

防水混凝土必须采用高频机械振捣，振捣时间宜为10～30s，以混凝土泛浆和不冒气泡为准；要振捣密实，避免漏振、欠振和超振。掺加引气剂或引气型减水剂时，应采用高频插入式振捣器振捣密实。

（6）混凝土的养护。防水混凝土的养护对其抗渗性能影响极大，特别是早期湿润养护对其抗渗性能提高更为重要，一般在混凝土进入终凝（浇筑后4～6h）时即应覆盖，浇水湿润养护不少于14d。防水混凝土不宜用电热法养护和蒸汽养护。

（7）模板拆除。由于防水混凝土要求较严，因此不宜过早拆模。拆模时混凝土的强度必须超过设计强度等级的70%，混凝土表面温度与环境之差不得大于15℃，以防止混凝土表面产生裂缝。

（8）防水混凝土结构的保护。地下工程的结构部分拆模后，经检查合格，应及时进行地基回填。回填后地面建筑周围应做不小于800mm宽的散水，其坡度宜为5%，以防地表水侵入地下工程。

完工后的防水结构，严禁再在其上打洞。若结构表面有蜂窝麻面，应及时修补。修补时应先用水冲洗干净，涂刷一道水胶比为0.4的水泥浆，再用水胶比为0.5的1∶2.5水泥砂浆填实抹平。

6.1.3 水泥砂浆防水层施工

1. 防水砂浆

防水砂浆包括聚合物水泥防水砂浆、掺外加剂或掺合料的防水砂浆，防水砂浆宜采用多层抹压法施工。水泥砂浆防水层可用于地下工程主体结构的迎水面或背水面，不应用于受持续振动或温度高于80℃的地下工程防水。水泥砂浆防水层应在基础垫层、初期支护、围护结构及内衬结构验收合格后施工。

2. 防水砂浆的施工要求

1）一般要求

（1）防水砂浆的配合比和施工方法应符合所掺材料的相关规定，其中聚合物水泥防水砂浆的用水量应包括乳液中的含水量。聚合物水泥防水砂浆拌和后应在规定时间内用完，施工中不得任意加水。

（2）水泥砂浆防水层各层应紧密黏合，每层宜连续施工；必须留设施工缝时，应采用阶梯坡形槎，但离阴阳角处的距离不得小于200mm。

（3）水泥砂浆防水层终凝后，应及时进行养护，养护温度不宜低于5℃，并应保持砂浆表面湿润，养护时间不得少于14d。

（4）聚合物水泥防水砂浆未达到硬化状态时，不得浇水养护或直接受雨水冲刷，硬化后应采用干湿交替的养护方法。潮湿环境中，可在自然条件下养护。

2）基层处理

基层处理十分重要，是保证防水层与基层表面结合牢固、不空鼓和密实不透水的关键。基层处理包括清理、浇水、刷洗、补平等工序，基层表面应保持潮湿、清洁、平整、坚实、粗糙。

(1) 混凝土基层的处理。

① 新建混凝土工程处理。新建混凝土拆除模板后，立即用钢丝刷将混凝土表面刷毛，并浇水冲刷干净。

② 旧混凝土工程处理。旧混凝土补做防水层时需用钻子、剁斧、钢丝刷将表面凿毛，清理平整后再冲水，用棕刷刷洗干净。

③ 混凝土基层表面凹凸不平、蜂窝孔洞、蜂窝麻面的处理。超过1cm的棱角及凹凸不平处，应剔成慢坡形，并浇水清洗干净，用素灰和水泥砂浆分层找平（图6.1）。混凝土表面的蜂窝孔洞，应先将松散不牢的石子除掉，浇水冲洗干净，用素灰和水泥砂浆交替抹到与基层面相平（图6.2）。混凝土表面的蜂窝麻面不深，石子黏结较牢固，只需用水冲洗干净后，用素灰打底，水泥砂浆压实找平即可（图6.3）。

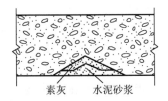

图6.1 基层表面凹凸不平的处理

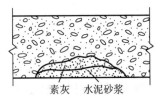

图6.2 蜂窝孔洞的处理

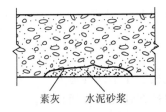

图6.3 蜂窝麻面的处理

④ 混凝土结构的施工缝要沿缝剔成八字形凹槽，用水冲洗后，用素灰打底，水泥砂浆压实抹平，如图6.4所示。

(2) 砖砌体基层的处理。对于新砌体，应将其表面残留的砂浆等污物清除干净，并浇水冲洗。对于旧砌体，要将其表面酥松表皮及砂浆等污物清理干净，露出坚硬的砖面，并浇水冲洗。对于石灰砂浆或混合砂浆砌的砖砌体，应将缝剔深1cm，缝内呈直角，如图6.5所示。

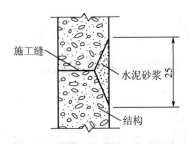

图6.4 混凝土结构施工缝的处理

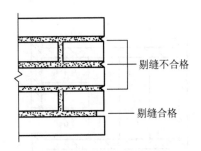

图6.5 砖砌体的剔缝

3. 防水砂浆的施工方法

1) 普通水泥砂浆防水层的施工

（1）混凝土顶板与墙面防水层的施工。

第一层：水泥浆层，厚2mm。先抹一道1mm厚水泥浆，用铁抹子往返用力刮抹，使水泥浆填实基层表面的孔隙。随即在已刮抹过水泥浆的基层表面再抹一道厚1mm的水泥浆找平层。抹完后，用湿毛刷在水泥浆层表面按顺序涂刷一遍。

第二层：水泥砂浆层，厚4~5mm。在水泥浆层初凝时抹第二层水泥砂浆层，要防止水泥浆层过软或过硬，要使水泥砂浆层薄薄压入水泥浆层厚度的1/4左右。抹完后，在水泥砂浆初凝时用扫帚按顺序向一个方向扫出横向条纹。

第三层：水泥浆层，厚2mm。在第二层水泥砂浆凝固并具有一定强度（常温下间隔一昼夜）时，适当浇水湿润，方可进行第三层操作，其方法同第一层。

第四层：水泥砂浆层，厚4~5mm。按照第二层的操作方法将水泥砂浆抹在第三层上，抹后在水泥砂浆凝固前水分蒸发过程中，分次用铁抹子压实，一般以抹压3~4次为宜，最后再压光。

第五层：第五层是在第四层水泥砂浆抹压两遍后，用毛刷均匀地将水泥浆涂刷在第四层表面，随第四层抹实压光。

（2）砖墙面和拱顶防水层的施工。第一层是刷一道水泥浆，厚度约为1mm，用毛刷往返涂刷均匀。涂刷后，可抹第二、三、四层等，其操作方法与混凝土基层防水相同。

2) 地面防水层的施工

地面防水层操作与墙面、顶板操作不同的地方是，水泥浆层（一、三层）不采用刮抹的方法，而是把拌和好的水泥浆倒在地面上，用棕刷往返用力涂刷均匀，第二层和第四层是在水泥浆层初凝前后把拌和好的水泥砂浆层按厚度要求均匀地铺在水泥浆层上，按墙面、顶板操作要求抹压，各层厚度也均与墙面、顶板防水层相同。地面防水层在施工时要防止踩踏，应由里向外顺序进行。地面防水层施工顺序如图6.6所示。

3) 特殊部位的施工

结构阴阳角处的防水层均需抹成圆角，阴角直径为5cm，阳角直径为1cm。防水层的施工缝需留斜坡阶梯形槎，槎子的搭接要依照层次操作顺序层层搭接。留槎的位置一般在地面上，也可在墙面上，所留的槎子均需离阴阳角20cm以上。防水层接槎处理如图6.7所示。

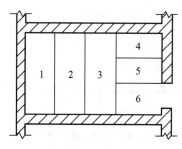

图6.6 地面防水层施工顺序

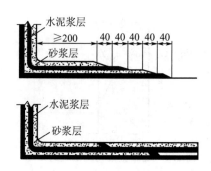

图6.7 防水层接槎处理

6.1.4 卷材防水层施工

1. 防水卷材的主要类型

防水卷材按原材料性质分类主要有沥青防水卷材、高聚物改性沥青防水卷材和合成高分子防水卷材三大类。

1）沥青防水卷材

沥青防水卷材的传统产品是石油沥青纸胎油毡。由于其原料80%左右是沥青，而沥青类建筑防水卷材在生产过程中会产生较大污染，加之工艺落后、耗能高、资源浪费，自1999年以来，国家及地方政府不断发文，勒令除新型改性沥青类产品以外的其他产品逐步退市，并一再提高技术标准。从2008年开始，工业和信息化部、国家发展和改革委员会等部门分别从淘汰落后产能、调整产业结构、管理生产许可证准入等方面，限制沥青类防水卷材的生产量。

2）高聚物改性沥青防水卷材

高聚物改性沥青防水卷材使用的高聚物改性沥青，是在石油沥青中添加聚合物，以改善沥青的感温性差、低温易脆裂、高温易流淌等不足。用于沥青改性的聚合物较多，主要有以SBS（苯乙烯-丁二烯-苯乙烯合成橡胶）为代表的弹性体聚合物和以APP（无规聚丙烯合成树脂）为代表的塑性体聚合物两大类。卷材的胎体主要使用玻璃纤维毡和聚酯毡等高强材料，主要品种有SBS改性沥青防水卷材、APP改性沥青防水卷材、PVC改性焦油沥青防水卷材、再生胶改性沥青防水卷材、废橡胶粉改性沥青防水卷材和其他改性沥青防水卷材等。

3）合成高分子防水卷材

合成高分子防水卷材是一类无胎体的卷材。其特点是拉伸强度大、断裂伸长率高、抗撕裂强度大、耐高低温性能好等，因而对环境气温变化和结构基层伸缩、变形、开裂等状况具有较强的适应性。此外，由于其耐腐蚀性和抗老化性好，可以延长卷材的使用寿命，降低防水工程的综合费用。

合成高分子防水卷材按其原料可分为合成橡胶和合成树脂两大类。当前最具代表性的产品是合成橡胶类的三元乙丙橡胶（EPDM）防水卷材和合成树脂类的聚氯乙烯（PVC）防水卷材。

此外，我国还研制出多种橡塑共混防水卷材，其中氯化聚乙烯-橡胶共混防水卷材具有代表性，其性能指标接近三元乙丙橡胶防水卷材。由于其原材料与价格有一定的优势，推广应用量正逐步扩大。

2. 防水卷材的使用要求

卷材防水层宜用于经常处于地下水环境，且受侵蚀作用或受振动作用的地下工程；应敷设在混凝土结构的迎水面；用于建筑物地下室时，应敷设在结构底板垫层至墙体防水设防高度的结构基面上；用于单建式的地下工程时，应从结构底板垫层敷设至顶板基面，并应在外围形成封闭的防水层。

防水卷材的品种规格和层数，应根据地下工程防水等级、地下水位高低及水压力作用状况、结构构造形式和施工工艺等因素确定。

3. 防水卷材的施工方法

地下防水工程一般把卷材防水层设置在建筑结构的外侧迎水面上，称为外防水。外防水有两种设置方法，即外防内贴法和外防外贴法。外防水在铺贴时可以借助土压力压紧，并与结构一起抵抗有压地下水的渗透和侵蚀作用，防水效果良好，采用比较广泛。

铺贴卷材的基层必须牢固、无松动现象；基层表面应平整干净；阴阳角处均应做成圆弧形或钝角。铺贴卷材前，应在基面上涂刷基层处理剂。当基层较潮湿时，应涂刷湿固化型胶黏剂或潮湿界面隔离剂。基层处理剂应与卷材和胶黏剂的材性相容，可采用喷涂法或涂刷法施工。喷涂应均匀一致，不露底，待表面干燥后，再铺贴卷材。铺贴卷材时，每层的沥青胶要求涂布均匀，厚度一般为1.5～2.5mm。外防外贴法铺贴卷材时应先铺平面，后铺立面，平、立面交接处应交叉搭接；外防内贴法宜先铺垂直面，后铺水平面，铺贴垂直面时应先铺转角，后铺大面。墙面铺贴时应待冷底子油干燥后自下而上进行。

卷材接槎的搭接长度：高聚物改性沥青防水卷材为150mm，合成高分子防水卷材为100mm。当使用两层卷材时，上下两层和相邻两幅卷材的接缝应错开1/3～1/2幅宽，并不得互相垂直铺贴。在立面与平面的转角处，卷材的接缝应留在平面，距立面不小于600mm。在所有转角处均应铺贴附加层并仔细粘贴紧密。粘贴卷材时应展平压实，卷材与基层和各层卷材间必须粘贴紧密，搭接缝必须用沥青胶仔细封严。最后一层卷材贴好后，应在其表面均匀涂刷一层1～1.5mm的热沥青胶，以保护防水层。铺贴高聚物改性沥青防水卷材时应采用热熔法施工，在幅宽内卷材底表面均匀加热，使卷材的黏结面材料加热呈熔融状态后，立即与基层或已粘贴好的卷材黏结牢固，但对厚度小于3mm的高聚物改性沥青防水卷材不能采用热熔法施工。铺贴合成高分子卷材要采用冷粘法施工，所使用的胶黏剂必须与卷材性质相容。

使用明火热熔法施工的沥青类防水卷材，施工时易发生火灾事故，已被列为限制使用工艺，不得用于地下密闭空间、通风不畅空间、易燃材料附近的防水工程。

1）外防内贴法

外防内贴法是浇筑完混凝土垫层后，在垫层上将永久保护墙全部砌好，将卷材防水层铺贴在垫层和永久保护墙上。外防内贴法示意图如图6.8所示，其施工程序如下。

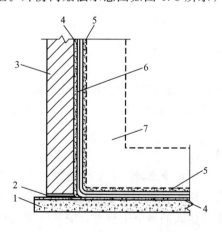

1—混凝土垫层；2—干铺油毡；3—永久保护墙；4—找平层；
5—保护层；6—卷材防水层；7—需防水的结构。

图6.8 外防内贴法示意图

(1) 在已施工好的混凝土垫层上砌筑永久保护墙，保护墙全部砌好后，用1:3水泥砂浆在垫层和永久保护墙上抹找平层。保护墙与垫层之间须干铺一层油毡。

(2) 找平层干燥后即涂刷冷底子油或基层处理剂，干燥后方可铺贴卷材防水层；铺贴时应先铺立面、后铺平面，先铺转角、后铺大面。在全部转角处应铺贴卷材附加层，附加层可为两层同类油毡或一层抗拉强度较高的卷材，并应仔细粘贴紧密。

(3) 卷材防水层铺完经验收合格后即应做好保护层。立面可抹水泥砂浆、贴塑料板，或用氯丁系胶黏剂粘铺石油沥青纸胎油毡；平面可抹水泥砂浆，或浇筑不小于50mm厚的细石混凝土。

(4) 进行需防水结构的施工，将防水层压紧。需防水的结构如为混凝土结构，则永久保护墙可当一侧模板。结构顶板卷材防水层上的细石混凝土保护层厚度不应小于70mm。防水层如为单层卷材，则其与保护层之间应设置隔离层。

(5) 结构完工后，方可回填土。

2) 外防外贴法

外防外贴法是将立面卷材防水层直接敷设在需防水结构的外墙外表面，其施工程序如下。

(1) 先浇筑需防水结构的底面混凝土垫层；在垫层上砌筑永久保护墙，墙下铺一层干油毡。墙的高度不小于需防水结构底板厚度再加100mm。

(2) 在永久保护墙上用石灰砂浆接砌临时保护墙，墙高为300mm，并抹1:3水泥砂浆找平；在临时保护墙上抹石灰砂浆找平并刷石灰浆。如用模板代替临时性保护墙，则应在其上涂刷隔离剂。

(3) 待找平层基本干燥后，即可根据所选卷材的施工要求进行铺贴。

(4) 在大面积铺贴卷材之前，应先在转角处粘贴一层卷材附加层，然后进行大面积铺贴，先铺平面、后铺立面。在垫层和永久保护墙上应将卷材防水层空铺。在临时保护墙（或模板）上应将卷材防水层临时贴附，并分层临时固定在临时保护墙（或模板）顶端。

(5) 浇筑需防水结构的混凝土底板和墙体；在需防水结构外墙外表面抹找平层。

(6) 主体结构完成后，铺贴立面卷材时，应先将接槎部位的各层卷材揭开，并将其表面清理干净，如卷材有局部损伤，应及时进行修补。当使用两层卷材接槎时，卷材应错槎接缝，上层卷材应盖过下层卷材。卷材防水层甩槎、接槎做法如图6.9和图6.10所示。

(7) 待卷材防水层施工完毕，并经过检查验收合格后，应及时做好卷材防水层的保护结构。保护结构的几种做法如下。

① 砌筑永久保护墙，并每隔5~6m及在转角处断开，断开的缝中填以卷材条或沥青麻丝；永久保护墙与卷材防水层之间的空隙应随砌随以砌筑砂浆填实，保护墙完工后方可回填土。注意在砌保护墙的过程中切勿损坏防水层。

② 抹水泥砂浆，在涂抹卷材防水层最后一道沥青胶结材料时，应趁热撒上干净的热砂或散麻丝，冷却后随即抹一层10~20mm的1:3水泥砂浆，水泥砂浆经养护达到强度后，即可回填土。

③ 贴塑料板，在卷材防水层外侧直接用氯丁系胶粘贴固定5~6mm厚的聚乙烯泡沫塑料板，完工后即可回填土。也可用聚乙酸乙烯乳液粘贴40mm厚的聚苯乙烯泡沫塑料板。

墙面粘贴SBS防水卷材

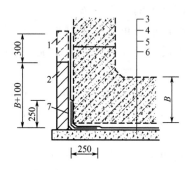 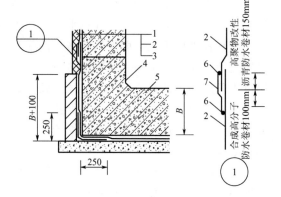

1—临时保护墙；2—永久保护墙；	1—卷材保护层；2—卷材防水层；3—结构墙体；
3—细石混凝土保护层；	4—卷材加强层；5—结构底板；6—密封材料；
4—卷材防水层；5—水泥砂浆找平层；	7—盖缝条。
6—混凝土垫层；7—卷材加强层。	
图 6.9 卷材防水层甩槎做法	图 6.10 卷材防水层接槎做法

3）提高卷材防水层质量的措施

（1）采用点粘、条粘、空铺的措施可以充分发挥卷材的延伸性能，有效防止卷材被拉裂。具体做法是：点粘法时，每平方米卷材下粘五点，粘贴面积不大于总面积的 6%；条粘法时，每幅卷材两边各与基层粘贴 150mm 宽；空铺法时，卷材防水层周边与基层粘贴 800mm 宽。

（2）增铺卷材附加层。对变形较大、易遭破坏或易老化部位，如变形缝、转角、三面角，以及穿墙管道周围、地下出入口通道等处，均应铺设卷材附加层。附加层可采用同种卷材加铺 1~2 层，也可用其他材料做增强处理。

（3）做密封处理。在分格缝、穿墙管道周围、卷材搭接缝以及收头部位应做密封处理。施工中，要重视对卷材防水层的保护。

6.1.5 涂料防水层施工

1. 常用的防水涂料类型

1）沥青防水涂料

沥青防水涂料的主要成膜物质是由乳化剂配制的乳化沥青和填料组成的。在Ⅲ级防水卷材屋面上单独使用时厚度不应小于 8mm，每平方米涂布量约为 8kg，因而需多遍涂抹。由于这类涂料的沥青用量大、含固量低、弹性和强度等综合性能较差，在防水工程中已逐渐被淘汰。

2）高聚物改性沥青防水涂料

高聚物改性沥青防水涂料的品种有以乳化沥青为基料，掺加氯丁橡胶或再生橡胶水乳液的防水涂料，还有众多的溶剂型改性沥青涂料，如氯丁橡胶沥青涂料、SBS 橡胶沥青涂料、丁基橡胶沥青涂料等。

3）合成高分子防水涂料

该类涂料的类型有水乳型、溶剂型和反应型三种。其中综合性能较好的品种是反应型的聚氨酯防水涂料。

聚氨酯防水涂料是将甲组分（聚氨酯预聚体）与乙组分（固化剂）按一定比例混合的涂料。常用的品种有聚氨酯防水涂料（不掺加焦油）和焦油聚氨酯防水涂料两种。聚氨酯防水涂料大多为彩色，固体含量高，具有橡胶状弹性，延伸性好，拉伸强度和抗撕裂强度高，耐油、耐磨、耐海水侵蚀，使用温度范围广，涂膜反应速度快，易于调整，因而是一种综合性能好的高档次涂料，但其价格也较高。焦油聚氨酯防水涂料为黑色，气味较大，反应速度不易调整，性能易出现波动。由于焦油对人体有害，故这种涂料不能用于冷库内壁和饮水工程，室内施工时应采取通风措施。

2. 防水涂料的使用要求

无机防水涂料宜用于地下工程结构主体的背水面，有机防水涂料宜用于地下工程结构主体的迎水面。用于背水面的有机防水涂料应具有较高的抗渗性，且与基层有较好的黏结性。

防水涂料品种的选择应符合下列规定。

（1）潮湿基层宜选用与潮湿基面黏结力大的无机防水涂料或有机防水涂料，也可先涂无机防水涂料而后再涂有机防水涂料，构成复合防水涂层。

（2）冬期施工宜选用反应型涂料。

（3）埋置深度较深的重要工程、有振动或有较大变形的工程，宜选用高弹性防水涂料。

（4）有腐蚀性的地下环境宜选用耐腐蚀性较好的有机防水涂料，并应做刚性保护层。

（5）聚合物水泥防水涂料应选用Ⅱ型产品。

采用有机防水涂料时，基层阴阳角应做成圆弧形，阴角直径宜大于50mm，阳角直径宜大于10mm，在底板转角部位应增加胎体增强材料，并应增涂防水涂料。

防水涂料宜采用外防外涂或外防内涂，其构造分别如图6.11和图6.12所示。

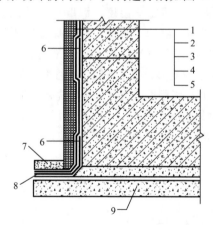

1—面层；2—砂浆保护层；3—涂料防水层；4—砂浆找平层；5—结构墙体；
6—涂料防水加强层；7—涂料防水层搭接部位保护层；
8—涂料防水层搭接部位；9—混凝土垫层。

图6.11 防水涂料外防外涂构造

3. 防水涂料涂膜的施工方法

防水涂料涂膜的施工顺序：基层处理→涂刷底层卷材（聚氨酯底胶，增强涂布或增补涂布）→涂布第一道涂膜防水层（聚氨酯涂膜防水材料，增强涂布或增补涂布）→涂布第二道

（或面层）涂膜防水层（聚氨酯涂膜防水材料）→稀撒石渣—铺抹水泥砂浆→设置保护层。

涂布顺序为先垂直面，后水平面，先阴阳角及细部，后大面。每层涂布方向应互相垂直。

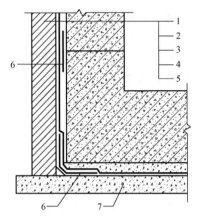

1—面层；2—涂料保护层；3—涂料防水层；4—找平层；5—结构墙体；
6—涂料防水加强层；7—混凝土垫层。

图6.12 防水涂料外防内涂构造

6.1.6 地下工程混凝土结构细部构造防水施工

1. 变形缝

设置变形缝是为了适应地下工程由于温度、湿度作用及混凝土收缩、徐变而产生的水平变位，以及地基不均匀沉降而产生的垂直变位，以保证工程结构的安全和满足密封防水的要求。在这个前提下，还应考虑其构造合理、材料易得、工艺简单、检修方便等要求。

变形缝应满足密封防水、适应变形、施工方便、检修容易等要求。用于伸缩的变形缝宜少设，可根据不同的工程结构类别、工程地质情况采用后浇带、加强带、诱导缝等替代措施。

变形缝与施工缝均用外贴式止水带（中埋式）时，其相交部位宜采用十字配件，如图6.13所示。变形缝用外贴式止水带在转角部位宜采用直角配件，如图6.14所示。

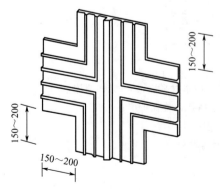

图6.13 外贴式止水带在施工缝与变形缝相交处的十字配件

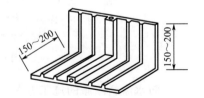

图6.14 外贴式止水带在转角处的直角配件

2. 后浇带

后浇带是在地下工程不允许留设变形缝,而混凝土浇筑的实际长度超过了伸缩缝的最大间距所设置的一种刚性接缝。虽然后浇带混凝土的接缝形式和防水混凝土施工缝大致相同,但后浇带位置与结构形式、地质情况、荷载差异等有很大关系,故后浇带应按设计要求留设。

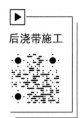

后浇带应在两侧混凝土干缩变形基本稳定后施工,混凝土的收缩变形一般在龄期为42d后才能基本稳定,在条件许可时,间隔时间越长越好。

后浇带的一般要求如下。

(1) 后浇带宜用于不允许留设变形缝的工程部位。

(2) 后浇带应在其两侧混凝土龄期达到42d后再施工,高层建筑的后浇带施工应按规定时间进行。

(3) 后浇带应采用补偿收缩混凝土浇筑,其抗渗和抗压强度等级不应低于两侧混凝土。

(4) 后浇带应设在受力和变形较小的部位,其间距和位置应按结构设计要求确定,宽度宜为700～1000mm。

(5) 后浇带两侧可做成平直缝或阶梯缝,其防水构造如图6.15～图6.17所示。

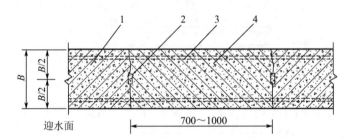

1—先浇混凝土;2—遇水膨胀止水条(胶);3—结构主筋;4—后浇补偿收缩混凝土。

图6.15 后浇带防水构造(一)

1—先浇混凝土;2—结构主筋;3—外贴式止水带;4—后浇补偿收缩混凝土。

图6.16 后浇带防水构造(二)

(6) 采用掺膨胀剂的补偿收缩混凝土,水中养护14d后的限制膨胀率不应小于0.015%,膨胀剂的掺量应根据不同部位的限制膨胀率设定值经试验确定。

后浇带混凝土施工前,后浇带部位和外贴式止水带应防止落入杂物和损伤外贴式止水带。后浇带混凝土应一次浇筑,不得留设施工缝。混凝土浇筑后应及时养护,养护时间不

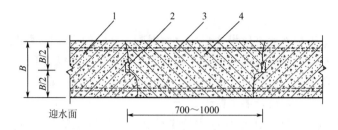

1—先浇混凝土；2—遇水膨胀止水条（胶）；3—结构主筋；4—后浇补偿收缩混凝土。

图 6.17　后浇带防水构造（三）

得少于 28d。

后浇带需超前止水时，后浇带部位的混凝土应局部加厚，并应增设外贴式或中埋式止水带，如图 6.18 所示。

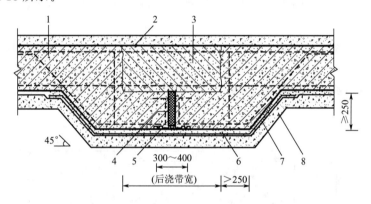

1—混凝土结构；2—钢丝网片；3—后浇带；4—填缝材料；5—外贴式止水带；
6—细石混凝土保护层；7—卷材防水层；8—垫层混凝土。

图 6.18　后浇带超前止水构造

课题6.2　室内防水工程施工

6.2.1　施工要求

1. 防水材料要求

室内防水主要是厕浴间和厨房的防水，厕浴间和厨房防水材料的要求如下。

（1）厕浴间和厨房防水材料一般有合成高分子防水涂料、聚合物水泥防水涂料、水泥基渗透结晶型防水材料、界面渗透型防水液与柔性防水涂料复合、聚乙烯丙纶防水卷材与聚合物水泥黏结料等。选用防水材料时，其材料性能指标必须符合相关材料质量标准，应达到验收要求。

（2）使用合成高分子防水涂料、聚合物水泥防水涂料时，防水层厚度不应小于

1.2mm；水泥基渗透结晶型防水材料涂膜厚度不应小于 0.8mm 或用料不应小于 0.8kg/m²；界面渗透型防水液与柔性防水涂料复合施工时厚度不应小于 0.8mm；聚乙烯丙纶防水卷材与聚合物水泥黏结料复合施工时，其厚度不应小于 1.8mm。

采用防水材料复合施工时要求如下。

① 刚性防水材料与柔性涂料复合使用时，刚性材料宜放在下部。

② 两种柔性材料复合使用时，材料应具有相容性。

③ 厨房、厕浴间防水层现场使用的增强附加层的胎体材料可选用无纺布或低碱玻璃纤维布，其质量应符合有关材料标准要求。

④ 基层处理剂与卷材、涂料、黏结料均应分别配套且材性相容。

2. 排水坡度（含找坡层）要求

（1）地面向地漏处排水坡度应为 1‰～2‰。

（2）地漏处排水坡度，从地漏边缘向外 50mm 内排水坡度为 5%。

（3）大面积公共厕浴间地面应分区，每一个分区设一个地漏。区域内排水坡度为 2%，坡度直线长度不大于 3m。

3. 防水构造要求

1）楼地面结构层

预制钢筋混凝土圆孔板板缝通过厕浴间时，板缝间应用防水砂浆堵严抹平，缝上加一层宽度为 250mm 的胎体增强材料，并涂刷两遍防水涂料。

2）防水基层（找平层）

用配合比 1∶2.5 或 1∶3.0 水泥砂浆找平，厚度为 20mm，抹平压光。

3）地面防水层、地面与墙面阴阳角处理

地面防水层应做在地面找平层之上，饰面层以下。地面四周与墙体连接处，防水层往墙面上返 250mm 以上；地面与墙面阴阳角处先做附加层处理，再做四周立墙防水层。

4）管根防水

（1）管根孔洞在立管定位后，楼板四周缝隙用 1∶3 水泥砂浆堵严。缝隙大于 20mm 时，可用细石防水混凝土堵严，并做底模。

（2）在管根与混凝土（或水泥砂浆）之间应留凹槽，槽深 10mm、宽 20mm。凹槽内嵌填密封膏。

（3）管根平面与管根周围立面转角处应做涂膜防水附加层。

（4）预设套管措施。必要时在立管外设置套管，一般套管高出铺装层地面 20mm，套管内径要比立管外径大 2～5mm，空隙内嵌填密封膏。

套管安装时，在套管周边预留 10mm×10mm 的凹槽，凹槽内嵌填密封膏。

5）饰面层

防水层上做 20mm 厚水泥砂浆保护层，在其上做地面砖等饰面层，材料由设计人员选定。

6）墙面与顶板防水

墙面与顶板应做防水处理。有淋浴设施的厕浴间墙面，防水层高度不应小于 1.8m，并与楼地面防水层交圈。顶板防水处理方案由设计人员确定。

6.2.2 厕浴间和厨房防水施工工艺

结合以往成熟的施工经验，厕浴间和厨房的防水施工工艺和作业要求可按使用要求和选材选择。

1. 合成高分子防水涂料施工

合成高分子防水涂料是以多种高分子聚合物材料为主要成膜物质，添加触变剂、防流挂剂、防沉剂、增稠剂、流平剂、防老剂等添加剂和催化剂，经过特殊工艺加工而成的合成高分子水性乳液防水涂料。品种有丙烯酸酯防水涂料、聚氨酯防水涂料、环氧树脂防水涂料和有机硅防水涂料等。下面讲解丙烯酸酯防水涂料和单组分聚氨酯防水涂料。

1）丙烯酸酯防水涂料施工

（1）施工工艺。

丙烯酸酯防水涂料施工工艺流程为：清理基层→涂刷底部防水层→细部附加层施工→涂刷中、面层防水层→防水层第一次蓄水试验→保护层或饰面层施工→第二次蓄水试验。

丙烯酸酯防水涂料施工操作要点如下。

① 清理基层。必须将基层表面浮土打扫干净，清除杂物、油渍、明水等。

② 涂刷底部防水层。将丙烯酸酯防水涂料倒入一个空桶约 2/3 容积，加少许水稀释并充分搅拌，用滚刷均匀地涂刷底层，每遍用量约为 $0.4 kg/m^2$，待手摸不粘手后进行下一道工序。

③ 细部附加层施工。

a. 嵌填密封膏。按设计要求在管根等部位的凹槽内嵌填密封膏，密封材料应压嵌严密，防止裹入空气，并与缝壁黏结牢固，不得有开裂、鼓泡和下塌现象。

b. 地漏、管根、阴阳角等易漏水部位的凹槽内，用丙烯酸酯防水涂料涂覆找平。

c. 在地漏、管根、阴阳角和出入口等易发生漏水的薄弱部位，需增加一层胎体增强材料，宽度不得小于 300mm，搭接宽度不得小于 100mm，施工时先涂刷丙烯酸酯防水涂料，再铺增强层材料，然后再涂刷两遍丙烯酸酯防水涂料。

④ 涂刷中、面层防水层。取丙烯酸酯防水涂料，用滚刷均匀地涂在底层防水层上面，每遍为 $0.5\sim0.8kg/m^2$，其下层增强层和中层必须连续施工，不得间隔；若厚度不够，加涂一层或数层以达到设计规定的涂膜厚度要求。

⑤ 第一次蓄水试验。在做完全部防水层固化 48h 以后，蓄水 24h，未出现渗漏为合格。

⑥ 保护层或饰面层施工。第一次蓄水合格后，即可做保护层或饰面施工。

⑦ 第二次蓄水试验。在保护层或饰面层施工完工后，应进行第二次蓄水试验，以确保防水工程质量。

（2）成品保护。

① 操作人员应严格保护好已完工的防水层，非防水施工人员不得进入现场踩踏。

② 为确保排水畅通，地漏、排水口应避免杂物堵塞。

③ 施工时严防涂料污染已做好的其他部位。

（3）注意事项。

① 5℃以下不得施工。

② 不宜在特别潮湿或不通风的环境中施工。

③ 涂料应存放在5℃以上的阴凉干燥处。存放地点及施工现场必须通风良好,严禁烟火。

2)单组分聚氨酯防水涂料施工

单组分聚氨酯防水涂料是以异氰酸酯、聚醚为主要原料,配以各种助剂制成,属于合成高分子防水涂料。

单组分聚氨酯防水涂料施工工艺流程为:清理基层→细部附加层施工→第一遍涂膜施工→第二遍涂膜施工→第三遍涂膜施工→第一次蓄水试验→保护层、饰面层施工→第二次蓄水试验。

2. 聚合物水泥防水涂料施工

聚合物水泥防水涂料(简称JS防水涂料)以聚合物乳液和水泥为主要原料,加入其他添加剂制成液料与粉料两部分,使用时按规定比例混合拌匀。

聚合物水泥防水涂料施工工艺流程为:清理基层→涂刷底面防水层→细部附加层施工→涂刷中、面防水层→涂刷表面防水层→第一次蓄水试验→保护层、饰面层施工→第二次蓄水试验。

聚合物水泥防水涂料施工操作要点如下。

(1)涂刷底面防水层。底层用料由专人负责材料配制,先按表6-2的配合比分别称出配料所用的液料、粉料、水,在桶内用手提电动搅拌器搅拌均匀,使粉料均匀分散。

表6-2 防水涂料配合比

防水涂料类别		按质量配合比
Ⅰ型	底层涂料	液料:粉料:水=10:(7~10):14
	中、面层涂料	液料:粉料:水=10:(7~10):(0~2)
Ⅱ型	底层涂料	液料:粉料:水=10:(10~20):14
	中、面层涂料	液料:粉料:水=10:(10~20):(0~2)

用滚刷或油漆刷均匀地涂刷底面防水层,不得露底,一般用量为$0.3\sim0.4kg/m^2$。待涂层固化后,才能进行下一道工序。

(2)涂刷中、面防水层。按设计要求和表6-2提供的防水涂料配合比,将配制好的Ⅰ型或Ⅱ型JS防水涂料,均匀涂刷中、面防水层。每遍涂刷量以$0.8\sim1.0kg/m^2$为宜(涂料用量均为液料和粉料的原材料用量,不含稀释加水量)。多遍涂刷(一般3遍以上),直到达到设计规定的涂膜厚度要求。大面涂刷涂料时,不得加铺胎体,如设计要求增加胎体时,需使用耐碱网格布或$40g/m^2$的聚酯无纺布。

3. 水泥基渗透结晶型防水材料施工

水泥基渗透结晶型防水材料包括水泥基渗透结晶型防水涂料和水泥基渗透结晶型防水砂浆两种类型。

1) 水泥基渗透结晶型防水涂料施工

水泥基渗透结晶型防水涂料是一种刚性防水材料,其与水作用后,材料中含有的活性化学物质通过载体向混凝土内部渗透,在混凝土中形成不溶于水的结晶体,填塞毛细孔道,从而使混凝土致密、防水。

水泥基渗透结晶型防水涂料包括浓缩剂、增效剂两部分,其化学活性较强,经与水拌和调配成为防水涂料。其中,浓缩剂浆料可直接刷涂或喷涂于混凝土表面;增效剂浆料用于浓缩剂涂层的表面,在浓缩剂涂层上形成坚硬的表层,可增强浓缩剂的渗透效果,当单独使用于结构表面时,起防潮作用。

(1) 水泥基渗透结晶型防水涂料的作业条件。

① 水泥基渗透结晶型防水涂料不得在环境温度低于 4℃ 时使用;雨天不得施工。

② 基层应粗糙、干净、湿润。无论新浇筑的或旧的混凝土基面,均应用水湿透(但不得有明水)。新浇筑的混凝土以浇筑后 24～72h 为涂料最佳使用时段。

③ 基层不得有缺陷部位,否则应先进行处理,然后方可进行施工。

(2) 水泥基渗透结晶型防水涂料的施工工艺。

① 工艺流程为:基层检查→基层处理→制浆→重点部位加强处理→第一遍涂刷涂料→第二遍涂刷涂料→养护→检验。

② 操作要点。

a. 制浆。防水涂料总用量不小于 $0.8kg/m^2$,浓缩剂总用量不小于 $0.4kg/m^2$,增效剂总用量不小于 $0.4kg/m^2$。

按防水涂料∶水=5∶2(体积比)将粉料与水倒入容器内,搅拌 3～5min,混合均匀。一次制浆不宜过多,要在 20min 内用完,混合物变稠时要频繁搅动,中间不得加水、加料。

b. 重点部位加强处理。厨房、厕浴间的地漏、管根、阴阳角、非混凝土或水泥砂浆基面等处用柔性涂料做加强处理。做法同柔性涂料或参考细部构造做法,厕浴间下水立管防水做法如图 6.19 所示,地漏防水做法如图 6.20 所示。

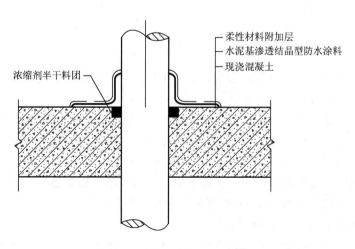

图 6.19 厕浴间下水立管防水做法

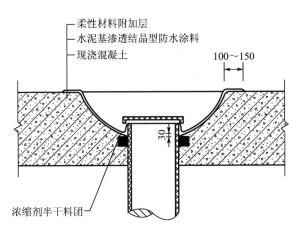

图 6.20 地漏防水做法

2) 水泥基渗透结晶型防水砂浆施工

水泥基渗透结晶型防水砂浆由水泥基渗透结晶型掺合剂、硅酸盐水泥、中（粗）砂（含泥量不大于 2%）按比例混合而成。

① 水泥基渗透结晶型防水砂浆施工的工艺流程为：基层检查→基层处理→重点部位加强处理→第一遍涂刷水泥净浆→拌制防水砂浆→涂抹防水砂浆→加分格缝→养护。

② 操作要点。

a. 重点部位加强处理。厕浴间和厨房的地漏、管根、阴阳角等处用柔性涂料做加强处理，方法同柔性涂料施工，参照图 6.21 所示的立管做法。

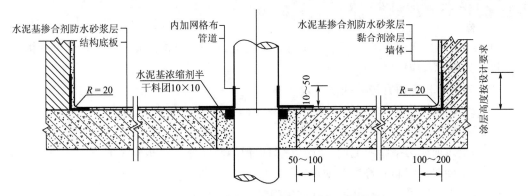

图 6.21 水泥基渗透结晶型防水砂浆立管做法

b. 养护。防水砂浆层养护必须用干净水做喷雾养护，不应出现明水，一般每天需喷水雾 3 次，连续 3~4d，在热天或干燥天气应多喷几次，用湿草垫或湿麻袋片覆盖养护，保持湿润状态，防止防水砂浆层过早干燥。蓄水试验需在养护完 3~7d 后进行，蓄水验收合格后才可进行下一道工序施工。

课题 6.3　外墙防水施工

6.3.1　外保温外墙防水施工

（1）保温层应固定牢固，表面平整、干净。

（2）外墙保温层的抗裂砂浆层施工应符合下列规定。

① 抗裂砂浆层的厚度、配合比应符合设计要求。当内掺纤维等抗裂材料时，比例应符合设计要求，并应搅拌均匀。

② 当外墙保温层采用有机保温材料时，抗裂砂浆施工时应先涂刮界面处理材料，然后分层抹压抗裂砂浆。

③ 抗裂砂浆层的中间宜设置耐碱玻璃纤维网格布或金属网片。金属网片应与墙体结构固定牢固。耐碱玻璃纤维网格布铺贴应平整无皱折，两幅间的搭接宽度不应小于 50mm。

④ 抗裂砂浆应抹平压实，表面无接槎印痕，耐碱玻璃纤维网格布或金属网片不得外露。防水层为防水砂浆时，抗裂砂浆表面应搓毛。

⑤ 抗裂砂浆终凝后应进行保湿养护。防水砂浆养护时间不宜少于 14d；养护期间不得受冻。

6.3.2　无外保温外墙防水施工

（1）外墙结构表面的油污、浮浆应清除，孔洞、缝隙应堵塞抹平，不同结构材料交接处的增强处理材料应固定牢固。

（2）外墙结构表面宜进行找平处理。

（3）外墙防水层施工前，宜先做好节点处理，再进行大面积施工。

（4）防水砂浆施工应符合下列规定。

① 基层表面应为平整的毛面，光滑表面应做界面处理，并充分润湿。

② 防水砂浆的配制应符合下列规定。

a. 配合比应按照设计要求，通过试验确定。

b. 配制乳液类聚合物水泥防水砂浆前，乳液应先搅拌均匀，再按规定比例加入拌和料中搅拌均匀。

c. 干粉类聚合物水泥防水砂浆应按规定比例加水搅拌均匀。

d. 粉状防水剂配制普通防水砂浆时，应先将规定比例的水泥、砂和粉状防水剂干拌均匀，再加水搅拌均匀。

e. 液态防水剂配制普通防水砂浆时，应先将规定比例的水泥和砂干拌均匀，再加入用水稀释的液态防水剂搅拌均匀。

③ 配制好的防水砂浆宜在 1h 内用完，施工中不得任意加水。

④ 界面处理材料涂刷厚度应均匀、覆盖完全。收水后应及时进行防水砂浆的施工。

⑤ 防水砂浆涂抹施工应符合下列规定。

a. 厚度大于 10mm 时应分层施工，第二层涂抹应在前一层指触不粘时进行，各层应黏结牢固。

b. 每层宜连续施工。当需留槎时，应采用阶梯坡形槎，接槎部位离阴阳角不得小于 200mm，上下层接槎应错开 300mm 以上。接槎应依次顺序操作、层层搭接紧密。

c. 喷涂施工时，喷枪的喷嘴应垂直于基面，合理调整压力、喷嘴与基面距离。

d. 涂抹时应压实、抹平。遇气泡时应挑破，保证铺抹密实。

e. 抹平、压实应在初凝前完成。

⑥ 窗台、窗楣和凸出墙面的腰线等部位上表面的流水坡应找坡准确，外口下沿的滴水线应连续、顺直。

⑦ 砂浆防水层分格缝的留设位置和尺寸应符合设计要求。分格缝的密封处理应在防水砂浆达到设计强度的 80% 后进行，密封前应将分格缝清理干净，密封材料应嵌填密实。

⑧ 砂浆防水层转角宜抹成圆弧形，圆弧半径应不小于 5mm，转角抹压应顺直。

⑨ 门框、窗框、管道、预埋件等与防水层相接处应留 8～10mm 宽的凹槽，密封处理应符合规范要求。

⑩ 砂浆防水层未达到硬化状态时，不得浇水养护或直接受雨水冲刷。聚合物水泥防水砂浆硬化后应采用干湿交替的养护方法；普通防水砂浆防水层应在终凝后进行保湿养护。养护时间不宜少于 14d。养护期间不得受冻。

(5) 防水涂料施工应符合下列规定。

① 施工前应先对细部构造进行密封或增强处理。

② 涂料的配制和搅拌应符合下列规定。

a. 双组分涂料配制前，应将液体组分搅拌均匀。配料应按照规定要求进行，不得任意改变配合比。

b. 应采用机械搅拌，配制好的涂料应色泽均匀，无粉团、沉淀。

③ 涂膜防水层的基层应干燥。防水涂料涂布前，应先涂刷基层处理剂。

④ 涂膜应多遍完成，后遍涂布应在前遍涂层干燥成膜后进行。挥发性涂料的每遍用量不宜大于 $0.6 kg/m^2$。

⑤ 每遍涂布应交替改变涂层的涂布方向，同一涂层涂布时，先后接槎宽度宜为 30～50mm。

⑥ 涂膜防水层的甩槎应避免污损，接涂前应将甩槎表面清理干净，接槎宽度不应小于 100mm。

⑦ 胎体增强材料应铺贴平整、排除气泡，不得有褶皱和胎体外露，胎体层充分浸透防水涂料。胎体的搭接宽度不应小于 50mm，胎体的底层和面层涂膜厚度均不应小于 0.5mm。

⑧ 涂膜防水层完工并经验收合格后，应及时做好饰面层。饰面层施工时应有成品保护措施。

课题 6.4　屋面工程施工

6.4.1　找坡层和找平层施工

为了便于敷设隔汽层和防水层,必须在结构层或保温层表面做找平处理。在找坡层、找平层施工前,首先要检查敷设的基层情况,如屋面板安装是否牢固,有无松动现象;基层局部是否凹凸不平,凹坑较大时应先填补;保温层表面是否平整,厚薄是否均匀;板状保温材料是否铺平垫稳;用保温材料找坡是否准确;等等。基层的质量包括结构层和找平层的刚度、平整度、强度、表面完整程度及基层含水率等。

找平层是防水层的依附层,其质量的好坏将直接影响到防水层的质量,所以要求找平层必须做到"五要、四不、三做到"。

"五要":一要坡度准确、排水流畅;二要表面平整;三要坚固;四要干净;五要干燥。

"四不":一是表面不起砂;二是表面不起皮;三是表面不酥松;四是表面不开裂。

"三做到":一要做到混凝土或砂浆配比准确;二要做到表面二次压光;三要做到充分养护。

当屋面保温层、找平层因施工时含水率过大或遇雨水浸泡不能及时干燥,而又要立即敷设柔性防水层时,必须将屋面做成排汽屋面,以避免因防水层下部水分汽化造成防水层起鼓破坏,避免因保温层含水率过高造成保温性能降低。如果采用低吸水率(小于6%)的保温材料时,就可以不必做排汽屋面。

找坡层和找平层的基层的施工应符合下列规定。

(1)应清理结构层、保温层上面的松散杂物,凸出基层表面的硬物应剔平扫净。

(2)抹找坡层前,宜对基层洒水润湿。

(3)突出屋面的管道、支架等根部,应用细石混凝土堵实和固定。

(4)对不易与找平层结合的基层应做界面处理。

找坡层和找平层所用材料的质量和配合比应符合设计要求,并应准确计量和机械搅拌。找坡应按屋面排水方向和设计坡度要求进行,找坡层最薄处厚度不宜小于20mm。找坡材料应分层敷设和适当压实,表面宜平整和粗糙,并应适时浇水养护。找平层应在水泥初凝前压实抹平,水泥终凝前完成收水后应二次压光,并应及时取出分格条。养护时间不得少于7d。

卷材防水层的基层与突出屋面结构的交接处,以及基层的转角处,找平层均应做成圆弧形,且应整齐平顺。找平层圆弧半径应符合表6-3的规定。

表6-3　找平层圆弧半径

卷 材 种 类	圆弧半径/mm
高聚物改性沥青防水卷材	50
合成高分子防水卷材	20

找坡层和找平层的施工环境温度不宜低于5℃。

6.4.2 保温层和隔热层施工

1. 保温隔热材料

保温隔热材料有板状保温材料、纤维保温材料、喷涂硬泡聚氨酯和现浇泡沫混凝土。板状保温材料有聚苯乙烯硬质泡沫保温板和聚氨酯硬质泡沫保温板等；纤维保温材料有绝热玻璃棉等。

2. 保温材料的贮运、保管与验收

（1）保温材料应采取防雨、防潮、防火的措施，并应分类存放。

（2）板状保温材料搬运时应轻拿轻放。

（3）纤维保温材料应在干燥、通风的房屋内贮存，搬运时应轻拿轻放。

（4）板状保温材料进场时应检验表观密度或干密度、压缩强度或抗压强度、导热系数、燃烧性能。

（5）纤维保温材料进场时应检验表观密度、导热系数、燃烧性能。

3. 保温层施工

（1）板状材料保温层可采用干铺法、黏结法和机械固定法进行施工。施工时相邻板块应错缝拼接，分层敷设的板块上下层接缝应相互错开，板间缝隙采用同类材料嵌填密实。

（2）纤维材料保温层宜采用机械固定法施工，上下层拼接缝应相互错开。

（3）硬泡聚氨酯保温层施工过程中，一个作业面应分遍喷涂，每遍厚度不宜大于15mm，喷涂后20min内严禁上人。

（4）现浇泡沫混凝土保温层施工应符合下列规定。

① 现浇泡沫混凝土应按设计要求的干密度和抗压强度进行配合比设计，拌制时应计量准确，并应搅拌均匀。

② 泡沫混凝土应按设计的厚度设定浇筑面标高线，找坡时宜采取挡板辅助措施。

③ 泡沫混凝土的浇筑出料口离基层的高度不宜超过1m，泵送时应采取低压泵送。

④ 泡沫混凝土应分层浇筑，一次浇筑厚度不宜超过200mm，终凝后应进行保湿养护，养护时间不得少于7d。

4. 隔汽层施工

（1）隔汽层施工前，基层应进行清理，宜进行找平处理。

（2）屋面周边隔汽层应沿墙面向上连续敷设，高出保温层上表面不得小于150mm。

（3）采用卷材做隔汽层时，卷材宜空铺，卷材搭接缝应满粘，其搭接宽度不应小于80mm；采用涂膜做隔汽层时，涂料涂刷应均匀，涂层不得有堆积、起泡和露底现象。

（4）穿过隔汽层的管道周围应进行密封处理。

5. 倒置式屋面保温层施工

倒置式屋面是把原屋面"防水层在上，保温层在下"的构造设置倒置过来，将憎水性或吸水率较低的保温材料放在防水层上，使防水层不易损伤，提高耐久性，并可防止屋面结构内部结露。倒置式屋面保温层具有节能、保温隔热、延长防水层使用寿命、施工方便、劳动效率高、综合造价经济等特点。

倒置式屋面保温层施工规定

倒置式屋面保温层的施工工艺流程为：基层清理检查、工具准备、材料检验→节点增强处理→防水层施工、检验→保温层敷设、检验→现场清理→保护层施工→验收。

6. 屋面排汽构造施工

保温层材料若采用吸水率低（<6%）的材料，当它们不会再吸水时，保温性能就能得到保证。如果保温层采用吸水率大的材料，当施工遇雨水或施工用水侵入，造成很大含水率时，由于许多工程找平层已施工完毕，一时无法干燥，就会导致防水层起鼓，为了避免这种情况，人们就想办法使屋面在使用过程中逐渐将水分蒸发（需几年或几十年时间），过去采取"排汽屋面"的技术措施，也有人称之为呼吸屋面。排汽屋面的直立和弯形排汽出口构造如图 6.22 和图 6.23 所示。

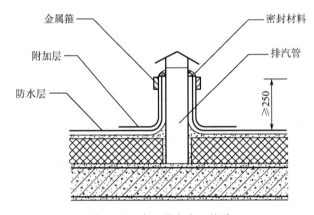

图 6.22 直立排汽出口构造

屋面排汽构造施工规定

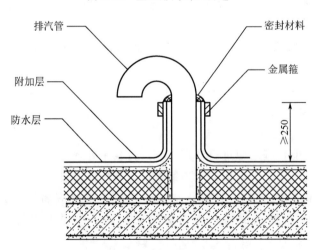

图 6.23 弯形排汽出口构造

7. 种植隔热层施工

（1）种植隔热层挡墙或挡板施工时，留设的泄水孔位置应准确，不得堵塞。

（2）凹凸型排水板宜采用搭接法施工，搭接宽度应根据产品的规格具体确定；网状交织排水板宜采用对接法施工；采用陶粒作排水层时，敷设应平整，厚度应均匀。

（3）过滤层土工布敷设应平整、无皱折，搭接宽度不应小于100mm，搭接宜采用黏合或缝合处理；土工布应沿种植土周边向上敷设至种植土高度。

（4）种植土层的荷载应符合设计要求。种植土、植物等应在屋面上均匀堆放，且不得损坏防水层。

8. 架空隔热层施工

（1）架空隔热层施工前，应将屋面清扫干净，并应根据架空隔热制品的尺寸弹出支座中线。

（2）在架空隔热制品支座底面，应对卷材、涂膜防水层采取加强措施。

（3）敷设架空隔热制品时，应随时清扫屋面防水层上的落灰、杂物等，操作时不得损伤已完工的防水层。

（4）架空隔热制品的敷设应平整、稳固，缝隙应勾填密实。

9. 蓄水隔热层施工

（1）蓄水池的所有孔洞应预留，不得后凿。所设置的溢水管、排水管和给水管等，应在混凝土施工前安装完毕。

（2）每个蓄水区的防水混凝土应一次施工完毕，不得留置施工缝。

（3）蓄水池的防水混凝土施工时，环境气温宜为5～35℃，并应避免在冬期和高温期施工。

（4）蓄水池的防水混凝土完工后，应及时进行养护，养护时间不得少于14d，蓄水后不得断水。

（5）蓄水池的溢水口标高、数量、尺寸应符合设计要求。过水孔应设在分仓墙底部，排水管应与水落管连通。

6.4.3 屋面卷材防水层施工

1. 防水卷材的选用

（1）根据当地历年最高气温、最低气温、屋面坡度和使用条件等因素，选择耐热度、柔性相适应的卷材。

（2）根据地基变形程度、结构形式、当地年温差、日温差和振动等因素，选择拉伸性相适应的卷材。

（3）根据屋面防水卷材的暴露程度，选择耐紫外线、耐穿刺、耐老化或耐霉性的卷材。

（4）自粘橡胶沥青防水卷材和自粘聚酯毡改性沥青防水卷材（0.5mm厚铝箔覆面者除外）不得用于外露的防水层。

2. 防水卷材的贮运、保管及验收

（1）防水卷材的贮运、保管应符合下列规定。

① 不同品种、规格的卷材应分别堆放。

② 卷材应贮存在阴凉通风处，应避免雨淋、日晒和受潮，严禁接近火源。

③ 卷材应避免与化学介质及有机溶剂等有害物质接触。

(2) 进场的防水卷材应检验下列项目。
① 高聚物改性沥青防水卷材的可溶物含量、拉力、最大拉力时延伸率、耐热度、低温柔性、不透水性。
② 合成高分子防水卷材的断裂拉伸强度、扯断伸长率、低温弯折性、不透水性。
(3) 胶黏剂和胶粘带的贮运、保管应符合下列规定。
① 不同品种、规格的胶黏剂和胶粘带,应分别用密封桶或纸箱包装。
② 胶黏剂和胶粘带应贮存在阴凉通风的室内,严禁接近火源和热源。
(4) 进场的基层处理剂、胶黏剂和胶粘带,应检验下列项目。
① 沥青基防水卷材用基层处理剂的固体含量、耐热性、低温柔性、剥离强度。
② 高分子胶黏剂的剥离强度、浸水 168h 后的剥离强度保持率。
③ 改性沥青胶黏剂的剥离强度。
④ 合成橡胶胶粘带的剥离强度、浸水 168h 后的剥离强度保持率。
(5) 卷材防水层的施工环境温度应符合下列规定。
① 热熔法和焊接法不宜低于 −10℃。
② 冷粘法和热粘法不宜低于 5℃。
③ 自粘法不宜低于 10℃。

3. 卷材防水层基层要求

卷材防水层基层应坚实、干净、平整,应无孔隙、起砂和裂缝。基层的干燥程度应根据所选防水卷材的特性确定。

采用基层处理剂时,其配制与施工应符合下列规定。
(1) 基层处理剂应与防水卷材相容。
(2) 基层处理剂应配比准确,并应搅拌均匀。
(3) 喷、涂基层处理剂前,应先对屋面细部进行涂刷。
(4) 基层处理剂可选用喷涂或涂刷施工工艺,喷、涂应均匀一致,干燥后应及时进行卷材施工。

4. 卷材铺贴顺序和卷材搭接

(1) 卷材铺贴顺序。卷材铺贴应按"先高后低,先远后近"的顺序施工。高低跨屋面,应先铺高跨屋面,后铺低跨屋面;在同高度大面积的屋面,应先铺离上料点较远的部位,后铺离上料点较近部位。

应先细部结构处理,后大面积,由屋面最低标高向上铺贴。卷材大面积铺贴前,应先做好节点密封处理、附加层和屋面排水较集中部位(屋面与水落口连接处、檐口、天沟、檐沟、屋面转角处、板端缝等)的处理、分格缝的空铺条处理等,然后由屋面最低标高处向上施工。铺贴天沟、檐沟卷材时,宜顺天沟、檐沟方向铺贴,从水落口处向分水线方向铺贴,以减少搭接。卷材宜平行屋脊铺贴,上下层卷材不得相互垂直铺贴。立面或大坡面铺贴卷材时,应采用满粘法,并宜减少卷材短边搭接。卷材配置示意图如图 6.24 所示。

为了保证防水层的整体性,减少漏水的可能性,屋面防水工程应尽量不划分施工段;当需要划分施工段时,施工段的划分宜设在屋脊、天沟、变形缝等处。

(2) 卷材搭接。
① 平行屋脊的搭接缝应顺流水方向,搭接缝宽度应符合规范规定。

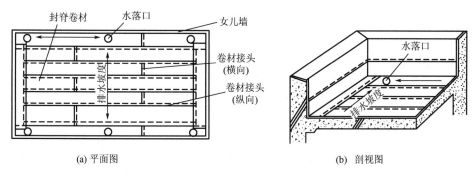

(a) 平面图　　　　　　　　　　(b) 剖视图

图 6.24　卷材配置示意图

② 同一层相邻两幅卷材短边搭接缝错开不应小于 500mm。

③ 上下层卷材长边搭接缝应错开，且不应小于幅宽的 1/3。

④ 当卷材叠层敷设时，上下层不得相互垂直铺贴，以免在搭接缝垂直交叉处形成挡水条。叠层敷设的各层卷材，在天沟与屋面的连接处应采取叉接法搭接，搭接缝应错开。二层、三层卷材铺贴分别如图 6.25 和图 6.26 所示。搭接缝宜留在屋面或天沟侧面，不宜留在沟底。

卷材铺贴的搭接方向，主要考虑到坡度大或受振动时卷材易下滑，尤其是含沥青（温感性大）的卷材，高温时软化下滑常有发生。对于高分子卷材的铺贴方向要求不严格，为便于施工，一般顺屋脊方向铺贴，搭接方向应顺流水方向，不得逆流水方向，避免流水冲刷接缝，使接缝损坏。垂直屋脊方向铺卷材时，应顺大风方向。在铺贴卷材时，不得污染檐口的外侧和墙面。高聚物改性沥青防水卷材和合成高分子防水卷材的搭接缝，宜用材料性能相容的密封材料封严。

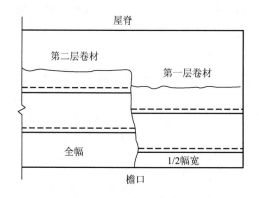

图 6.25　二层卷材铺贴

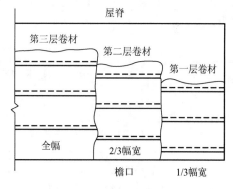

图 6.26　三层卷材铺贴

卷材铺贴搭接方向及要求见表 6-4。

表 6-4　卷材铺贴搭接方向及要求

屋面坡度	铺贴方向和要求
小于 3∶100	卷材宜平行屋脊方向，即顺平面长方向为宜
(3∶100)～(3∶20)	卷材可平行或垂直屋脊方向铺贴

续表

屋面坡度	铺贴方向和要求
大于 3∶20 或受振动	沥青防水卷材应垂直屋脊铺贴,改性沥青防水卷材宜垂直屋脊铺贴,合成高分子防水卷材可平行或垂直屋脊铺贴
大于 1∶4	应垂直屋脊铺贴,并应采取固定措施,固定点还应密封

卷材搭接宽度见表 6-5。

表 6-5 卷材搭接宽度　　　　　　　　　　　　　　　　　　单位：mm

卷材种类		铺贴方法			
		短边搭接		长边搭接	
		满粘法	空铺、点粘、条粘法	满粘法	空铺、点粘、条粘法
沥青防水卷材		100	150	70	100
高聚物改性沥青防水卷材		80	100	80	100
合成高分子防水卷材	胶黏剂	80	100	80	100
	胶粘带	50	60	50	60
	单焊缝	60（有效焊接宽度不小于 25）			
	双焊缝	80（有效焊接宽度 10×2+空腔宽）			

5. 卷材施工工艺

卷材与基层的连接方式有满粘法、空铺法、条粘法、点粘法四种（表 6-6）。在工程应用中应根据建筑部位、使用条件、施工情况,选用其中一种或两种,并且在图纸上应该注明。

表 6-6 卷材与基层的连接方式

连接方式	具体做法	适应条件
满粘法	满粘法又称全粘法,即在铺粘防水卷材时,卷材与基面全部黏结牢固的施工方法,通常热熔法、冷粘法、自粘法使用这种方法粘贴卷材	屋面防水面积较小,结构变形不大,找平层干燥
空铺法	铺贴防水卷材时,卷材与基面仅在四周一定宽度内黏结,其余部分不粘贴的施工方法。施工时檐口、屋脊、屋面转角、伸出屋面的出气孔、烟囱根等部位,采用满粘法,黏结宽度不小于 800mm	适应于基层潮湿,找平层水汽难以排出及结构变形较大的屋面
条粘法	铺贴防水卷材时,卷材与屋面采用条状黏结的施工方法,每幅卷材黏结面不少于 2 条,每条黏结宽度不少于 150mm,檐口、屋脊、伸出屋面管口等细部做法同空铺法	适应结构变形较大、基面潮湿、排气困难的层面
点粘法	铺贴防水卷材时,卷材与基面采用点粘的施工方法,要求每平方米范围内至少有 5 个黏结点,每点面积不少于 100mm×100mm,屋面四周黏结,檐口、屋脊、伸出屋面管口等细部做法同空铺法	适应于结构变形较大、基面潮湿、排气有一定困难的屋面

高聚物改性沥青防水卷材粘接方法见表6-7。

表6-7 高聚物改性沥青防水卷材粘接方法

项目	冷 粘 法	自 粘 法
1	基面涂刷基面处理剂	基面涂刷基面处理剂
2	卷材底面、基面涂刷胶黏剂，涂刷均匀，不漏底，不堆积	边铺边撕去底层隔离纸
3	根据胶黏剂性能及气温，控制涂胶后的最佳黏结时间，一般用手触及表面似粘非粘为最佳	辊压、排气、粘牢
4	铺贴排气粘牢后，溢出的胶黏剂随即刮平封口	搭接部分用热风焊枪加热，溢出自粘胶时随即刮平封口
5	—	铺贴立面及大坡面时应先加热粘牢固定

合成高分子防水卷材粘接技术要求见表6-8。

表6-8 合成高分子防水卷材粘接技术要求

项目	冷 粘 法	自 粘 法	热风焊接法
1	在找平层上均匀涂刷基面处理剂	同高聚物改性沥青防水卷材	基面应清扫干净
2	在基面、卷材底面涂刷配套胶黏剂		卷材铺放平顺，搭接尺寸正确
3	控制黏合时间，一般用手触及表面，以胶黏剂不粘手为最佳时间		控制热风加热温度和时间
4	黏合时不得用力拉伸卷材，避免卷材铺贴后处于受拉状态		卷材排气、铺平
5	辊压、排气、粘牢		先焊长边搭接缝，后焊短边搭接缝
6	清理卷材搭接缝的搭接面，涂刷接缝专用胶，辊压、排气、粘牢		机械固定

卷材的施工工艺如下。

（1）卷材冷粘法施工工艺。

冷粘法施工是指在常温下采用胶黏剂等材料进行卷材与基层、卷材与卷材间黏结的施工方法。卷材采用自粘胶铺贴施工也属冷粘法施工。该工艺在常温下作业，不需要加热或明火，施工方便、安全，但要求基层干燥，胶黏剂的溶剂（或水分）充分挥发，否则不能保证黏结的质量。冷粘法施工选的胶黏剂应与卷材配套、相容且黏结性能满足设计要求。

冷粘法铺贴卷材的工艺流程。

基层清理→基层干燥程度检查→节点附加增强层铺贴→定位弹线试铺→胶黏剂称量、搅拌→涂基层处理剂→基层卷材涂胶黏剂→铺贴卷材→辊压排气贴实→接缝处涂刷胶黏剂→辊压排气黏合→接缝处卷材末端收头→节点密封→检查修整→验收→保护层施工。

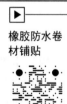

橡胶防水卷材铺贴

卷材热粘贴滚铺法施工工艺

(2) 卷材自粘法施工工艺。

自粘型卷材在工厂生产时，在其底面涂有一层压敏胶，胶黏剂表面敷有一层隔离纸。施工时只要剥去隔离纸，即可直接铺贴。自粘型卷材通常为高聚物改性沥青防水卷材，施工一般可采用满粘法和条粘法进行铺贴。采用条粘法时，需将卷材与基层脱离的部位采用隔离措施，如在基层上刷一层石灰水或加铺一层撕下的隔离纸。铺贴时为增加黏结强度，基层表面也应涂刷基层处理剂。干燥后应及时铺贴卷材，可采用滚铺法或抬铺法进行。

铺贴自粘型卷材施工工艺流程。

基层清理→基层干燥程度检查→涂基层处理剂→节点附加增强层铺贴→定位弹线试铺→揭去卷材底面隔离纸→随即铺贴卷材→辊压排气贴实→粘贴接缝口→辊压排气黏合→接缝口卷材末端收头→节点密封→检查修整→验收→保护层施工。

6.4.4 涂膜防水层施工

1. 防水涂料和胎体增强材料的贮运、保管及验收

(1) 防水涂料和胎体增强材料的贮运、保管，应符合下列规定。

① 包装防水涂料的容器应密封，容器表面应标明涂料名称、生产厂家、执行标准号、生产日期和产品有效期，并应分类存放。

② 反应型和水乳型涂料贮运和保管环境温度不宜低于 5℃。

③ 溶剂型涂料贮运和保管环境温度不宜低于 0℃，并不得日晒、碰撞和渗漏。保管环境应干燥、通风，并应远离火源、热源。

④ 胎体增强材料贮运、保管环境应干燥、通风，并应远离火源、热源。

(2) 进场的防水涂料和胎体增强材料应检验下列项目。

① 高聚物改性沥青防水涂料的固体含量、耐热性、低温柔性、不透水性、断裂伸长率或抗裂性。

② 合成高分子防水涂料和聚合物水泥防水涂料的固体含量、低温柔性、不透水性、拉伸强度、断裂伸长率。

③ 胎体增强材料的拉力、延伸率。

2. 涂膜防水层的施工环境温度

(1) 水乳型及反应型涂料宜为 5～35℃。

(2) 溶剂型涂料宜为 -5～35℃。

(3) 热熔型涂料不宜低于 -10℃。

(4) 聚合物水泥涂料宜为 5～35℃。

3. 涂膜防水层的基层要求

涂膜防水层基层应坚实平整，排水坡度应符合设计要求，否则会导致防水层积水。同时防水层施工前基层应干净、无孔隙、起砂和裂缝，以保证涂膜防水层与基层有较好的黏结强度。

4. 涂膜防水层施工要求

涂膜防水层施工应符合下列规定。

(1) 防水涂料应多遍均匀涂布，涂膜总厚度应符合设计要求。

(2) 涂膜间夹铺胎体增强材料时，宜边涂布边铺胎体。胎体应铺贴平整，排除气泡，并应与涂料黏结牢固。在胎体上涂布涂料时，应使涂料浸透胎体，并且覆盖完全，不得有胎体外露现象。最上面的涂膜厚度不应小于 1.0mm。

（3）涂膜施工应先做好细部处理，再进行大面积涂布。

（4）屋面转角及立面的涂膜应薄涂多遍，不得流淌和堆积。

5. 涂膜防水的操作方法

涂膜防水的操作方法有涂刷法、涂刮法、喷涂法，见表 6-9。

表 6-9 涂膜防水的操作方法

操作方法	具 体 做 法	适应范围
涂刷法	（1）用刷子涂刷，一般采用蘸刷法，也可边倒涂料边用刷子刷匀，涂布垂直面层的涂料时，最好采用蘸刷法。涂刷应均匀一致，倒料时要注意涂料应均匀倒洒，不可在一处倒得过多，否则涂料难以刷开，造成涂膜厚薄不均匀现象。涂刷时不能将气泡裹进涂层中，如遇气泡应立即消除。涂刷遍数必须按事先试验确定的遍数进行。 （2）涂布时应先涂立面，后涂平面。在立面或平面涂布时，可采用分条或按顺序进行。分条进行时，每条宽度应与胎体增强材料宽度一致，以免操作人员踩踏到刚涂好的涂层。 （3）前一遍涂料干燥后，方可进行下一层涂膜的涂刷。涂刷前应将前一遍涂膜表面的灰尘、杂物等清理干净，同时还应检查前一遍涂层是否有缺陷，如气泡、露底、漏刷、胎体材料褶皱、翘边、杂物混入涂层等不良现象，如果存在上述质量问题，应先进行修补，再涂布下一道涂料。 （4）后续涂层的涂刷，材料用量控制要严格，用力要均匀，涂层厚薄要一致，仔细认真涂刷、各道涂层之间的涂刷方向应相互垂直，以提高防水层的整体性和均匀性。涂层接槎处，在每遍涂刷时应退槎 50～100mm，接槎时也应超过 50mm，以免接槎不严造成渗漏。 （5）涂膜要求厚薄一致，平整光滑，无明显接槎。施工操作中不应出现流淌、褶皱、漏底、刷花和起泡等弊病	用于刷涂立面和细部节点处理及黏度较小的高聚物改性沥青防水涂料和合成高分子涂料
涂刮法	（1）涂刮就是利用刮刀，将厚质防水涂料均匀地涂刮在防水基层上，形成厚度符合设计要求的防水涂膜。 （2）涂刮时应用力按刀，使刮刀与被涂面的倾斜角为 50°～60°，按刀要用力均匀。 （3）涂层厚度控制采用预先在刮板上固定铁丝（或木条）或在屋面上做好标志的方法。铁丝（或木条）的高度应与每遍涂层厚度要求一致。 （4）刮涂时只能回刮 1 次，不能往返多次刮涂，否则将会出现"皮干里不干"现象。 （5）为了加快施工进度，可采用分条间隔施工，待先批涂层干燥后，再抹后批空白处。分条宽度一般为 0.8～1.0m，以便抹压操作，并与胎体增强材料宽度相一致。 （6）待前一遍涂料完全干燥后（干燥时间不宜少于 12h）可进行下一遍涂料施工。后一遍涂料的刮涂方向应与前一遍刮涂方向垂直。 （7）当涂膜出现气泡、褶皱、凹陷、刮痕等情况，应立即进行修补。补好后才能进行下一道涂膜施工	用于黏度较大的高聚物改性沥青防水涂料和合成高分子防水涂料的大面积施工

续表

操作方法	具 体 做 法	适应范围
喷涂法	（1）喷涂法是利用压力或压缩空气将防水涂料涂布于防水基层面上的机械施工方法。其特点是：涂膜质量好，工作效率高，劳动强度低，适用于大面积作业。 （2）作业时，喷涂压力为 0.4～0.8MPa，喷枪移动速度一般为 400～600mm/min，喷嘴至受喷面的距离一般应控制在 400～600mm。 （3）喷枪移动的范围不能太大，一般直线喷涂 800～1000mm 后，拐弯 180°向后喷下一行。根据施工条件可选择横向或竖向往返喷涂。 （4）第一行与第二行喷涂面的重叠宽度，一般应控制在喷涂宽度的 1/3～1/2，以使涂层厚度比较一致。 （5）每一涂层一般要求喷涂两遍，横向喷涂一遍，再竖向喷涂一遍。两遍喷涂的时间间隔由防水涂料的品种及喷涂厚度而定。 （6）如有喷枪喷涂不到的地方，应用油刷刷涂	用于黏度较小的高聚物改性沥青防水涂料和合成高分子防水涂料的大面积施工

6. 涂膜防水层的施工工艺

涂膜防水层的常规施工程序：施工准备工作→板缝处理及基层施工→基层检查及处理→涂刷基层处理剂→节点和特殊部位附加增强处理→涂布防水涂料、铺贴胎体增强材料→防水层清理与检查整修→保护层施工。

6.4.5 接缝密封防水施工

防水施工现场

1. 接缝密封防水材料

（1）接缝密封材料。接缝种类及其对应的密封材料见表 6-10。

表 6-10 接缝种类及其对应的密封材料

项次	接 缝 种 类	主要考虑因素	密封材料
1	屋面板接缝	（1）剪切位移 （2）耐久性 （3）耐热度	改性沥青 塑料油膏 聚氯乙烯胶泥
2	水落口杯节点	（1）耐热度 （2）拉伸压缩循环性能	硅酮密封胶
3	天沟、檐沟节点	同屋面板接缝	—
4	檐口、泛水卷材收头节点	（1）黏结性 （2）流淌性	改性沥青 塑料油膏
5	刚性屋面分格缝节点	（1）水平位移 （2）耐热度	硅酮密封胶 聚氨酯密封膏 水乳丙烯酸

(2) 背衬材料。背衬材料常选用聚乙烯闭孔泡沫体和沥青麻丝。其作用是控制密封膏嵌入深度，确保两面粘接，从而使密封材料有较大的自由伸缩能力，提高变形能力。

(3) 隔离条。隔离条一般有四氟乙烯条、硅酮条、聚酯条、氯乙烯条和聚乙烯泡沫条等，其作用与背衬材料相同，主要用于接缝较浅的部位，如檐口、泛水卷材收头、金属管道根部等节点处。

(4) 防污条。防污条要求黏性恰当，其作用是保持黏结物不对界面两边造成污染。

(5) 基层处理剂。基层处理剂一般与密封材料配套供应。

2. 施工准备及施工工艺

接缝密封防水施工前应根据密封材料的种类、施工方法选用施工机具。密封材料施工机具见表 6-11。

表 6-11 密封材料施工机具

方法		具 体 做 法	适用
热灌法		采用塑化炉加热，将锅内材料加温，使其熔化，加热温度为 110～130℃，然后用灌缝车或鸭嘴壶将密封材料灌入缝中，浇灌时的温度不低于110℃	平面接缝
冷嵌法	批刮法	密封材料不需要加热，手工嵌填时可用腻子刀或刮刀将密封材料分次刮到缝槽两侧的粘接面，然后将密封材料填满整个接缝	平面、立面及节点接缝
	挤出法	可采用专用的挤出枪，并根据接缝的宽度选用合适的枪嘴，将密封材料挤入接缝内。若采用管装密封材料时，可将包装筒塑料嘴斜向切开作为枪嘴，将密封材料挤入接缝内	

缝槽应清洁、干燥，表面应密实、牢固、平整，否则应予以清洗和修整。用直尺检查接缝的宽度和深度，必须符合设计要求，一般接缝的宽度和深度见表 6-12。如尺寸不符合要求，应修整。

表 6-12 一般接缝的宽度和深度

接缝间距/m	0～2.0	2.0～3.5	3.5～5.0	5.0～6.5	6.5～8.0
最小缝宽/mm	10	15	20	25	30
嵌缝深度/mm	8±2	10±2	12±2	15±3	15±3

接缝密封防水施工工艺：嵌填背衬材料（图 6.27）→敷设防污条→刷涂基层处理剂→嵌填密封材料→保护层施工。

6.4.6 保护层和隔离层施工

防水层不但要起到防水作用，而且还要抵御大自然的雨水冲刷、紫外线、臭氧、酸雨、温差变化等，因此防水层应加保护层，以延长防水层的使用寿命。一般地，有了保护层，防水层的寿命至少延长一倍，如果做成倒置式屋面，寿命将延长更多。目前采用的保护层是根据不同的防水材料和屋面功能决定的。

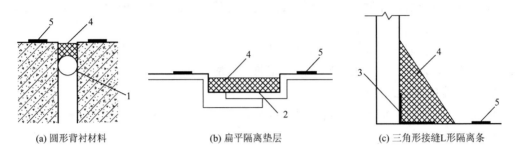

(a) 圆形背衬材料　　(b) 扁平隔离垫层　　(c) 三角形接缝L形隔离条

1—圆形背衬材料；2—扁平隔离垫层；3—L形隔离条；
4—密封防污胶条；5—遮挡防污胶条。

图 6.27　嵌填背衬材料

施工完的防水层应进行雨后观察、淋水或蓄水试验，并应在合格后再进行保护层和隔离层的施工。保护层和隔离层施工前，防水层或保温层的表面应平整、干净。保护层和隔离层施工时，应避免损坏防水层或保温层。块体材料、水泥砂浆、细石混凝土保护层表面的坡度应符合设计要求，不得有积水现象。

1）浅色涂层的施工

浅色涂层可在防水层上涂刷，涂刷面除了应干净外，还应干燥，涂膜应完全固化，刚性层应硬化干燥。涂刷时应均匀，不露底，不堆积，一般应涂刷两遍以上。

2）金属反射膜的粘铺

金属反射膜在工厂生产时一般敷于热熔改性沥青卷材表面，也可以用胶黏剂粘贴于涂膜表面。在现场将金属反射膜粘铺于涂膜表面时，应两人滚铺，从膜下排出空气后，立即辊压、粘牢。

3）蛭石、云母粉、粒料（砂、石片）撒布

这些粒料如用于热熔改性沥青卷材表面，应在工厂生产时黏附。在现场将这些粒料粘铺于防水层表面是在涂刷最后一遍热玛蹄脂或涂料后，立即均匀撒铺粒料并轻轻地辊压一遍，待完全冷却或干燥固化后，再将上面未粘牢的粒料扫去。

4）纤维毡、塑料网格布的施工

纤维毡一般在四周用压条钉压固定于基层上，中间可采取点粘固定。塑料网格布在四周也应固定，中间均应用咬口连接。

5）块体铺设

在铺设块体前应先用点粘法铺贴一层聚酯毡。块体为各式各样的混凝土制品，如果是不上人屋面，只要铺摆就可以，如果是上人屋面，则要求用坐砂、坐浆铺砌。块体施工时应铺平垫稳，缝隙均匀一致。

6）水泥砂浆、聚合物水泥砂浆或干粉砂浆铺抹

铺抹砂浆也应按设计要求，如需隔离层，则应先铺一层无纺布，再按设计要求铺抹砂浆，抹平压光，并按设计分格，也可以在硬化后用锯切割，但必须注意不可伤及防水层，

用锯切割深度为砂浆厚度的1/3～1/2。

7）混凝土、钢筋混凝土施工

混凝土、钢筋混凝土保护层施工前应在防水层上做隔离层，隔离层可采用低标号砂浆（石灰黏土砂浆）、油毡、聚酯毡、无纺布等。隔离层应铺平，然后铺放绑扎配筋，支好分格缝模板，浇筑细石混凝土。也可以全部浇筑，硬化后用锯切割混凝土缝，但缝中应填嵌密封材料。

6.4.7 瓦屋面施工

瓦屋面采用的木质基层、顺水条、挂瓦条的防腐及防锈蚀、防火及防蛀处理，均应符合设计要求。屋面木质基层应铺钉牢固、表面平整。钢筋混凝土基层的表面应平整、干净、干燥。

烧结瓦、混凝土瓦的贮运、保管应轻拿轻放，不得抛扔、碰撞。进入现场后应堆垛整齐。进场的烧结瓦、混凝土瓦应检验抗渗性、抗冻性和吸水率等项目。顺水条应顺流水方向固定，间距不宜大于500mm，顺水条应铺钉牢固、平整。挂瓦条时应拉通线，挂瓦条的间距应根据瓦片尺寸和屋面坡长计算确定，挂瓦条应铺钉牢固、平整，上棱应成一条直线。

铺设瓦屋面时，瓦片应均匀分散堆放在两坡屋面基层上，严禁集中堆放。应由两坡从下向上同时对称铺设，瓦片应铺成整齐的行列，并应彼此紧密搭接，做到瓦榫落槽、瓦脚挂牢、瓦头排齐，且无翘角和张口现象，檐口应成一直线。脊瓦搭盖间距应均匀，脊瓦与坡面瓦之间的缝隙应用聚合物水泥砂浆填实抹平，屋脊或斜脊应顺直。沿山墙一行瓦宜用聚合物水泥砂浆做出拨水线。

檐口第一根挂瓦条应保证瓦头出檐口50～70mm，屋脊两坡最上面的一根挂瓦条，应保证脊瓦在坡面瓦上的搭盖宽度不小于40mm。钉檐口条或封檐板时，均应高出挂瓦条20～30mm。

烧结瓦、混凝土瓦屋面完工后，应避免屋面受物体冲击，严禁任意上人或堆放物件。

6.4.8 金属板屋面施工

金属板屋面应用专用吊具安装，吊装和运输过程中不得损伤金属板材。金属板堆放地点宜选择在安装现场附近，堆放场地应平整坚实且便于排除地表水。金属板应边缘整齐、表面光滑、色泽均匀、外形规则，不得有扭翘、脱膜和锈蚀等缺陷。进场的彩色涂层钢板应检验屈服强度、抗拉强度、断后伸长率、镀层质量、涂层厚度等项目。

金属板屋面的构件及配件应有产品合格证和性能检测报告，其材料的品种、规格、性能等应符合设计要求和产品标准的规定。

金属板屋面施工应在主体结构和支承结构验收合格后进行。金属板屋面施工前应根据施工图纸进行深化排板图设计。金属板敷设时，应根据金属板板型技术要求和深化设计排板图进行。施工测量应与主体结构测量相配合，其误差应及时调整，不得积累。施工过程中应定期对金属板的安装定位基准点进行校核。金属板的长度应根据屋面排水坡度、板型连接构造、环境温差及吊装运输条件等综合确定，横向搭接方向宜顺主导风向。当在多维曲面上雨水可能翻越金属板板肋横流时，金属板的纵向搭接应顺流水方向。金属板铺设过程中应对金属板采取临时固定措施，当天就位的金属板材应及时连接固定，其安装应平整、顺滑，板面不应有施工残留物。檐口线、屋脊线应顺直，不得有起伏不平的现象。

金属板屋面施工完毕，应进行雨后观察、整体或局部淋水试验，檐沟、天沟应进行蓄水试验，并应填写淋水和蓄水试验记录，完工后，应避免屋面受物体冲击，并且不能对金属面板进行焊接、开孔等作业，严禁屋面任意上人或堆放物件。

6.4.9　玻璃采光顶施工

玻璃采光顶部件在搬运时应轻拿轻放，严禁发生互相碰撞；采光玻璃在运输中应采用有足够承载力和刚度的专用货架；部件之间应用衬垫固定，并应相互隔开；采光顶部件应放在专用货架上，存放场地应平整、坚实、通风、干燥，并严禁与酸碱等物质接触。

玻璃采光顶施工应在主体结构验收合格后进行；采光顶的支承构件与主体结构连接的预埋件应按设计要求埋设。施工测量应与主体结构测量相配合，测量偏差应及时调整，不得积累；施工过程中应定期对采光顶的安装定位基准点进行校核。其支承构件、玻璃组件及附件，以及材料的品种、规格、色泽和性能应符合设计要求和技术标准的规定。

玻璃采光顶施工完毕后，应进行雨后观察、整体或局部淋水试验，檐沟、天沟应进行蓄水试验，并应填写淋水和蓄水试验记录。

课题 6.5　防水与屋面工程冬期和雨期施工

6.5.1　冬期施工

冬期进行屋面防水工程施工应选择无风晴朗天气，并应根据使用的防水材料控制其施工气温，以及利用日照条件提高面层温度。在迎风面应设置活动的挡风装置。

施工中有交叉作业时，应合理安排隔汽层、保温层、找平层、防水层的施工工序，并应做到连续操作。对已完成部位应及时覆盖，以免受潮、受冻。

（1）保温层施工。冬期施工采用的屋面保温材料应符合设计要求，不得含有冰雪、冻块和杂质。干铺的保温层可在负温下施工，采用沥青胶结的整体保温层和板状保温层应在气温不低于−10℃时施工，采用水泥、石灰或乳化沥青胶结的整体保温层和板状保温层应在气温不低于5℃时施工。

雪天或五级风及以上的天气不得施工。

(2) 找平层施工。水泥砂浆找平层可掺入防冻剂。当采用氯化钠防冻剂时，宜选用普通硅酸盐水泥或矿渣硅酸盐水泥，严禁使用高铝水泥。砂浆强度不应低于 3.5MPa，施工时的气温不应低于 -7℃。

(3) 防水层、隔汽层施工。沥青卷材施工的环境温度不应低于 5℃。当气温较低且屋面防水层采用沥青卷材时，可采用热熔法和冷粘法施工。热熔法施工温度不应低于 -10℃，冷粘法施工温度不宜低于 -5℃。

6.5.2 雨期施工

防水工程及屋面工程施工在雨期应遵循下列原则。

(1) 卷材层面应尽量在雨季前施工，并同时安装屋面的水落管。

(2) 雨天严禁进行油毡屋面施工，油毡、保温材料不得淋雨。

(3) 雨天屋面工程宜采用湿铺法施工工艺，湿铺法就是在潮湿基层上铺贴卷材，先喷刷 1~2 道冷底子油，喷刷工作宜在水泥砂浆凝结初期进行，以防基层浸水。如基层已浸水，应等基层面干燥后再铺贴油毡，如基层潮湿且干燥有困难时，可采用排汽屋面。

单元小结

本单元主要讲述地下工程防水施工、室内防水工程施工、外墙防水施工、屋面工程施工、防水与屋面工程冬期和雨期施工。

地下工程防水施工介绍卷材防水层、防水混凝土等几种常见防水形式的施工方法和施工操作要点，以及施工质量缺陷和预防措施。要求重点掌握防水卷材外防内贴法和外防外贴法的施工工艺和防水混凝土的施工工艺，同时了解水泥砂浆防水和防水混凝土的施工特点。

室内防水工程施工主要介绍了厕浴间和厨房防水材料、防水构造等的要求，丙烯酸酯防水涂料、单组分聚氨酯防水涂料、聚合物水泥防水涂料、水泥基渗透结晶型防水材料等施工工艺。外墙防水施工主要介绍外保温外墙防水防护施工、无外保温外墙防水防护施工的要求和方法。

在屋面工程施工中，重点介绍了卷材防水铺贴方法、铺贴要求、铺贴顺序，以及刚性防水屋面的适用范围。要求重点掌握卷材、涂膜、刚性防水层的施工程序及技术要点，也要了解屋面接缝密封防水施工的技术要求。屋面保温工程要求掌握常用保温材料种类、要求及倒置式屋面构造特点。

不论是地下工程防水、室内防水、外墙防水还是屋面防水工程，细部和节点做法是防水的薄弱环节和防水工程质量保证的关键，在学习过程中应引起高度的重视。

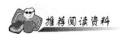

1. 《建筑工程施工质量验收统一标准》（GB 50300—2013）

2. 《硬泡聚氨酯保温防水工程技术规范》(GB 50404—2017)

3. 《屋面工程技术规范》(GB 50345—2012)

4. 《聚氨酯防水涂料》(GB/T 19250—2013)

5. 《屋面工程质量验收规范》(GB 50207—2012)

6. 《地下防水工程质量验收规范》(GB 50208—2011)

7. 《地下工程防水技术规范》(GB 50108—2008)

拓展讨论

党的二十大报告提出，推动战略性新兴产业融合集群发展，构建新一代信息技术、人工智能、生物技术、新能源、新材料、高端装备、绿色环保等一批新的增长引擎。

防水工程对建筑使用寿命有很大影响，而防水材料是防水工程的关键，结合本章内容，谈一谈防水材料的发展，我国在新型防水材料方面取得了哪些成绩？

习 题

1. 试述屋面沥青卷材防水层的施工过程。
2. 常用防水卷材有哪些种类？
3. 刚性防水屋面的隔离层如何施工？分格缝如何处理？简述其施工要点。
4. 屋面卷材保护层有哪几种做法？
5. 试述涂膜防水屋面的施工过程。
6. 简述屋面保温工程保温层的铺设施工要点。
7. 倒置式屋面的保温层应如何施工？
8. 简述倒置式屋面施工工艺流程。
9. 简要回答防水卷材外防外贴法、外防内贴法施工要点。
10. 防水混凝土是如何分类的？各有哪些特点？
11. 卫生间防水有哪些特点？
12. 聚氨酯涂膜防水有哪些优缺点？有哪些施工工序？

单元5
在线答题

单元 7　装饰工程施工

思维导图

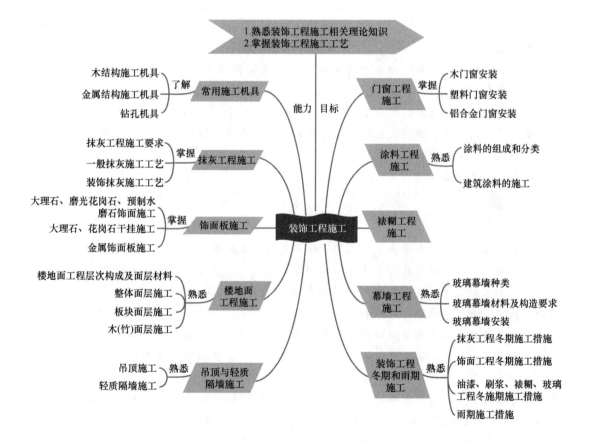

> **引 例**

某工程为宾馆配套娱乐设施的内部装修,包括内部的室内设计、连接宾馆大堂的入口装饰设计及通道的装饰设计,1层、2层为宾馆的KTV区,3层为美容美发区。因项目所在地附近为居民区,所以设计在营造浪漫梦幻娱乐气氛的同时注意了对噪声的控制,最大可能地减少对周边环境的影响。

(1) KTV区的外墙窗口均在窗户内部用轻质隔墙进行封闭,1层、2层内部的消防疏散通道增设甲级防火门,以减少噪声的泄露。在接待区用白色、棕色、黑色石材做钢琴键盘形拼花处理,走廊的墙面采用了乳胶漆和金属墙纸的相间处理,以适度的灯光点缀。

(2) KTV包间地面均为阻燃圈绒地毯,便于声波的吸收,以确保音响的效果。墙面的造型以大芯板为木基层,在其背面做防火一级处理,木造型与墙体的间隙采用隔声棉填充,其面饰为金属墙纸或艺术软包。其余墙面为砂浆漆,降低了墙面的光滑程度,便于声波形成漫反射。KTV包间的吊顶采用60系列不上人轻钢龙骨和9mm纸面石膏板,采用乳胶漆饰面。

(3) 美容美发区走廊地面为仿古地砖,墙面主体为米色乳胶漆饰面,镶嵌胡桃木造型。吊顶为60系列不上人轻钢龙骨和9mm纸面石膏板,采用乳胶漆饰面。

(4) 除注明外所有内门均为黑胡桃木饰面门框及门扇。木制品均做硝基半哑光清漆处理,乳胶漆均以一底二面方式施工。所有木基层背面均做一级防火处理。定制的布艺沙发面层材料均应为阻燃型材料。

思考:各个部位如何施工?

> **知识点**

建筑装饰工程是以科学的施工工艺,保护建筑主体结构,满足人们的视觉要求和建筑物的使用功能,从而对建筑物主体结构的内外表面进行的装设和修饰,并对建筑室内环境进行艺术加工和处理。建筑装饰工程是建筑施工的重要组成部分,主要包括抹灰、吊顶、饰面、玻璃、涂料、裱糊、刷浆和门窗等工程。

装饰工程的施工顺序对保证施工质量起着控制作用。室外抹灰和饰面工程的施工,一般应自上而下进行;高层建筑采取措施后,可分段进行;室内装饰工程的施工,应待屋面防水工程完工后,并在不致被后续工程所损坏和污染的条件下进行;室内抹灰若在屋面防水工程完工前施工,必须采取防护措施。室内吊顶、隔墙的罩面板等工程,应待室内地(楼)面湿作业完工后施工。室内装饰工程的施工顺序,应符合以下规定。

(1) 抹灰、饰面、吊顶和隔断工程,应待隔墙、钢木门窗、窗框、暗装管道、电线管和电器预埋件、预制钢筋混凝土楼板灌缝完工后进行。

(2) 钢木门窗及其玻璃工程,根据地区气候条件和抹灰工程的要求,可在湿作业前进行;铝合金、塑料、镀锌门窗及其玻璃工程,宜在湿作业完工后进行,如需在湿作业前进行,必须加强保护。

(3) 有抹灰基层的饰面板工程、吊顶及轻型花饰安装工程,应待抹灰工程完工后进行。

（4）涂料、刷浆工程以及吊顶、隔断、罩面板的安装，应在塑料地板、地毯、硬质纤维等地（楼）面的面层和明装电线施工前，管道设备试压后进行。木地（楼）板面层的最后一遍涂料，应待裱糊工程完工后进行。

（5）裱糊工程应待顶棚、墙面、门窗及建筑设备的涂料和刷浆工程完工后进行。

课题 7.1　常用施工机具

7.1.1　木结构施工机具

常用的木结构施工机具有电动圆锯、电动曲线锯、电刨、电动木工修边机、打针枪等。

7.1.2　金属结构施工机具

常用的金属结构施工机具有型材切割机、电动角向磨光机、射钉机等。

7.1.3　钻孔机具

常用的钻孔机具有转型手电钻、冲击电钻、电锤等。

课题 7.2　抹灰工程施工

7.2.1　抹灰工程施工要求

1. 抹灰工程分类

抹灰工程按照抹灰施工的部位分为室外抹灰和室内抹灰两类。通常室内各部位的抹灰叫作内抹灰，如内墙、楼地面、天棚的抹灰；室外各部位的抹灰叫作外抹灰，如外墙面、雨篷和檐口的抹灰。按使用材料和装饰效果不同分为一般抹灰和装饰抹灰两大类。一般抹灰工艺有水泥石灰砂浆、水泥砂浆、聚合物水泥砂浆、麻刀灰、纸筋灰、石膏灰等。装饰抹灰工艺有水刷石、水磨石、斩假石（剁斧石）、干粘石、拉毛灰、洒毛灰、喷砂、喷涂饰面、滚涂饰面、弹涂饰面等。

一般抹灰按使用要求、质量标准不同分为普通抹灰和高级抹灰两种。

（1）普通抹灰的质量要求分层涂抹、赶平，表面应光滑、洁净、接槎平整，分格缝应清晰，适用于一般居住、公共和工业建筑，以及高级建筑中的附属用房等。

(2) 高级抹灰要求分层涂抹、赶平，表面应光滑、洁净、颜色均匀、无抹纹、接槎平整，分格缝和灰线应清晰美观，阴阳角方正。高级抹灰适用于大型公共建筑、纪念性建筑，以及有特殊要求的高级建筑等。

2. 抹灰层的组成

为了使抹灰层与基层黏结牢固，防止起鼓开裂，并使抹灰层的表面平整，保证工程质量，抹灰层应分层涂抹。

抹灰层一般由底层、中层和面层组成。抹灰层的一般做法见表 7-1。

表 7-1 抹灰层的一般做法

层次	作 用	基 层 材 料	一 般 做 法
底层	主要起与基层黏结的作用，兼初步找平作用。砂浆稠度为 10～20cm	砖墙	(1) 室内墙面一般采用石灰砂浆或水泥混合砂浆打底。 (2) 室外墙面、门窗洞口外侧壁、屋檐、勒脚、压檐墙以及湿度较大的房间和车间宜采用水泥砂浆或水泥混合砂浆
		混凝土	(1) 宜先刷素水泥浆一道，采用水泥砂浆或混合砂浆打底。 (2) 高级装修顶板宜用乳胶水泥砂浆打底
		加气混凝土	宜用水泥混合砂浆、聚合物水泥砂浆或掺增稠粉的水泥砂浆打底。打底前先刷一遍胶水溶液
		硅酸盐砌块	宜用水泥混合砂浆或掺增稠粉的水泥砂浆打底
		木板条、苇箔、金属网基层	宜用麻刀灰、纸筋灰或玻璃纤维灰打底，并将灰浆挤入基层缝隙内，以加强拉结
		平整光滑的混凝土基层，如顶棚、墙体	可不抹灰，采用粉刷石膏或刮腻子处理
中层	主要起找平作用。砂浆稠度为 7～8cm		(1) 基本与底层相同。砖墙则采用麻刀灰、纸筋灰或粉刷石膏。 (2) 根据施工质量要求可以一次抹成，也可以分遍进行
面层	主要起装饰作用。砂浆稠度为 10cm		(1) 要求平整、无裂纹，颜色均匀。 (2) 室内一般采用麻刀灰、纸筋灰、玻璃纤维灰或粉刷石膏；高级墙面用石膏灰。保温、隔热墙面按设计要求。 (3) 室外常用水泥砂浆、水刷石、干粘石等

3. 抹灰层厚度要求

抹灰层的平均总厚度，应不大于下列数值。

(1) 顶棚。板条、现浇混凝土和空心砖抹灰为 15mm；预制混凝土抹灰为 18mm；金属网抹灰为 20mm。

(2) 内墙。普通抹灰两遍做法（一层底层、一层面层）为 18mm；普通抹灰三遍做法（一层底层、一层中层和一层面层）为 20mm；高级抹灰为 25mm。

(3) 外墙抹灰为 20mm；勒脚及凸出墙面部分抹灰为 25mm。

(4) 石墙抹灰为 35mm。

控制抹灰层平均总厚度的目的，主要是防止抹灰层脱落。

抹灰工程一般应分遍进行，以便黏结牢固，并能起到找平和保证质量的作用。如果一层抹得太厚，由于内外收水快慢不同，容易产生开裂，甚至起鼓脱落。每遍抹灰厚度一般控制如下。

(1) 水泥砂浆每遍厚度为 5~7mm。

(2) 石灰砂浆或混合砂浆每遍厚度为 7~9mm。

(3) 抹灰面层用麻刀灰、纸筋灰、石膏灰、粉刷石膏等罩面时，经赶平、压实后，麻刀灰厚度不大于 3mm，纸筋灰、石膏灰不大于 2mm，粉刷石膏不受限制。

(4) 混凝土内墙面和楼板平整光滑的底面，可采用腻子分遍刮平，总厚度为 2~3mm。

(5) 板条、金属网用麻刀灰、纸筋灰抹灰的每遍厚度为 3~6mm。

水泥砂浆和水泥混合砂浆的抹灰层，应待前一层抹灰层凝结后，方可涂抹后一层；石灰砂浆抹灰层，应待前一层七八成干后，方可涂抹后一层。

4. 一般抹灰的材料

(1) 水泥。抹灰常用的水泥为不小于 32.5 级的普通硅酸盐水泥和矿渣硅酸盐水泥。出厂日期超过 3 个月的水泥，应经试验后方能使用，受潮后结块的水泥应经过筛试验后使用。水泥体积的安定性必须合格。

(2) 石灰膏和磨细生石灰粉。块状生石灰须经熟化成石灰膏才能使用，在常温下，熟化时间不应少于 15d；用于罩面的石灰膏，在常温下，熟化的时间不得少于 30d。

将块状生石灰碾碎磨细后的成品，即为磨细生石灰粉。罩面用的磨细生石灰粉的熟化时间不得少于 3d。使用磨细生石灰粉粉饰，不仅具有节约石灰、适合冬季施工的优点，而且粉饰后不易出现膨胀、鼓皮等现象。

(3) 建筑石膏。抹灰用石膏，一般用于高级抹灰或龟裂抹灰的补平。抹灰时多采乙级建筑石膏，使用时磨成细粉无杂质，细度要求为通过 0.15mm 筛孔时，筛余量不大于 10%。

(4) 粉煤灰。粉煤灰作为抹灰掺合料，可以节约水泥，提高和易性。

(5) 粉刷石膏。粉刷石膏是以建筑石膏粉为基料，加入多种添加剂和填充料等配制而成的一种白色粉料，是一种新型的装饰材料。常见的粉刷石膏有面层粉刷石膏、基层粉刷石膏、保温层粉刷石膏等。

(6) 砂。抹灰用砂最好是中砂，或粗砂与中砂混合掺用，可以用细砂，但不宜用特细砂。抹灰用砂要求颗粒坚硬、洁净，不得含有黏土（不超过 2%）、草根、树叶、碱质及其他有机物等有害杂质。

（7）麻刀、纸筋、稻草、玻璃纤维。麻刀、纸筋、稻草、玻璃纤维在抹灰层中起拉结和骨架作用，可提高抹灰层的抗拉强度，增加抹灰层的弹性和耐久性，使抹灰层不易裂缝脱落。

除了一般抹灰和装饰抹灰，还有采用特种砂浆进行的具有特殊要求的抹灰。例如钡砂（重晶石）砂浆抹灰，对 X 射线和 γ 射线有阻隔作用，常用作 X 射线探伤室、X 射线治疗室、同位素实验室等墙面抹灰。还有应用膨胀珍珠岩、膨胀蛭石作为骨料的保温隔热砂浆抹灰，它不但具有保温隔热吸声性能，还具有无毒、无臭、不燃烧、密度轻的特点。

7.2.2 一般抹灰施工工艺

1. 基体的表面处理

为保证抹灰层与基体之间能黏结牢固，不致出现裂缝、空鼓和脱落等现象，在抹灰前基体表面上的灰土、污垢、油渍等应清除干净，基体表面凹凸明显的部位应在施工前先剔平或用水泥砂浆补平。

基体表面应具有一定的粗糙度。砖石基体面灰缝应砌成凹缝式，使砂浆能嵌入灰缝内与砖石基体黏结牢固。混凝土基体表面较光滑，应在表面先刷一道水泥浆或喷一道水泥砂浆疙瘩效果会更好。

不同材料基体交接处的抹灰，应采取防开裂的加强措施。当采用加强网时，加强网与各基体的搭接宽度不应小于 100mm。基体交接处的接缝处理如图 7.1 所示。对于容易开裂的部位，也应先设加强网以防止开裂。门窗框与墙连接处的缝隙，应用水泥砂浆嵌塞密实，以防因振动而引起抹灰层剥落、开裂。

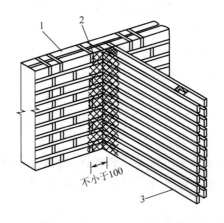

1—砖墙；2—钢丝网；3—板条墙。

图 7.1 基体交接处的接缝处理

2. 设置标筋

为了有效地控制墙面抹灰层的厚度与垂直度，使抹灰面平整，抹灰层涂抹前应设置标筋（又称冲筋），使其作为底层及中层抹灰的依据。

设置标筋时，先用托线板检查墙面的平整垂直程度，据以确定抹灰厚度（最薄处不宜小于7mm），再在墙两边上角离阴角100～200mm处按抹灰厚度用砂浆做一个四方形（边长约50mm）标准块，称为灰饼，然后根据灰饼，用托线板或线锤吊挂垂直，做墙面下角的两个灰饼（高低位置一般在踢脚线上口），随后以上角和下角左右两灰饼为准拉线，每隔1.2～1.5m上下加做若干灰饼。挂线做标准灰饼及标筋如图7.2所示。待灰饼稍干后在上下灰饼之间用砂浆抹上一条宽100mm左右的垂直灰埂，此即为标筋，使其作为底层及中层的厚度控制和赶平的标准。

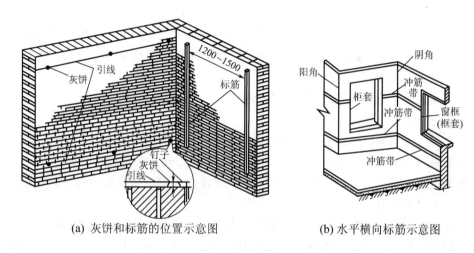

(a) 灰饼和标筋的位置示意图　　(b) 水平横向标筋示意图

图7.2　挂线做标准灰饼及标筋

顶棚抹灰一般不做灰饼和标筋，而是在靠近顶棚四周的墙面上弹一条水平线以控制抹灰层厚度，并作为抹灰找平的依据。

3. **做护角**

墙、柱和门窗洞口的阳角容易受到碰撞而损坏，故该处应采用1∶2水泥砂浆做暗护角，其高度不应低于2m，每侧宽度不应小于50mm，待砂浆收水稍干后，用捋角器抹成小圆角。阳角护角如图7.3所示。阳角线条要求清晰、挺直、方正。

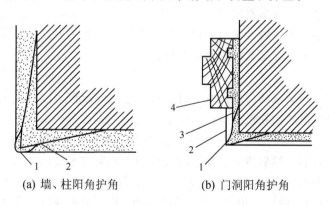

(a) 墙、柱阳角护角　　(b) 门洞阳角护角

1—水泥砂浆护角；2—墙面砂浆；3—嵌缝砂浆；4—门框。

图7.3　阳角护角

4. **抹灰层的涂抹**

当标筋稍干后，即可进行抹灰层的涂抹。涂抹应分层进行，以免一次涂抹厚度较厚，砂浆内外收缩不一致而导致开裂。一般涂抹水泥砂浆时，每遍厚度以5~7mm为宜；涂抹石灰砂浆和水泥混合砂浆时，每遍厚度以7~8mm为宜。

分层涂抹时，应防止涂抹后一层砂浆时破坏已抹砂浆的内部结构，应避免几层湿砂浆合在一起，造成收缩率过大，导致抹灰层开裂、空鼓。因此，水泥砂浆和水泥混合砂浆应待前一层凝结后，再涂抹后一层；石灰砂浆应待前一层发白（约七八成干）后，再涂抹后一层。抹灰用的砂浆应具有良好的工作性（和易性），以便于操作。

为使底层砂浆与基体黏结牢固，抹灰前基体一定要浇水湿润，以防止基体过干而吸去砂浆中的水分。砖基体一般宜浇水两遍，使砖面渗水深度达8~10mm。混凝土基体宜在抹灰前1d浇水，使水渗入混凝土表面2~3mm。如果各层抹灰相隔时间较长，已抹灰砂浆层较干时，也应浇水湿润，再抹下一层砂浆。

抹灰层除用手工涂抹外，还可利用机械喷涂。

5. 罩面压光

室内常用的麻刀灰、纸筋灰、石膏灰等应分层涂抹，每遍厚度为1~2mm。经赶平压实后，面层总厚度对于麻刀灰不得大于3mm，对于纸筋灰、石膏灰不得大于2mm。罩面时应待底子灰五六成干后进行，如底子灰过干应先浇水湿润，分纵横两遍涂抹，最后用钢抹子压光，不得留抹纹。

室外抹灰常用水泥砂浆罩面，施工面积比较大。由于大面积抹灰罩面抹纹不易压光，在阳光照射下极易显露而影响墙面美观，故水泥砂浆罩面宜用木抹子抹成毛面。为防止色泽不匀，应用同一品种与规格的原材料，由专人配料，采用统一的配合比，底层浇水要均匀，干燥程度基本一致。

7.2.3 装饰抹灰施工工艺

装饰抹灰是采用装饰性强的材料，或用不同的处理方法及加入各种颜料，使建筑物具备某种特定的色调和光泽。随着建筑工业生产的发展和人民生活水平的提高，装饰抹灰取得了很大发展，也出现了很多新的工艺。

装饰抹灰的底层和中层的做法与一般抹灰要求相同，面层根据材料及施工方法的不同而具有不同的形式。下面介绍几种常用的饰面。

1. 水刷石

水刷石多用于室外墙面的装饰抹灰。对于高层建筑大面积水刷石，为加强底层与混凝土基体的黏结，墙面要加钢筋做拉结网。施工时先用12mm厚的1:3水泥砂浆打底找平，待底层砂浆终凝后，在其上按设计的分格弹线安装分格木条，用水泥浆在两侧黏结固定，以防大片面层收缩开裂。然后将底层浇水润湿后刮水泥浆（水灰比0.37~0.40）一道，以增加面层与底层的黏结。随即抹上稠度为5~7cm、厚8~12mm的水泥石子浆［水泥：石子＝1:(1.25~1.50)］面层，拍平压实，使石子密实且分布均匀。当水泥石子浆开始凝固时（大致是以手指按上去无指痕，用刷子刷石子，石子不掉下为准），用刷子从上而下蘸水刷掉石子间表层水泥浆，使石子露出灰浆面1~2mm度。刷洗时间要严格掌握，刷洗过早或过度，则石子颗粒露出灰浆面过多，容易脱落；刷洗过晚，则灰浆洗不净，石子不显露，饰面浑浊不清晰，影响美观。水刷石的外观质量标准是石粒清晰、分布均匀、紧密平整、色泽一致、不得有掉粒和接槎痕迹。

2. 干粘石

干粘石主要是用于外墙面的装饰抹灰。施工时是在已经硬化的底层水泥砂浆层上按设计要求弹线分格，根据弹线镶嵌分格木条，将底层浇水润湿后，抹上一层6mm厚1:(2~2.5)的水泥砂浆层，随即紧跟着再抹一层2mm厚的1:0.5水泥石灰膏浆黏结层，同时将粒径为4~6mm的石子甩粘拍平压实。拍时不得把砂浆拍出来，以免影响美观，要使石子嵌入深度不小于石子粒径的1/2，持有一定强度后洒水养护。

上述方法为手工甩石子，也可用喷枪将石子均匀有力地喷射于黏结层上，用铁抹子轻轻压一遍，使表面搓平。干粘石的质量要求是石粒黏结牢固、分布均匀、不掉石粒、不露浆、不漏粘、颜色一致。

3. 斩假石（剁斧石）

斩假石又称剁斧石，是一种仿制天然石料的饰面。用不同的骨料或掺入不同的颜料，可以仿制成花岗石、玄武石、青条石等。施工时先用1:(2~2.5)水泥砂浆打底，待24h后浇水养护，硬化后在表面洒水湿润，刮素水泥浆一道，随即用1:1.25水泥石子浆（内掺30%石屑）罩面，厚为10mm；抹完后要注意防止日晒或冰冻，并养护2~3d（强度达60%~70%）即可试剁，如石子颗粒不发生脱落便可正式斩假石加工；加工时用剁斧将面层斩毛，剁的方向要一致，剁纹深浅要均匀，一般两遍成活，分格缝周边、墙角、柱子的棱角周边留15~20mm不剁，即可做出似用石料砌成的装饰面。

4. 拉毛灰和洒毛灰

拉毛灰是将底层用水湿透，抹上1:(0.05~0.3):(0.5~1)水泥石灰罩面砂浆，随即用硬棕刷或铁抹子进行拉毛。棕刷拉毛时，用刷蘸砂浆往墙上连续垂直拍拉，拉出毛头。铁抹子拉毛时，则不蘸砂浆，只用抹子黏结在墙面随即抽回，要做到拉的快慢一致、均匀整齐、色泽一致、不露底，在一个平面上要一次成活，避免中断留槎。

撒毛灰是用茅草小帚蘸1:1水泥砂浆或1:1:4水泥石灰砂浆，由上往下撒在湿润的底层上，撒出的云朵须错乱多变、大小相称、空隙均匀，形成大小不一而有规律的毛面。也可在未干的底层上刷上颜色，再不均匀地撒上罩面灰，并用抹子轻轻压平，使其部分地方露出带色的底子灰，使撒出的云朵具有浮动感。

5. 喷涂饰面

喷涂饰面是用挤压式灰浆泵或喷斗将聚合物水泥砂浆经喷枪均匀喷涂在墙面基层上，形成装饰抹灰。聚合物水泥砂浆由于掺入聚合物乳液因而具有良好的和易性及抗冻性，能提高装饰面层的表面强度与黏结强度。根据涂料的稠度和喷射压力的大小，以质感区分，可喷成砂浆饱满、呈波纹状的波面喷涂和表面布满点状颗粒的粒状喷涂。喷涂前须喷或刷一道胶水溶液（108胶:水=1:3），使基层吸水率趋近于一致，并确保喷涂层黏结牢固。喷涂层厚3~4mm，粒状喷涂应连续3遍完成；波面喷涂必须连续操作，喷至全部泛出水泥浆但又不至流淌为好。在大面积喷涂后，按分格位置用铁皮刮子沿靠尺刮出分格缝。喷涂层凝固后再喷罩一层有机硅防水剂。喷涂饰面要求表面平整、颜色一致、花纹均匀、不显接槎。

6. 滚涂饰面

滚涂饰面是将带颜色的聚合物水泥砂浆均匀涂抹在底层上，随即用平面或带有拉毛、刻有花纹的橡胶辊，滚出所需的图案和花纹。其分层施工步骤：①10~13mm厚聚合物水泥砂浆打底，木抹子搓平；②粘贴分格条（施工前在分格处先刮一层聚合物水泥砂浆，滚涂前将涂有聚合物胶水溶液的电工胶布贴在分格处，等饰面砂浆收水后揭下胶布）；③3mm 厚砂浆罩面，随抹随用橡胶辊滚出各种花纹；④待面层干燥后，喷涂有机硅水溶液。

滚涂砂浆的配合比为水泥∶骨料（砂子、石屑或珍珠岩）＝1∶(0.5～1)，再掺入占水泥量 20% 的 108 胶和 0.3% 的木钙减水剂。手工操作滚涂分干滚、湿滚两种。干滚时橡胶辊不蘸水、滚出的花纹较大，工作效率较高；湿滚时橡胶辊反复蘸水，滚出的花纹较小。滚涂工作效率比喷涂低，但便于小面积局部应用。滚涂应一次成活，多次滚涂易产生翻砂现象。

7. 弹涂饰面

弹涂饰面是用弹涂器分几遍将不同色彩的聚合物水泥砂浆弹到墙面上，形成 1～3mm 的圆状色点。由于该砂浆一般由 2～3 种颜色组成，不同色点在墙面上相互交错、相互衬托，犹如水刷石、干粘石。弹涂饰面也可做成单色光面、细麻面、小拉毛等多种形式。弹涂饰面工艺可在墙面上做底灰，再做弹涂饰面，也可直接弹涂在基层平整的混凝土板、加气板、石膏板、水泥石棉板等板材上。弹涂器有手动和电动两种，后者工作效率高，适合大面积施工。

弹涂饰面的做法是在 1∶3 水泥砂浆打底的底层砂浆面上，洒水润湿，待干至六七成时进行砂浆弹涂。弹涂时先喷刷底色浆一道，弹分格线，贴分格条。然后弹头道色点，待稍干后即弹两道色点，最后进行个别修弹，再喷射树脂罩面层。

课题 7.3　饰面板施工

饰面工程是在墙柱表面镶贴或安装具有保护和装饰功能的块料而形成饰面层。块料的种类可分为饰面板和饰面砖两大类。饰面板有石材饰面板（包括天然石材和人造石材）、金属饰面板、塑料饰面板、镜面玻璃饰面板等；饰面砖有釉面瓷砖、外墙面砖、陶瓷锦砖等。使用水泥砂浆粘贴外墙饰面砖，存在脱落安全隐患，已被住房和城乡建设部列为限制使用工艺，不得用于粘贴高度高于 15m 的饰面工程。

7.3.1　大理石、磨光花岗石、预制水磨石饰面施工

1. 薄型小规格块材

薄型小规格块材一般厚度在 10mm 以下，边长小于 400mm，可采用粘贴方法施工。

薄型小规格块材工艺流程为：基层处理→吊垂直、套方、找规矩、贴灰饼→抹底层砂浆→弹线分格→排块材→浸块材→镶贴块材→表面勾缝与擦缝。

(1) 进行基层处理和吊垂直、套方、找规矩。需要注意同一墙面不得有一排以上的非整砖，并应将其镶贴在较隐蔽的部位。

(2) 在基层湿润的情况下，先刷素水泥浆（内掺 10% 的 108 胶）一道，随刷随打底；底灰采用 1∶3 水泥砂浆，厚度约 12mm，分两遍操作，第一遍约 5mm，第二遍约 7mm，待底灰压实刮平后，将底子灰表面划毛。

(3) 待底子灰凝固后便可进行分块弹线，随即将已湿润的块材抹上厚度为 2～3mm 的素水泥浆（内掺 20% 的 108 胶）进行镶贴（也可以用胶粉），用木槌轻敲，用靠尺找平找直。

2. 大规格块材

大规格块材一般边长大于400mm，镶贴高度超过1m，可采用安装方法施工。

大规格块材工艺流程为：施工准备（钻孔、剔槽）→穿铜丝或镀锌丝与块材固定→绑扎、固定钢筋网→吊垂直、找规矩、弹线→安装大理石、磨光花岗石或预制水磨石→分层灌浆→擦缝。

（1）钻孔、剔槽。安装前先将饰面板按照设计要求用台钻打眼，如图7.4所示。

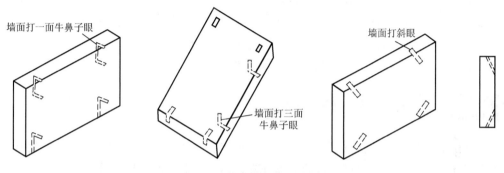

图7.4 饰面板打眼示意图

（2）穿铜丝或镀锌铁丝。把备好的铜丝或镀锌铁丝剪成长20cm左右，一端用木楔粘环氧树脂将铜丝或镀锌铁丝穿进孔内固定牢固，另一端将铜丝或镀锌铁丝顺孔槽弯曲并卧入槽内，使大理石、磨光花岗石或预制水磨石上、下端面没有铜丝或镀锌铁丝突出，以便和相邻石板接缝严密。

（3）绑扎钢筋网。首先剔出墙上的预埋筋，把墙面镶贴大理石、磨光花岗石或预制水磨石的部位清扫干净。先绑扎一道竖向ϕ6mm钢筋，并把绑好的竖向钢筋用预埋筋弯压于墙面。横向钢筋用于绑扎大理石、磨光花岗石或预制水磨石。

（4）弹线。首先将需安装大理石、磨光花岗石或预制水磨石的墙面、柱面和门窗套用大线坠从上至下找出垂直（高层应用经纬仪找垂直），找出垂直后，在地面上顺墙弹出大理石、磨光花岗石或预制水磨石等外轮廓尺寸线（柱面和门窗套等同）。此线即为第一层大理石、磨光花岗石或预制水磨石等的安装基准线。

（5）安装大理石、磨光花岗石或预制水磨石。按部位取石板并捋直铜丝或镀锌铁丝，将石板就位，石板上口外仰，右手伸入石板背面，把石板下口铜丝或镀锌铁丝绑扎在横筋上，并用木楔垫稳，石板与基层间的缝隙（灌浆厚度）一般为30～50mm。第一层安装完毕再用靠尺找垂直，水平尺找平整，方尺找阴阳角方正。找完垂直、平整、方正后，把调成粥状的石膏贴在大理石、磨光花岗石或预制水磨石上下之间，使这石板结成一个整体。木楔处也可粘贴石膏，再用靠尺检查有无变形，等石膏硬化后方可灌浆（如设计有嵌缝塑料软管者，应在灌浆前塞放好）。

（6）灌浆。把配合比为1∶2.5的水泥砂浆放入大桶，加水调成粥状（稠度一般为8～12cm），用铁簸箕舀浆徐徐倒入。注意不要碰大理石、磨光花岗石或预制水磨石，边灌边用橡皮锤轻轻敲击石板面，使灌入砂浆排气。第一层浇灌高度为15cm，不能超过石板高度的1/3；第一层灌浆很重要，既要锚固石板的下口铜丝又要固定石板，所以要轻轻操作，防止碰撞和猛灌。如发生石板外移错动，应立即拆除重新安装。

室内装饰工程

第一层灌入15cm后停1~2h，等砂浆初凝，此时应检查是否有移动，再进行第二层灌浆，灌浆高度一般为20~30cm，待初凝后再继续灌浆。第三层灌浆至低于板上口5~10cm处。

(7) 擦缝。全部石板安装完毕后，清除所有石膏和余浆痕迹，用布擦洗干净，并按石板颜色调制色浆嵌缝，边嵌边擦干净，使缝隙密实、均匀、干净、颜色一致。

(8) 柱子贴面。安装柱面大理石、磨光花岗石或预制水磨石，其弹线、钻孔、绑钢筋和安装等工序与镶贴墙面方法相同，要注意灌浆前用木方钉成槽形木卡子，双面卡住大理石、磨光花岗石或预制水磨石，以防止灌浆时大理石、磨光花岗石或预制水磨石外胀。

夏季安装室外大理石、磨光花岗石或预制水磨石时，应有防止暴晒的可靠措施。

7.3.2　大理石、花岗石干挂施工

干挂法的操作工艺包括选材、钻孔、基层处理、弹线、板材铺贴和固定。除钻孔和板材固定工序外，其余做法均同大理石、磨光花岗石或预制水磨石饰面施工。

1. 钻孔

由于相邻板材是用不锈钢销钉连接的，因此钻孔位置一定要准确，以便使板材之间的连接水平一致、上下平齐。钻孔前应在板材侧面按要求定位，用电钻钻成直径为5mm，孔深为12~15mm的圆孔，然后将直径为5mm的销钉插入孔内。

2. 板材的固定

用膨胀螺钉将固定和支撑材块的连接件固定在墙面上，如图7.5所示。连接件是根据墙面与板块销孔的距离，用不锈钢加工成L形。为便于安装板材时调节销钉和膨胀螺钉的位置，在L形连接件上留槽形孔眼，待板材调整到正确位置时，随即拧紧膨胀螺钉螺帽进行固结，并用环氧树脂胶将销钉固定。

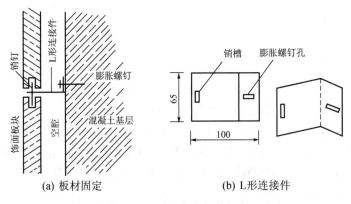

图 7.5　用膨胀螺钉固定板材

7.3.3　金属饰面板施工

金属饰面板一般由铝合金板、彩色压型钢板和不锈钢钢板制成，用于内外墙面、屋

面、顶棚等的装饰。其也可与玻璃幕墙或大玻璃窗配套应用,以及在建筑物四周的转角部位、玻璃幕墙的伸缩缝、水平部位的压顶等配套使用。

1. 吊直、套方、找规矩、弹线

首先根据设计图样的要求和几何尺寸,对镶贴金属饰面板的墙面进行吊直、套方、找规矩,并依次实测和弹线,确定饰面板的尺寸和数量。

2. 固定骨架的连接件

骨架的横竖杆件是通过连接件与结构固定的,而连接件与结构之间,可以与结构的预埋件焊牢,也可以在墙上打膨胀螺钉。因后一种方法比较灵活,尺寸误差较小,容易保证位置的准确性,因而实际施工中采用得比较多。在墙上打膨胀螺钉时须在膨胀螺钉位置画线,按线开孔。

3. 固定骨架

骨架应预先进行防腐处理。安装骨架位置要准确,结合要牢固。安装后应全面检查中心线、表面标高等。

4. 金属饰面板安装

墙板的安装顺序是从每面墙的竖向第一排下部第一块板开始,自下而上安装。安装完该面墙的第一排再安装第二排。每铺设10排墙板,应吊线检查一次,以便及时消除误差。

固定金属饰面板的方法,常用的主要有两种:一种是将板条或方板用螺钉拧到型钢或木架上,这种方法耐久性较好,多用于外墙;另一种是将板条卡在特制的龙骨上,此法多用于室内。

板与板之间的缝隙一般为10~20mm,多用橡胶条或密封垫弹性材料处理。当饰面板安装完毕,要注意在易于被污染的部位用塑料薄膜覆盖保护,易被划、碰的部位应设安全栏杆保护。

5. 收口构造

水平部位的压顶处理、端部的收口处理、伸缩缝的处理、两种不同材料的交接处理等,不仅关系到装饰效果,而且对使用功能也有较大的影响。

窗台、女儿墙上部的处理,均属于水平部位的压顶处理,即用铝合金板盖住,使之能阻挡风雨浸透。水平桥架的固定,一般先在基层焊上钢骨架,然后用螺栓将盖板固定在骨架上。盖板之间的连接采取搭接的方法(高处压低处,搭接宽度符合设计要求,并用胶密封)。

墙面边缘部位的收口处理,用颜色相似的铝合金成型板将墙板端部及龙骨部位封住。

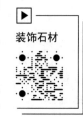

装饰石材

墙面下端进行收口处理时,用一条特制的披水板将板的下端封住,同时将板与墙之间的缝隙盖住,防止雨水渗入室内。

伸缩缝、沉降缝的处理,首先要适应建筑物伸缩、沉降的需要,同时也应考虑装饰效果。此外,此部位也是防水的薄弱环节,其构造节点应周密考虑。一般可用氯丁橡胶带起连接、密封作用。

墙板的内外包角及钢窗周围的泛水板等须在现场加工的异形件,应参考图样,对安装好的墙面进行实测套足尺,确定其形状尺寸,使其加工准确、便于安装。

课题 7.4　楼地面工程施工

7.4.1　楼地面工程层次构成及面层材料

楼地面工程中,整体面层包括水泥混凝土面层、水泥砂浆面层、水磨石面层、水泥钢(铁)屑面层、防油渗面层、不发火(防爆的)面层;板块面层包括砖面层(陶瓷锦砖、缸砖、陶瓷地砖和水泥化砖面层)、大理石面层和花岗石面层、预制板块面层(水泥混凝土板块、水磨石板块面层)、料石面层(条石、块石面层)、塑料板面层、活动地板面层、地毯面层;木竹面层包括实木地板面层、实木复合地板面层、中密度(强化)复合地板面层、木(竹)地板面层等。

7.4.2　整体面层施工

1. 水泥砂浆地面施工

水泥砂浆地面施工工艺流程为:基层处理→找标高、弹线→洒水湿润→抹灰饼和标筋→搅拌砂浆→刷水泥浆结合层→铺水泥砂浆面层→木抹子搓平→铁抹子压第一遍→第二遍压光→第三遍压光→养护。

(1) 基层处理。先将基层上的灰尘扫掉,用钢丝刷和錾子刷净、剔掉灰浆皮和灰渣层,用10%的火碱水溶液刷掉基层上的油污,并用清水及时将火碱水溶液冲净。

(2) 找标高、弹线。根据墙上的+50cm水平线,往下量测出面层标高,并弹在墙上。

(3) 洒水湿润。用喷壶对地面基层均匀洒水一遍。

(4) 抹灰饼和标筋(或称冲筋)。根据房间内四周墙上弹的面层标高水平线,确定面层抹灰厚度(不应小于20mm),然后拉水平线开始抹灰饼(5cm×5cm),灰饼横竖间距为1.5~2.0m,灰饼上平面即为地面面层标高。

如果房间较大,为保证整体面层平整度,还须抹标筋(或称冲筋),将水泥砂浆铺在灰饼之间,标筋宽度与灰饼宽相同,用木抹子拍抹水泥砂浆,使之与灰饼上表面相平。铺抹灰饼和标筋的砂浆材料配合比均与抹地面的砂浆相同。

(5) 搅拌砂浆。水泥砂浆的体积比宜为1:2(水泥:砂),其稠度不应大于35mm,强度等级不应小于M15。为了控制加水量,应使用搅拌机搅拌均匀,颜色一致。

(6) 刷水泥浆结合层。在铺设水泥砂浆之前,应涂刷水泥浆一层,水泥浆水灰比为0.4~0.5(涂刷之前要将抹灰饼的余灰清扫干净再洒水湿润),涂刷面积不要过大,随刷随铺面层砂浆。

(7) 铺水泥砂浆面层。涂刷水泥浆之后紧跟着铺水泥砂浆,在灰饼之间(或标筋之间)将砂浆铺均匀,然后用木刮杠按灰饼(或标筋)高度刮平,铺砂浆时如果灰饼(或标筋)已硬化,木刮杠刮平后,同时将利用过的灰饼(或标筋)敲掉,并用砂浆填平。

(8) 木抹子搓平。木刮杠刮平后,立即用木抹子搓平,从内向外退着操作,并随时用

2m 靠尺检查其平整度。

(9) 铁抹子压第一遍。木抹子抹平后，立即用铁抹子压第一遍，直到出浆，如果砂浆过稀表面有泌水现象时，可均匀撒一遍干水泥和砂（1∶1）的拌合料（砂子要过 3mm 筛），再用木抹子用力抹压，使干拌料与砂浆紧密结合为一体，吸水后用铁抹子压平。如有分格要求的地面，要在面层上弹分格线，然后开缝。上述操作均在水泥砂浆初凝之前完成。

(10) 第二遍压光。面层砂浆初凝后，人踩上去有脚印但不下陷时，用铁抹子压第二遍，边抹压边把凹坑处填平，要求不漏压，表面压平、压光。有分格的地面压过后，应用溜子溜压，做到缝边光直、缝隙清晰、缝内光滑顺直。

(11) 第三遍压光。在水泥砂浆终凝前进行第三遍压光（人踩上去稍有脚印），铁抹子抹上去不再有抹纹时，用铁抹子把第二遍抹压时留下的全部抹纹压平、压实、压光（必须在终凝前完成）。

(12) 养护。地面压光完工后 24h，铺锯末或其他材料覆盖洒水养护，保持湿润，养护时间不少于 7d，当抗压强度达 5MPa 才能上人。

2. 水磨石地面施工

水磨石地面施工工艺流程为：基层处理→找标高、弹水平线→抹找平层砂浆→养护→弹分格线→镶分格条→拌制水磨石拌合料→涂刷水泥浆结合层→铺水磨石拌合料→辊压、抹平→试磨→粗磨→细磨→磨光→草酸擦洗→打蜡上光。

(1) 基层处理。将混凝土基层上的杂物清理干净，不得有油污、浮土。用钢錾子和钢丝刷将沾在基层上的水泥浆皮錾掉铲净。

(2) 找标高、弹水平线。根据墙面上的 +50cm 标高线，往下量测出水磨石面层的标高，弹在四周墙上，并考虑其他房间和通道面层的标高要相互一致。

(3) 抹找平层砂浆。

① 根据墙上弹出的水平线，留出面层厚度（10～15mm 厚），抹 1∶3 水泥砂浆找平层，为了保证找平层的平整度，先抹灰饼（纵横方向间距 1.5m 左右），灰饼直径为 8～10cm。

② 灰饼砂浆硬结后，以灰饼高度为标准，抹宽度为 8～10cm 的纵横标筋。

③ 在基层上洒水湿润，刷一道水灰比为 0.4～0.5 的水泥浆，面积不得过大，随刷浆随铺抹 1∶3 找平层砂浆，并用 2m 长刮杠以标筋为标准进行刮平，再用木抹子搓平。

(4) 养护。抹好找平层砂浆后养护 24h，待抗压强度达到 1.2MPa，方可进行下道工序施工。

(5) 弹分格线。根据设计要求的分格尺寸进行弹线，一般采用 1m×1m。在房间中部弹十字线，计算好周边的镶边宽度后，以十字线为准可弹分格线。如果设计有图案要求时，应按设计要求弹出清晰的线条。

(6) 镶分格条。用小铁抹子抹稠水泥浆将分格条固定住（分格条安在分格线上），抹成截面呈 30°八字形，如图 7.6 所示。稠水泥浆高度应低于分格条条顶 3mm，分格条应平直、牢固、接头严密，不得有缝隙。分格条为铺设面层的标志。另外在粘贴分格条时，在分格条十字交叉接头处，为了使拌合料填塞饱满，在距交点 40～50mm 内不抹水泥浆，如图 7.7 所示。

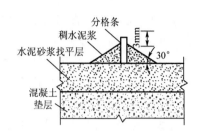
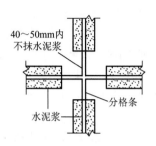

图7.6 水磨石地面镶分格条剖面示意图　　图7.7 分格条交叉处正确的粘贴方法

镶分格条12h后开始浇水养护，最少2d，一般洒水养护3～4d，在此期间房间应封闭，禁止各工序进行。

（7）拌制水磨石拌合料（或称石渣浆）。

① 拌合料的体积比宜采用1：（1.5～2.5）（水泥：石粒），要求配合比准确，拌和均匀。

② 使用彩色水磨石拌合料时，除彩色石粒外，还应加入耐光耐碱的矿物颜料，其掺入量为水泥质量的3％～6％。普通水泥与颜料配合比、彩色石子与普通石子配合比，在施工前都须经试验室试验后确定。同一彩色水磨石面层应使用同厂、同批颜料。

③ 各种拌合料在使用前加水拌和均匀，稠度约6cm。

（8）涂刷水泥浆结合层。先用清水将找平层洒水湿润，涂刷与面层颜色相同的水泥浆结合层，其水灰比宜为0.4～0.5，要刷均匀，也可在水泥浆内掺加胶黏剂，要随刷随铺拌合料，刷的面积不要过大，防止水泥浆层风干导致面层空鼓。

（9）铺水磨石拌合料。

① 水磨石拌合料的面层厚度，除有特殊要求的以外，宜为12～18mm，并应按石料粒径确定。

② 几种颜色的水磨石拌合料不可同时铺抹，要先铺抹深色的，后铺抹浅色的，待前一种凝固后，再铺后一种（因为深颜色的掺矿物颜料多，强度增长慢，影响机磨效果）。

（10）辊压、抹平。用辊筒辊压前，先用铁抹子或木抹子在分格条两边宽约10cm范围内轻轻拍实（避免将分格条挤移位）。辊压时用力要均匀（要随时清掉粘在辊筒上的石碴），应从横竖两个方向轮换进行，达到表面平整密实、出浆石粒均匀。待石粒浆稍收水后，再用铁抹子将石粒浆抹平、压实，如发现石粒不均匀之处，应补石粒浆再用铁抹子拍平、压实。24h后浇水养护。

（11）试磨。一般根据气温情况确定养护天数，温度在20～30℃时2～3d即可开始试磨，过早开磨石粒易松动，过迟则会磨光困难。所以需进行试磨，以面层不掉石粒为准。

（12）粗磨。第一遍用60～90号金刚石磨，使磨石机机头在地面上走横"8"字形，边磨边加水（如磨石面层养护时间太长，可加细砂，加快机磨速度），随时清扫水泥浆，并用靠尺检查平整度，直至表面磨平、磨匀、分格条和石粒全部露出（边角处用人工磨成同样效果）。用水清洗晾干，然后用较浓的水泥浆（如掺有颜料的面层，应用同样掺有颜料配合比的水泥浆）擦一遍，特别是面层的洞眼小，孔隙要填实抹平，脱落的石粒应补齐。浇水养护2～3d。

(13) 细磨。第二遍用 90~120 号金刚石磨,要求磨至表面光滑。然后用清水冲净,满擦第二遍水泥浆,仍注意小孔隙要细致擦严密,然后养护 2~3d。

(14) 磨光。第三遍用 200 号细金刚石磨,磨至表面石子显露均匀,无缺石粒现象,平整、光滑、无孔隙。

(15) 草酸擦洗。为了取得打蜡后显著的效果,在打蜡前磨石面层要进行一次适度的酸洗,一般用草酸进行擦洗,使用时,先用水加草酸混合成约 10%浓度的溶液,用扫帚蘸取溶液洒在地面上,再用油石轻轻磨一遍,磨出水泥及石粒本色,再用水冲洗,软布擦干。此道操作必须在各工种完工后才能进行,经酸洗后的面层不得再受污染。

(16) 打蜡上光。将蜡包在薄布内,在面层上薄薄涂一层,待干后用钉有帆布或麻布的木块代替油石,装在磨石机上研磨,用同样方法再打第二遍蜡,直到光滑洁亮。

7.4.3 板块面层施工

大理石、花岗石地面施工工艺流程为:准备工作→试拼→弹线→试排→刷水泥浆及铺砂浆结合层→铺砌板块(大理石或花岗石板块)→灌缝、擦缝→打蜡。

防滑地砖
防水施工

(1) 准备工作。
① 以施工大样图和加工单为依据,熟悉了解各部位尺寸和做法。
② 基层处理。将地面垫层上的杂物清理干净,用钢丝刷刷掉黏结在垫层上的砂浆,并清扫干净。

(2) 试拼。在正式铺设前,对每一房间的板块,应按图案、颜色、纹理试拼,将非整块板对称排放在房门靠墙部位,试拼后按两个方向编号排列,然后按编号放整齐。

(3) 弹线。为了检查和控制板块的位置,在房间内拉十字控制线,弹在混凝土垫层上,并引至墙面底部,然后依据地面标高+50cm 找出面层标高,在墙上弹出水平标高线,弹水平线时要注意室内与楼道面层标高要一致。

(4) 试排。在房间内的两个相互垂直的方向铺两条干砂带,其宽度大于板块宽度,厚度不小于 3cm,结合施工大样图及房间实际尺寸,把板块排好,以便检查板块之间的缝隙,核对板块与墙面、柱、洞口等部位的相对位置。

(5) 刷水泥浆及铺砂浆结合层。

(6) 铺砌板块。
① 板块应先用水浸湿,待擦干或表面晾干后方可铺设。
② 根据房间拉的十字控制线,纵横各铺一行,作为大面积铺砌标筋用。依据试拼时的编号、图案及试排时的缝隙(板块之间的缝隙宽度,当设计无规定时不应大于 1mm),在十字控制线交点开始铺砌。先试铺,然后正式镶铺,先在水泥砂浆结合层上满浇一层水灰比为 0.5 的水泥浆(用浆壶浇均匀),再铺板块。安放时四角同时往下落,用橡皮锤或木槌轻击木垫板,根据水平线用水平尺找平,铺完第一块,向两侧和后退方向顺序铺砌。铺完纵、横行之后,可分段分区依次铺砌,一般房间是先里后外进行,逐步退至门口,这样施工便于成品保护,但必须注意与楼道相呼应。也可从门口处往里铺砌,板块在墙角、镶边和靠墙处应紧密砌合,不得有空隙。

(7) 灌缝、擦缝。在板块铺砌 1~2d 后进行灌浆擦缝。根据大理石(或花岗石)颜色,选择相同颜色矿物颜料和水泥(或白水泥)拌和均匀,调成1:1稀水泥浆,用浆壶徐徐灌入板块之间的缝隙中(可分几次进行),并用长把刮板把流出的水泥浆刮向缝隙内,至基本灌满为止。灌浆1~2h后,用棉纱团蘸原稀水泥浆擦缝,同时将板面上水泥浆擦净,使大理石(或花岗石)面层的表面洁净、平整、坚实,以上工序完成后,面层加以覆盖,养护时间不应少于7d。

(8)打蜡。当水泥砂浆结合层达到强度后(抗压强度达到1.2MPa时),方可进行打蜡,使面层达到光滑洁亮。

7.4.4 木(竹)面层施工

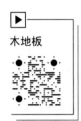

木(竹)面层又分为普通木(竹)地板和拼花木地板,其施工按构造方法不同,有空铺法和实铺法两种。木(竹)面层构造做法示意图如图7.8所示。空铺法的结构是由木搁栅、企口板、剪刀撑等组成,一般设在首层房间。当木搁栅跨度较大时,应在房中间加设地垄墙,地垄墙顶上要铺油毡或抹防水砂浆及放置沿缘木。实铺法是木搁栅铺在钢筋混凝土板或垫层上,它的结构是由木搁栅及企口板等组成。木(竹)面层施工工艺流程为:安装木搁栅→钉木地板→刨平→净面细刨、磨光→安装踢脚板。

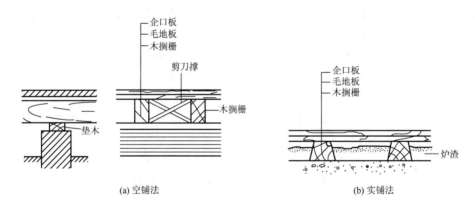

图7.8 木(竹)面层构造做法示意图

1. 安装木搁栅

木搁栅的安装,采用空铺法还是实铺法是不同的。

(1)空铺法。在砖砌基础墙上和地垄墙上垫放通长沿椽木,用预埋的铁丝将其捆绑好,并在沿椽木表面画出各木搁栅的中线,然后将木搁栅对准中线摆好,端头离开墙面约30mm,依次将中间的木搁栅摆好。当顶面不平时,可用垫木或木楔在木搁栅底下垫平,并将其钉牢在沿缘木上,为防止木搁栅活动,应在固定好的木搁栅表面临时钉设木拉条,使之互相牵拉着。木搁栅摆正后,在木搁栅上按剪刀撑的间距弹线,然后按线将剪刀撑钉于木搁栅侧面,同一行剪刀撑要对齐顺线,上口齐平。

(2)实铺法。楼层木地板的铺设,通常采用实铺法施工,应先在楼板上弹出各木搁栅的安装位置线(间距约400mm)及标高。将木搁栅(断面呈梯形,宽面在下)放平、放稳,并找好标高,将预埋在楼板内的铁丝拉出,捆绑好木搁栅(如未预埋铁丝,可按设计要求用膨胀螺钉等固定木搁栅），然后把炉渣或其他保温材料塞满两木搁栅之间空隙。

2. 钉木地板

（1）条板铺钉。空铺法的条板铺钉方法为剪刀撑钉完之后，可从墙的一边开始铺钉企口板，靠墙的一块板应离墙面有 10～20mm 的缝隙，以后逐块排紧，用钉从板侧凹角处斜向钉入，钉长为板厚的 2～2.5 倍，钉帽要砸扁，企口板要钉牢、排紧。钉到最后一块企口板时，因无法斜着钉，可用明钉钉牢，钉帽要砸扁，冲入板内。企口板的接头要在木搁栅中间，接头要互相错开，板与板之间应排紧，木搁栅上临时固定的木拉条，应随企口板的安装随时拆去，铺钉完之后及时清理干净，应先沿垂直木纹方向粗刨一遍，再依顺木纹方向细刨一遍。

实铺法条板铺钉方法同上。

（2）拼花木地板铺钉。拼花木地板下层一般都钉毛地板，可采用纯棱料，其宽度不宜大于 120mm，毛地板与木搁栅成 45°或 30°方向铺钉，并应斜向钉牢，板间缝隙不应大于 3mm。铺钉拼花木地板前，宜先铺设一层沥青纸（或油毡），用以隔声和防潮。

在铺钉拼花木地板前，应根据设计要求的地板图案，在房间中央弹出图案墨线，再按墨线从中央向四边铺钉。有镶边的图案，应先钉镶边部分，再从中央向四边铺钉，各块木板应相互排紧。

（3）拼花木地板黏结。采用沥青胶结料铺贴拼花木地板面层时，其下一层应平整、洁净、干燥，并应先涂刷一遍同类底子油，然后用沥青胶结料随涂随铺，其厚度宜为 2mm，在铺贴时木板块背面也应涂刷一层薄而均匀的沥青胶结料。

当采用胶黏剂铺贴拼花木地板面层时，胶黏剂应通过试验确定。胶黏剂应存放在阴凉通风、干燥的室内。超过生产期 3 个月的产品，应取样检验，合格后方可使用。超过保质期的产品，不得使用。

3. 净面细刨、磨光

地板刨光宜采用地板刨光机（或六面刨）。条板应顺水纹刨，拼花木地板应与地板木纹成 45°斜刨。刨光时不宜走得太快，刨口不要过大，要多走几遍，地板刨光机不用时应先将机器提起关闭，防止啃伤地面。机器刨不到的地方要用手刨，并用细刨净面。地板刨平后，应使用地板磨光机磨光，所用砂布应先粗后细，砂布应绷紧绷平，磨光方向及角度与刨光方向相同。

课题 7.5 吊顶与轻质隔墙施工

7.5.1 吊顶施工

顶棚有直接式顶棚和悬吊式顶棚（又称吊顶）两种形式。直接式顶棚按施工方法和装饰材料的不同，可分为直接刷（喷）浆顶棚、直接抹灰顶棚、直接粘贴式顶棚（用胶黏剂粘贴装饰面层）；悬吊式顶棚按结构形式分为活动式装配吊顶、隐蔽式装配吊顶、金属装饰板吊顶、开敞式吊顶和整体式吊顶（灰板条吊顶）等。根据吊顶常见龙骨材料，本节主要介绍木骨架罩面板吊顶及轻钢骨架罩面板吊顶施工。

1. 木骨架罩面板吊顶施工

木骨架罩面板吊顶施工工艺流程为：安装吊点紧固件→沿吊顶标高线固定沿墙边龙骨→刷防火涂料→在地面拼接木搁栅（木龙骨）→分片吊装→吊点固定→分片间连接→预留孔洞→整体调整→安装胶合板→后期处理。

1) 安装吊点紧固件

(1) 用冲击电钻在建筑结构底面按设计要求打孔，钉膨胀螺钉。

(2) 用直径大于 5mm 的射钉，将角铁等固定在建筑底面上。

(3) 利用事先预埋的吊筋固定吊点。

2) 沿吊顶标高线固定沿墙边龙骨

3) 刷防火涂料

木龙骨筛选后要刷三遍防火涂料，待晾干后备用。

4) 在地面拼接木搁栅（木龙骨）

先把吊顶面上需分片或可以分片的尺寸位置定出，根据分片的尺寸进行拼接前的安排。

5) 分片吊装

吊顶的吊装先从一个墙角位置开始，将拼接好的木搁栅托起至吊顶标高位置。

6) 吊点固定

吊点固定有以下三种方法。

(1) 用木方固定。先用木方按吊点位置固定在楼板或屋面板的下面，再将吊筋木方与固定在建筑顶面的木方钉牢。吊筋长度应大于吊点与木搁栅表面之间的距离 100mm 左右，便于调整高度。如木龙骨搭接间距较小，或钉接处有劈裂、腐朽、虫眼等缺陷，应换掉或立刻在木龙骨的吊挂处钉挂上 200mm 的加固短木方。

(2) 用角铁固定。在需要上人和一些重要的位置，常用角铁做吊筋，与木搁栅固定连接。

(3) 用扁铁固定。将扁铁的长度先测量截好，在吊点固定端钻出两个调整孔，以便调整木搁栅的高度。

7) 分片间连接

分片间连接有两种情况：当两分片木搁栅在同一平面对接时，先将木搁栅的各端头对正，然后用短木方进行加固；当分片木搁栅不在同一平面时，吊顶处于高低不同平面，先用一条木方斜拉地将上下两平面木搁栅定位，再将上下平面的木搁栅用垂直的木方固定连接。

8) 预留孔洞

预留灯光盘、空调风口、检修孔位置。

9) 整体调整

各个分片木搁栅连接加固完后，在整个吊顶面下用尼龙线或棒线拉出十字交叉标高线，检查吊顶平面的平整度，吊顶应起拱，一般可按 7～10m 跨度为 3/1000 的起拱量，10～15m 跨度为 5/1000 起拱量。

10) 安装胶合板

(1) 按设计要求将挑选好的胶合板正面向上，按照木搁栅分格的中心线尺寸，在胶合板正面上画线。

(2) 板面倒角。在胶合板的正面四周按边长为 2~3mm 刨出 45°倒角。

(3) 钉胶合板。将胶合板正面朝下，托起到预定位置，使胶合板上的画线与木搁栅中心线对齐，用铁钉固定。钉距为 80~150mm，钉长为 25~35mm，钉帽应砸扁钉入板内，钉帽进入板面 0.5~1mm，钉眼用油性腻子抹平。

11) 后期处理

按设计要求进行刷油、裱糊、喷涂。

2. 轻钢骨架罩面板吊顶施工

轻钢骨架罩面板吊顶施工工艺流程为：弹吊顶标高水平线→画龙骨分档线→安装主龙骨吊杆→安装主龙骨→安装次龙骨→安装罩面板→刷防锈漆→安装压条。

1) 弹吊顶标高水平线

根据楼层标高水平线，用尺竖向量至吊顶设计标高，沿墙四周弹吊顶标高水平线。

2) 画龙骨分档线

按设计要求的主、次龙骨间距，在已弹好的吊顶标高水平线上划龙骨分档线。

3) 安装主龙骨吊杆

弹好吊顶标高水平线及龙骨分档线后，确定吊杆下端头的标高，按主龙骨位置及吊挂间距，将吊杆无螺纹的一端与楼板预埋钢筋连接固定。未预埋钢筋时可使用膨胀螺钉固定。

4) 安装主龙骨

(1) 配装吊杆螺母。

(2) 在主龙骨上安装吊挂件。

(3) 安装主龙骨。将组装好吊挂件的主龙骨，按分档线位置使吊挂件穿入相应的吊杆螺栓，拧好螺母。

(4) 主龙骨相接处装好连接件，拉线调整标高、起拱量和平直度。

(5) 安装洞口附加主龙骨，按图纸相应节点构造，设置连接卡固件。

(6) 用射钉固定边龙骨。设计无要求时，射钉间距为 1000mm。

5) 安装次龙骨

(1) 按已弹好的次龙骨分档线，卡放次龙骨吊挂件。

(2) 吊挂次龙骨。按设计规定的次龙骨间距，将次龙骨通过吊挂件吊挂在主龙骨上，设计无要求时，一般间距为 500~600mm。

(3) 当次龙骨需多根延续接长时，用次龙骨连接件进行吊挂及接长，并调直固定。

(4) 当采用 T 形龙骨组成轻钢骨架时，次龙骨每装一块罩面板就装一根卡档次龙骨。

6) 安装罩面板

在安装罩面板前必须对吊顶内的各种管线进行检查验收，并经打压试验合格后，才允许安装罩面板。吊顶罩面板的品种繁多，一般在设计文件中应明确选用的种类、规格和固定方式。罩面板与轻钢骨架固定的方式分为罩面板自攻螺钉钉固法、罩面板胶黏结固定法、罩面板托卡固定法三种。

7) 刷防锈漆

轻钢骨架吊顶，其碳钢或焊接处未做防腐处理的表面（如预埋件、吊挂件、连接件、钉固附件等），在各工序安装前应刷防锈漆。

8) 安装压条

吊顶如设计要求有压条，待罩面板安装后，应调整位置，使拉缝均匀，对缝平整，按压条位置弹线，然后接线进行压条安装。其固定方法宜用自攻螺钉，螺钉间距为300mm，也可用胶黏料粘贴。

7.5.2 轻质隔墙施工

1. 钢丝网架夹芯板隔墙施工

钢丝网架夹芯板是以三维构架式钢丝网为骨架，以膨胀珍珠岩、阻燃型聚苯乙烯泡沫塑料、矿棉、玻璃棉等轻质材料为芯材，由工厂制成的面密度为 $4\sim20kg/m^2$ 的钢丝网架夹芯板。然后在其两面喷抹20mm厚水泥砂浆面层制成新型轻质墙板，即钢丝网架夹芯板隔墙。

钢丝网架夹芯板隔墙施工工艺流程为：清理→弹线→墙板安装→墙板加固→管线敷设→墙面粉刷。

1) 弹线

在楼地面、墙体及顶棚面上弹出墙板双面边线，边线间距为80mm（板厚），用线锤吊垂直，以保证对应的上下线在一个垂直平面内。

2) 墙板安装

钢丝网架夹芯板墙体施工时，按排列图将板块就位，一般是按由下至上、从一端向另一端的顺序安装。

(1) 将结构施工时预埋的两根直径为6mm、间距为400mm的锚筋与钢丝网架焊接或用钢丝绑扎牢固。也可通过直径为8mm的膨胀螺栓加U形码（或压片），或打孔植筋，把板材固定在结构梁、板、墙、柱上。

(2) 板块就位前，可先在墙板底部安装位置满铺1:2.5水泥砂浆垫层，砂浆垫层厚度不小于35mm，使板材底部填满砂浆。有防渗漏要求的房间，应做高度不低于100mm的细石混凝土垫层，待其达到一定强度后，再进行钢丝网架夹芯板安装。

(3) 墙板拼缝、墙体阴阳角、门窗洞口等部位，均应按设计构造要求采用配套的钢网片覆盖或槽形网加强，用箍码固定或用钢丝绑牢。钢丝网架边缘与钢网片相交点用钢丝绑扎紧固，其余相交点可相隔交错扎牢，不得有变形、脱焊现象。

(4) 板块拼接时，接头处芯材若有空隙，应用同类芯材补充、填实、找平。门窗洞口应按设计要求进行加强，一般洞口周边设置的槽形网（300mm）和洞口四角设置的45°加强钢网片（可用长度不小于500mm的"之"字条）应与钢丝网架用金属丝捆扎牢固。如设置洞边加筋，应与钢丝网架用金属丝绑扎定位；如设置通天柱，应与结构梁、板的预留锚筋或预埋件焊接固定。门窗框安装，应与洞口处的预埋件连接固定。

(5) 墙板安装完成后，检查板块间以及墙板与建筑结构之间的连接，确定是否符合设计规定的构造要求及墙体稳定性的要求，并检查暗设管线、设备等隐蔽部分施工质量，以及墙板表面平整度是否符合要求，同时对墙板安装质量进行全面检查。

3) 墙面粉刷

钢丝网架夹芯板隔墙安装完毕并通过质量检查，即可进行墙面抹灰。

将钢丝网架夹芯板隔墙四周与建筑结构连接处（25~30mm）的缝隙用1：3水泥砂浆填实。清理钢丝网架夹芯板隔墙表面，墙面做灰饼、设标筋；重要的阳角部位应按国家标准规定及设计要求做护角。

2. 木龙骨隔墙施工

木龙骨隔墙是采用木龙骨作墙体骨架，以4~25mm厚的建筑平板作罩面板，组装而成的室内非承重轻质墙体。

1）木龙骨隔墙的种类

木龙骨隔墙分为全封隔墙、有门窗隔墙和隔断三种，其结构形式不尽相同。

2）施工工艺

木龙骨隔墙施工工艺流程为：弹线、钻孔→安装木龙骨→安装罩面板→饰面处理。

（1）弹线、钻孔。在需要固定隔墙的地面和建筑墙面上弹出隔墙的边缘线和中心线，画出固定点的位置，间距300~400mm，打孔深度在45mm左右，用膨胀螺钉固定。如用木楔固定，则孔深应不小于50mm。

（2）安装木龙骨。

① 木龙骨的固定通常是在沿墙、沿地和沿顶面处。对隔断来说，主要是靠地面和端头的建筑墙面固定。如端头无法固定，则常用铁件来加固端头，加固部位主要是在地面与竖向木方之间。对于隔墙的门框竖向木方，均应用铁件加固，否则会使隔墙颤动、门框松动及隔墙松动。

② 如果隔墙的顶端不是建筑结构，而是吊顶，处理方法视不同情况而定。对于无门隔墙，只需相接缝隙小，平直即可；对于有门的隔墙，考虑到振动和碰动，所以顶端必须加固，即隔墙的竖向龙骨应穿过吊顶面，再与建筑物的顶面进行固定。

③ 隔墙中的门框是以门洞两侧的竖向木方为基体，配以挡位框、饰边板或饰边线条组合而成；大木方骨架隔墙门洞竖向木方较大，其挡位框可直接固定在竖向木方上；小木方双层构架的隔墙，因其木方小，应先在门洞内侧钉上厚夹板或实木板，再固定挡位框。

④ 隔墙中的窗框是在制作时预留的，然后用木夹板和木线条进行压边定位；隔断的窗也分固定窗和活动窗，固定窗是用木压条把玻璃固定在窗框中。

（3）安装罩面板。

罩面板的安装方式主要有明缝和拼缝两种。明缝固定时，在两板之间留一条有一定宽度的缝，图样无规定时，缝宽以8~10mm为宜。明缝如不加垫板，则应将木龙骨面刨光，明缝的上下宽度应一致，锯割木夹板时，应用靠尺来保证锯口的平直度与尺寸的准确性，并用零号砂纸修边。拼缝固定时，要对木夹板正面四边进行倒角处理（45°×3mm），以使板缝平整。

3. 轻钢龙骨隔墙施工

采用轻钢龙骨作墙体骨架，以4~25mm厚的建筑平板作罩面板，组装而成的室内非承重轻质墙体，称为轻钢龙骨隔墙。

1）材料要求

隔墙所用的轻钢龙骨主件及配件、紧固件（包括射钉、膨胀螺钉、镀锌自攻螺钉、嵌缝料等）均应符合设计要求，轻钢龙骨还应满足防火及耐久性要求。

2) 施工工艺

轻钢龙骨隔墙施工工艺流程为：基层清理→弹线定位→安装沿地、沿顶龙骨及边端竖龙骨（又叫边端竖向龙骨）→安装竖向龙骨→安装横向龙骨→安装通贯龙骨（采用通贯龙骨系列时）、横撑龙骨、水电管线→安装门窗洞口部位的横撑龙骨→各洞口的加强及附加龙骨安装→检查骨架安装质量并调整校正→安装墙体一侧罩面板→板面钻孔安装管线固定件→安装填充材料→安装另一侧罩面板→接缝处理→墙面装饰。

(1) 施工前应先完成基本的验收工作，石膏罩面板安装应在屋面、顶棚和墙抹灰完成后进行。

(2) 弹线定位。墙体骨架安装前，按设计图样检查现场，进行实测实量，并对基层表面予以清理。在基层上按龙骨的宽度弹线，弹线应清晰，位置应准确。

(3) 安装沿地、沿顶龙骨及边端竖龙骨。沿地、沿顶龙骨及边端竖龙骨可根据设计要求及具体情况采用射钉、膨胀螺钉或按所设置的预埋件进行连接固定。沿地、沿顶龙骨固定用射钉或膨胀螺钉固定点间距，一般为600～800mm。边端竖龙骨与建筑基体表面之间，应按设计规定设置隔声垫或满嵌弹性密封胶。

(4) 安装竖向龙骨。竖向龙骨（又叫竖龙骨）的长度应比沿地、沿顶龙骨内侧的距离短15mm。竖向龙骨准确垂直就位后，即用抽芯铆钉将其两端分别与沿地、沿顶龙骨固定。

(5) 安装横向龙骨。当采用有配件龙骨体系时，其通贯龙骨在水平方向穿过各条竖龙骨上的贯通孔，由支撑卡在两者相交的开口处连接稳固。对于无配件龙骨体系，可将横向龙骨（可由竖龙骨截取或采用加强龙骨等配套横撑型材）端头剪开折弯，用抽芯铆钉与竖龙骨连接固定。

(6) 墙体龙骨骨架的验收。龙骨安装完毕，有水电设施的工程，尚需由专业人员按水电设计对暗管、暗线及配件等安装工程进行检查验收。墙体中的预埋管线和附墙设备按设计要求采取加强措施。在罩面板安装之前，应检查龙骨骨架的表面平整度、立面垂直度及稳定性。

4. 平板玻璃隔墙施工

平板玻璃隔墙有金属龙骨平板玻璃隔墙和木龙骨平板玻璃隔墙两种。常用的金属龙骨为铝合金龙骨。下面主要介绍铝合金龙骨的平板玻璃隔墙安装方法。铝合金龙骨平板玻璃隔墙的施工工艺流程为：弹线→铝合金下料→安装框架→安装玻璃。

1) 弹线

主要弹出地面、墙面位置线及高度线。

2) 铝合金下料

首先是精确画线，精度要求为±0.5mm，画线时注意不要碰坏型材表面。下料要使用专门的铝材切割机，要求尺寸准确、切口平滑。

3) 安装框架

半高铝合金玻璃隔墙通常是先在地面组装好框架后，再竖立起来固定；通高的铝合金玻璃隔墙通常是先固定竖向型材，再安装框架横向型材。铝合金型材相互连接主要是用铝角件和自攻螺钉；铝合金型材与地面、墙面的连接则主要是用固定铁脚。

型材的安装连接主要是竖向型材与横向型材的垂直结合，目前主要是用铝角件连接。铝角件连接的作用有两个方面，一方面是连接，另一方面是起定位作用，防止型材安装后转动。对铝角件的基本要求是有一定的强度和尺寸准确，所用的铝角通常是厚铝角，其厚度为3mm左右。铝角件与型材的固定，通常使用自攻螺钉，规格为半圆头M4×20或M5×20。

需要注意的是，为了美观，自攻螺钉的安装位置应在较隐蔽处。如对接处在1.5m以下，自攻螺钉头安装在型材的下方；如对接处在1.8m以上，自攻螺钉安装在型材的上方。在固定铝角件时还应注意其弯角的方向。

4) 安装玻璃

建议使用安全玻璃，如钢化玻璃的厚度不小于5mm，夹层玻璃的厚度不小于6.38mm，对于无框玻璃隔墙应使用厚度不小于10mm的钢化玻璃，以保证使用的安全性。

玻璃安装应符合门窗工程的有关规定。玻璃安装方式有两种：一种是安装于活动窗扇上；另一种是直接安装于型材上。前者需在制作活动窗时同时安装，其安装方法见门窗工程施工。在型材框架上安装玻璃，应先按框洞的尺寸缩3~5mm裁玻璃，以防止玻璃的不规整和框洞尺寸的误差，而造成装不上玻璃的问题。玻璃在型材框架上的固定，应用与型材同色的铝合金槽条，在玻璃两侧夹定，槽条可用自攻螺钉与型材固定，并在铝槽与玻璃间加玻璃胶密封。

平板玻璃隔墙的玻璃边缘不得与硬性材料直接接触，玻璃边缘与槽底空隙不应小于5mm。玻璃嵌入墙体、地面和顶面的槽口深度应符合相关规定：当玻璃厚5~6mm时，为8mm；当玻璃厚8~12mm时，为10mm。玻璃与槽口的前后空隙也应符合有关规定：当玻璃厚5~6mm时，为2.5mm；当玻璃厚8~12mm时，为3mm。这些缝隙用弹性密封胶或橡胶条填嵌。

玻璃底部与槽底空隙间，应用不少于两块的PVC垫块或硬橡胶垫块支撑，支撑块长度不小于10mm。玻璃平面与两边槽口空隙应使用弹性定位块衬垫，定位块长度不小于25mm。支撑块和定位块应设置在距槽角不小于300mm或1/4边长的位置。

对于纯粹为采光而设置的平板落地玻璃隔墙，应在距地面1.5~1.7m处的玻璃表面用装饰图案设置防撞标志。

课题7.6 门窗工程施工

常见的门窗类型有木门窗、塑料门窗、铝合金门窗、彩板门窗和特种门窗。门窗工程的施工可分为两类：一类是由工厂预先加工拼装成型，在现场安装；另一类是在现场根据设计要求加工制作，即时安装。

7.6.1 木门窗安装

木门窗安装工艺流程为：弹线找规矩→决定门窗框安装位置→决定安装标高→掩扇、门框安装样板→窗框、窗扇安装→门框安装→门扇安装。

(1) 结构工程经过验收达到合格后，即可进行门窗安装施工。首先，应从顶层用大线坠吊垂直，检查窗口位置的准确度；然后，在墙上弹出安装位置线，对不符线的结构边棱进行处理。

(2) 根据室内50cm的水平线检查窗框安装的标高尺寸，对不符线的结构边棱进行处理。

(3) 室内外门框应根据图纸位置和标高安装，为保证安装的牢固，应提前检查预埋木砖数量是否满足。1.2m高的门，每边预埋两块木砖；高1.2～2m的门，每边预埋木砖3块；高2～3m的门，每边预埋木砖4块。每块木砖上应钉两根长10cm的钉子，将钉帽砸扁，顺木纹钉入木门框内。

(4) 木门框安装应在地面工程和墙面抹灰施工以前完成。

(5) 采用预埋带木砖的混凝土块与门窗框进行连接的轻质隔墙，其混凝土块预埋的数量，也应根据门高度设2块、3块、4块，用钉子使其与门框钉牢。采用其他连接方法的，应符合设计要求。

(6) 做样板。把窗扇根据图样要求安装到窗框上，此道工序称为掩扇。按验评标准检查缝隙大小、五金安装位置、尺寸、型号，以及牢固性，符合标准要求后作为样板，并以此作为验收标准和依据。

(7) 弹线安装门窗框扇。应考虑抹灰层厚度，并根据门窗尺寸、标高、位置及开启方向，在墙上画出安装位置线。

(8) 若隔墙为加气混凝土条板时，应按要求的木砖间距钻φ30mm的孔，孔深7～10cm，并在孔内预埋木橛，将掺108胶的水泥浆打入孔中（木橛直径应略大于孔径5mm，以便其打入牢固），待其凝固后，再安装门窗框。

(9) 木门扇的安装。

① 先确定门的开启方向及小五金型号、安装位置，以及对开门扇扇口的裁口位置及开启方向（一般右扇为盖口扇）。

② 检查门尺寸是否正确，边角是否方正，有无窜角，检查门高度应量门的两个立边，检查门宽度应量门口的上、中、下三点，并在扇的相应部位定点画线。

③ 将门扇靠在柜上画出相应的尺寸线。

④ 第一次修刨后的门扇应以能塞入口内为宜，塞好后用木楔顶住临时固定，按门扇与口之间边缝尺寸，画第二次修刨线，标出合页槽的位置（距门扇的上下端各1/10，且避开上、下冒头）。同时应注意口与扇安装的平整。

⑤ 门扇第二次修刨，缝隙尺寸合适后，即安装合页。应先用线勒子勒出合页的宽度，根据上下冒头1/10的要求，定出合页安装边线，分别从上下边线往里量出合页长度，剔合页槽，调整槽的深度，使门扇安装后与框平整。剔合页槽时应留线，不应剔得过大、过深。

⑥ 合页槽剔好后，即安装上下合页，安装时应先拧一个螺钉，然后关上门检查缝隙是否合适，口与扇是否平整，无问题后方可将螺钉全部拧上。

⑦ 安装对开扇时，应将门扇的宽度用尺量好，再确定中间对口缝的裁口深度。如采用企口榫时，对口缝的裁口深度及裁口方向应满足装锁的要求，然后将四周刨到准确尺寸。

⑧ 五金安装应符合设计图纸的要求，不得遗漏，一般门锁、碰珠、拉手等距地高度

为 95～100cm，插销应在拉手下面，对开门装暗插销时，安装工艺同自由门。

⑨ 安装玻璃门时，一般玻璃裁口在走廊内。厨房、厕所玻璃裁口在室内。

⑩ 门扇开启后易碰墙，为固定门扇位置，应安装门碰头，对有特殊要求的关闭门，应安装门扇开启器，其安装方法参照产品安装说明书的要求。

7.6.2 塑料门窗安装

塑料门窗安装工艺流程为：弹线找规矩→门窗洞口处理→连接件的检查→塑料门窗外观检查→按图示要求运到安装地点→塑料门窗安装→门窗四周嵌缝→安装五金配件→清理。

（1）本工艺应采用后塞口施工，不得先立口后进行结构施工。

（2）检查门窗洞口尺寸是否比门窗框尺寸大 3cm，否则应先进行剔凿处理。

（3）按图纸尺寸放好门窗框安装位置线及立口的标高控制线。

（4）安装门窗框上的铁脚。

（5）安装门窗框，并按线就位找好垂直度及标高，用木楔临时固定，检查正侧面垂直度及对角线，合格后，用膨胀螺钉将铁脚与结构牢固固定好。

（6）门窗框与墙体的缝隙应按设计要求的材料嵌缝，如设计无要求时用沥青麻丝或泡沫塑料填实。表面用厚度为 5～8mm 的密封胶封闭。

（7）门窗附件安装时应先用电钻钻孔，再用自攻螺钉拧入，严禁用铁锤或硬物敲打，防止损坏框料。

（8）安装后注意成品保护，防污染，防电焊火花烧伤，防损坏面层。

7.6.3 铝合金门窗安装

1. 准备工作及安装质量要求

检查铝合金门窗成品及构配件部位，如发现变形，应予以校正和修理。同时还要检查洞口标高线及几何形状，预埋件位置、间距是否符合规定，预埋件埋设是否牢固。不符合要求的，应纠正后才能进行安装。安装质量要求是位置准确、横平竖直、高低一致、牢固严密。

2. 安装方法

先安装门窗框，后安装门窗扇，用后塞口法安装。

3. 施工要点

（1）将门窗框安放到洞口正确位置，用木楔临时定位。

（2）拉通线进行调整，使上、下、左、右的门窗分别在同一竖直线、水平线上。

（3）框边四周间隙与框表面距墙体外表面尺寸一致。

（4）仔细校正其正侧面垂直度、水平度及位置合格后，楔紧木楔。

（5）再校正一次后，按设计规定的门窗框与墙体或预埋件连接方式进行焊接固定。常用的固定方法有预留洞燕尾铁脚连接、射钉连接、预埋木砖连接、膨胀螺钉连接、预埋铁件焊接连接等。铝合金门窗常用固定方法如图 7.9 所示。

（6）窗框安装质量检查合格后，用 1∶2 的水泥砂浆或细石混凝土嵌填洞口与门窗框

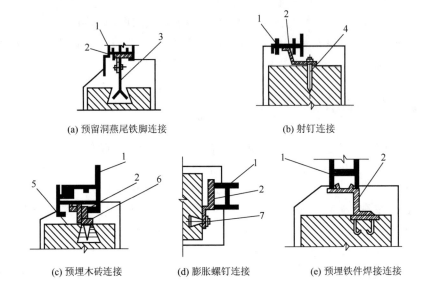

1—门窗框；2—连接铁件；3—燕尾铁脚；4—射（钢）钉；5—木砖；6—木螺钉；7—膨胀螺钉。

图 7.9 铝合金门窗常用固定方法

间的缝隙，使门窗框牢固地固定在洞内。

① 嵌填前应先把缝隙中的残留物清除干净，然后浇湿。

② 拉直检查外形平直度的直线。

③ 嵌填操作应轻而细致，不破坏原安装位置，应边嵌填边检查门窗框是否变形移位。

④ 嵌填时应注意不可污染门窗框和不嵌填部位，嵌填必须密实饱满，不得有间隙，也不得松动或移动木楔，并洒水养护。

⑤ 在水泥砂浆未凝固前，绝对禁止在门窗框上工作，或在其上搁置任何物品，待嵌填的水泥砂浆凝固后，才可取下木楔，并用水泥砂浆抹严门窗框周围缝隙。

（7）窗扇的安装。

① 质量要求。位置正确、平直，缝隙均匀，严密牢固，启闭灵活，启闭力合格，五金配件安装位置准确，能起到各自的作用。

② 施工操作要点。推拉式门窗扇，应先装室内侧门窗扇，后装室外侧的门窗扇；固定扇应装在室外侧，并固定牢固，不会脱落，确保使用安全；平开式门窗扇应装于门窗框内，要求门窗扇关闭后四周压合严密，搭接量一致，相邻两门窗扇在同一平面内。

（8）门窗框与墙体连接固定时应满足以下规定。

① 门窗框与墙体连接必须牢固，不得有任何松动现象。

② 铁件应对称地排列在门窗框两侧，相邻铁件宜内外错开，连接铁件不得露出装饰层。

③ 连接铁件时，应用橡胶或石棉布或石棉板遮盖门窗框，不得烧损门窗框，焊接完毕后应清除焊渣，焊接应牢固，焊缝不得有裂纹和漏焊现象，严禁在铝质门窗框上拴接地线或打火（引弧）。

④ 固接件离墙体边缘应不小于 50mm，且不能装在缝隙中。

⑤ 窗框与墙体连接用的紧固件的规格和要求，必须符合设计的规定，见表 7-2。

表 7-2 紧固件的规格和要求

紧固件名称	规格/mm	材料或要求
膨胀螺钉	$\geqslant 8 \times L$	45 号钢、镀锌、钝化
自攻螺钉	$\geqslant 4 \times L$	15 号钢、HRC50～58、钝化、镀锌
钢钉、射钉	$(\phi 4 \sim \phi 5.5) \times 6$	Q235 钢
木螺钉	$\geqslant 5 \times L$	Q235 钢
预埋钢板	$\Delta = 6$	Q235 钢

课题 7.7 涂料工程施工

7.7.1 涂料的组成和分类

1. 涂料的组成

（1）主要成膜物质。主要成膜物质也称胶黏剂或固着剂，是决定涂料性质的最主要成分，它的作用是将其他组分黏结成一整体，并附着在被涂基层的表层形成坚韧的保护膜。它具有单独成膜的能力，也可以黏结其他组分共同成膜。

（2）次要成膜物质。次要成膜物质也是构成涂膜物质的组成部分，但它自身没有成膜的能力，要依靠主要成膜物质的黏结才可成为涂膜的一个组成部分。例如，颜料就是次要成膜物质，其对涂膜的性能及颜色有重要作用。

（3）辅助成膜物质。辅助成膜物质不能构成涂膜或不是构成涂膜的主体，但对涂料的成膜过程有很大影响，或对涂膜的性能起一定辅助作用，它主要包括溶剂和助剂两大类。

2. 涂料的分类

建筑涂料的产品种类繁多，一般按下列几种方法进行分类。

（1）按使用的部位不同，可分为外墙涂料、内墙涂料、顶棚涂料、地面涂料、门窗涂料、屋面涂料等。

（2）按涂料的特殊功能不同，可分为防火涂料、防水涂料、防虫涂料、防霉涂料等。

（3）按涂料成膜物质的组成不同，可分为以下几种。

① 油性涂料，指传统的以干性油为基础的涂料，即以前所称的油漆。

② 有机高分子涂料，包括聚乙酸乙烯系、丙烯酸树脂系、环氧系、聚氨酯系、过氯乙烯系等，其中丙烯酸树脂系性能优越。

③ 无机高分子涂料，包括硅溶胶类、硅酸盐类等。

④ 复合涂料，包括聚乙烯醇水玻璃涂料、聚合物改性水泥涂料等。

(4) 按涂料分散介质（稀释剂）不同可分为以下几种。

① 溶剂型涂料。它是以有机高分子合成树脂为主要成膜物质，以有机溶剂为稀释剂，加入适量的颜料、填料及辅助材料，经研磨而成的涂料。

② 水乳型涂料。它是在一定工艺条件下，在合成树脂中加入适量乳化剂，形成乳液，以乳液中的树脂为主要成膜物质，并加入适量的颜料、填料及辅助材料，经研磨而成的涂料。

③ 水溶型涂料。它是以水溶性树脂为主要成膜物质，并加入适量颜料、填料及辅助材料，经研磨而成的涂料。

(5) 按涂料形成涂膜的质感不同可分为以下几种。

① 薄涂料，又称薄质涂料。它的黏度低，刷涂后能形成较薄的涂膜，表面光滑、平整、细致，但对基层凹凸线型无任何改变作用。

② 厚涂料，又称厚质涂料。它的特点是黏度较高，具有触变性，上墙后不流淌，成膜后能形成有一定粗糙质感的较厚的涂层，涂层经拉毛或滚花后富有立体感。

③ 复层涂料，原称喷塑涂料，又称浮雕涂料、华丽喷砖。其由封底涂料、主层涂料与罩面涂料组成。

7.7.2　建筑涂料的施工

外墙涂料施工

各种建筑涂料的施工过程大同小异，大致上包括基层处理、刮腻子与磨平、涂料施涂三个阶段工作。

1. 基层处理

基层处理的工作内容包括基层清理和基层修补。

(1) 混凝土及抹灰面的基层处理。为保证涂膜能与基层牢固黏结在一起，基层表面必须干燥、洁净、坚实，无酥松、脱皮、起壳、粉化等现象，基层表面的泥土、灰尘、污垢、黏附的砂浆等应清扫干净，酥松的表面应予铲除。为保证基层表面平整，缺棱掉角处应用1∶3水泥砂浆（或聚合物水泥砂浆）修补，表面的麻面、缝隙及凹陷处应用腻子填补修平。混凝土及抹灰面的基层应干燥，当涂刷溶剂型涂料时，含水率不得大于8%；当涂刷水乳型涂料时，含水率不得大于10%。

(2) 木材与金属基层的处理。为保证涂膜与基层黏结牢固，木材表面的灰尘、污垢和金属表面的油渍、锈斑、焊渣、毛刺等必须清除干净。木料表面的裂缝等在清理和修整后应用石膏腻子填补密实，刮平收净，用砂纸磨光以使表面平整。木材基层缺陷处理好后表面上应做打底子处理，使基层表面具有均匀吸收涂料的性能，以保证面层的色泽均匀一致。金属表面应刷防锈漆，涂料施涂前被涂物件的表面必须干燥，以免水分蒸发造成涂膜起泡，金属表面不得有湿气，木材基层含水率不得大于12%。

2. 刮腻子与磨平

基层表面对光线的反射比较均匀，因而在一般情况下不易觉察基层表面细小的凹凸不平和砂眼，在涂刷涂料后由于光影作用都将显现出来，影响美观。所以基层必须刮腻子数遍予以找平，每遍所刮腻子干燥后用砂纸打磨，保证基层表面平整光滑。需要刮腻子的遍数，视涂饰工程的质量等级、基层表面的平整度和所用的涂料品种而定。

3. 涂料施涂

涂料在施涂前及施涂过程中，必须充分搅拌均匀。用于同一表面的涂料，应注意保证颜色一致。涂料黏度应调整合适，使其在施涂时不流坠、不显刷纹，如需稀释应用该种涂料所规定的稀释剂稀释。涂料的施涂遍数应根据涂料工程的质量等级而定。施涂溶剂型涂料时，后一遍涂料必须在前一遍涂料干燥后进行；施涂水乳型和水溶性涂料时后一遍涂料必须在前一遍涂料表面干燥后进行。每一遍涂料不宜施涂过厚，应施涂均匀，各层必须结合牢固。

涂料的施涂方法有刷涂、滚涂、喷涂、刮涂和弹涂等。

（1）刷涂。它是用油漆刷、排笔等将涂料刷涂在物体表面上的一种施工方法。此法操作方便，适应性广，除极少数流平性较差或干燥太快的涂料不宜采用外，大部分薄涂料或云母片状厚质涂料均可采用。刷涂顺序是先左后右、先上后下、先边后面、先难后易。

（2）滚涂（或称辊涂）。它是利用滚筒（或称辊筒、涂料辊）蘸取涂料并将其涂布到物体表面上的一种施工方法。滚筒表面有的是粘贴合成纤维长毛绒，也有的是粘贴橡胶（称为橡胶压辊），当压辊表面为凸出的花纹图案时，即可在涂层上辊压出相应的花纹。

（3）喷涂。它是利用压力或压缩空气将涂料涂布于物体表面的一种施工方法。涂料在高速喷射的空气流带动下，呈雾状小液滴喷到基层表面上形成涂层。喷涂的涂层较均匀，颜色也较均匀，施工效率高，适用于大面积施工。可使用各种涂料进行喷涂，尤其是外墙涂料用得较多。

喷涂的效果与喷嘴的直径、喷枪距喷涂面的距离、工作压力与喷枪移动的速度有关，它们是喷涂工艺的四要素。喷涂时空气压缩机的压力，一般是控制在 0.4~0.7MPa，气泵的排气量不小于 $0.6m^3/h$；喷嘴距喷涂面的距离，以喷涂后不流挂为准，一般为 40~60cm。喷嘴应与被涂面垂直且做平行移动，运行中速度保持一致。喷枪与喷涂面的相对位置如图 7.10 所示。喷枪在纵横方向做 S 形移动，喷涂路线如图 7.11 所示。当喷涂两个平面相交的墙角时，应将喷嘴对准墙角线。

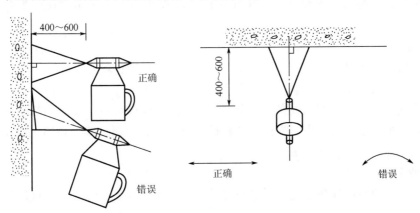

图 7.10 喷枪与喷涂面的相对位置

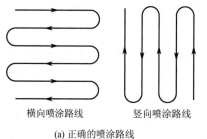
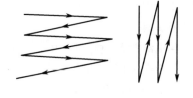

横向喷涂路线　　竖向喷涂路线

(a) 正确的喷涂路线　　　　　　　　　(b) 错误的喷涂路线

图 7.11　喷涂路线

（4）刮涂。它是利用刮板将涂料厚浆均匀地批刮于施涂面上，形成厚度为 1~2mm 的厚涂层。刮涂常用于地面厚层涂料的施涂。

（5）弹涂。它是利用弹涂器，通过转动的弹棒将涂料以圆点形状弹到施涂面上的一种施工方法。若分数次弹涂，每次用不同颜色的涂料，施涂面由不同色点的涂料装饰，相互衬托，可使饰面增加装饰效果。

课题 7.8　裱糊工程施工

裱糊工程施工

裱糊工程就是在墙面、顶棚表面用黏结材料把塑料壁纸、复合壁纸、墙布和绸缎等薄型柔性材料贴到上面，形成装饰效果的施工工艺。裱糊的基层可以是平整的混凝土面、抹灰面、石膏板面、纤维水泥加压板面等。但基层必须光滑、平整，无鼓包、凹坑、毛糙等现象。

1. 材料要求

（1）裱糊工程施工的常见材料有石膏、大白、滑石粉、聚乙酸乙烯乳液、羧甲基纤维素、108 胶、各种型号的壁纸、胶黏剂等。

（2）为保证裱糊质量，各种壁纸、墙布的质量应符合设计要求和相应的国家标准。

（3）胶黏剂、嵌缝腻子、玻璃网格布等，应根据设计和基层的实际需要提前备齐。但胶黏剂应满足建筑物的防火要求，避免在高温下因胶黏剂失去黏结力使壁纸脱落而引起火灾。

2. 使用工具

（1）裁剪用的工具：工作台 1m×2m，钢直尺、钢卷尺、裁刀或剪刀。

（2）弹线工具：线锤、粉袋、铝质水平尺。

（3）裱糊工具：脚手架（高的顶棚用）、人字梯、塑料刮板、橡皮刮板、排笔、大油刷、壁纸刀、小辊子、白毛巾、棉丝、塑料桶、海绵块、毛刷、羊毛辊刷、胶质辊筒、牛皮纸、电熨斗等。

3. 作业条件

（1）混凝土和墙面抹灰已完成，且经过干燥，含水率不高于 8%；木材制品含水率不得大于 12%。

（2）水电及设备、顶墙上的预留预埋件已安装。

(3) 门窗油漆已完成。

(4) 有水磨石地面的房间，出光、打蜡已完，并将面层水磨石保护好。

(5) 墙面清扫干净，如有凸凹不平、缺棱掉角或局部面层损坏，提前修补好并应干燥，预制混凝土表面提前刮石膏腻子找平。

(6) 事先将凸出墙面的设备部件等卸下收存好，待壁纸粘贴完后再将其部件重新装好复原。

(7) 如基层色差大，设计选用的又是易透底的薄型壁纸，粘贴前应先进行基层处理，使其颜色一致。

(8) 对湿度较大的房间和经常潮湿的墙体表面，如需做裱糊时，应采用有防水性能的壁纸和胶黏剂等材料。

(9) 如房间较高应提前准备好脚手架，房间不高，应提前钉设木凳。

(10) 对施工人员进行技术交底时，应强调技术措施和质量要求。大面积施工前应先做样板间，经质检部门鉴定合格后，方可组织班组施工。

4. 施工工艺程序

裱糊的工艺程序因基层、裱糊材料不同而工序不同，一般裱糊施工工艺为：清扫基层→接缝处糊条→找补腻子、磨砂纸→满刮腻子、磨平→涂刷铅油一遍涂刷底胶一遍→墙面画准线→壁纸浸水润湿→壁纸涂刷胶黏剂→基层涂刷胶黏剂→墙上纸裱糊→拼缝、搭接、对花→赶压胶黏剂、气泡→裁边→擦净挤出的胶液→清理修整。

5. 裱糊顶棚、墙面壁纸

(1) 基层处理。首先将混凝土顶面、墙面的灰渣、浆点、污物等清刮干净，并用笤帚将粉尘扫净，满刮腻子一道。腻子干后磨砂纸，满刮第二遍腻子，待腻子干后用砂纸磨平、磨光。

(2) 吊直、套方、找规矩、弹线。首先应将顶棚的对称中心线及墙面四角的阴阳角通过吊直、套方、找规矩的办法弹出中心线，以便从中间向两边对称控制。

(3) 计算用料、裁纸。根据设计要求决定壁纸的粘贴方向，然后计算用料、裁纸。应按所量尺寸每边留出2~3cm余量，如采用塑料壁纸，应在水槽内先浸泡2~3min后拿出，抖去余水，将纸面用净毛巾擦干。

(4) 刷胶、糊纸。在纸的背面和顶棚或墙面的粘贴部位刷胶，应注意按壁纸宽度刷胶，不宜过宽，铺贴时应从中间开始向两边铺粘。第一张一定要按已弹好的线找直粘牢，应注意纸的两边各甩出1~2cm不压死，以满足与第二张铺粘时的拼花压控对缝的要求。然后依上法铺粘第二张，两张纸搭接1~2cm，用钢板尺比齐，两人将尺按紧，一人用劈纸刀裁切，随即将接槎处两张纸条撕去，用刮板带胶将缝隙压实刮牢。随后将顶棚两端阴角处用钢板尺比齐、拉直，用刮板及辊子压实，最后用湿毛巾将接缝处辊压出的胶痕擦净，依次进行。

(5) 花纸拼接。花纸拼缝处的花形要对接拼搭好，铺贴前应注意花形及纸的颜色力求一致，墙与顶棚壁纸的搭接应根据设计要求而定，一般有挂镜线的房间应以挂镜线为界，无挂镜线的房间则以弹线为准。花形拼接如出现困难，错槎应尽量甩到不显眼的阴角处，大面不应出现错槎和花形混乱的现象。

(6) 修整。壁纸粘贴完后，应检查是否有空鼓不实之处，接槎是否平顺，有无翘进现象，胶痕是否擦净，有无小包，表面是否平整，多余的胶是否清擦干净等，直至符合要求。

课题 7.9 幕墙工程施工

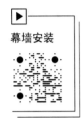
幕墙安装

建筑幕墙是指由金属构件与各种板材组成的悬挂在主体结构上,不承担主体的结构荷载与作用的建筑外围护结构。建筑幕墙按其面层材料的不同可分为玻璃幕墙、石材幕墙、金属幕墙等,本节主要介绍玻璃幕墙的构造及施工工艺。

7.9.1 玻璃幕墙种类

玻璃幕墙分有框玻璃幕墙和无框全玻璃幕墙。而有框玻璃幕墙又分为明框、隐框和半隐框玻璃幕墙三种。无框全玻璃幕墙分底座式全玻璃幕墙、吊挂式全玻璃幕墙和点式全玻璃幕墙等多种。

(1) 明框玻璃幕墙。明框玻璃幕墙的玻璃镶嵌在铝框内,四边都有铝框及其幕墙构件,横梁、立柱均外露。

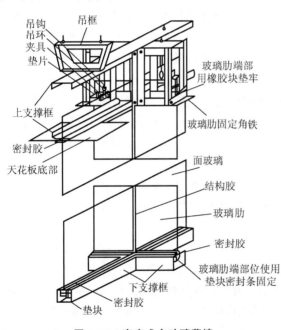

图 7.12 底座式全玻璃幕墙

(2) 隐框玻璃幕墙。隐框玻璃幕墙的玻璃用结构胶黏结在骨架上,骨架全部隐蔽在玻璃后面。

(3) 半隐框玻璃幕墙。玻璃两对边嵌在骨架内,两对边用结构胶黏结在骨架上,形成立柱外露、横梁隐蔽的竖框横隐的玻璃幕墙或横梁外露、竖框隐蔽的竖隐横框的玻璃幕墙。

(4) 底座式全玻璃和吊挂式全玻璃幕墙。使用大面积玻璃板,而且支撑结构也采用玻璃肋的幕墙,称全玻幕墙。高度小于 4.5m 的全玻璃幕墙,可直接以下部为支撑,即底座式全玻璃幕墙,如图 7.12 所示;高度超过 4.5m 的全玻璃幕墙,宜在上部悬挂,玻璃肋通过结构胶与面玻璃黏合,即吊挂式全玻璃幕墙,如图 7.13 所示。

(5) 点式全玻璃幕墙。它采用四爪式不锈钢挂件与立柱焊接,挂件的每个爪与一块玻璃的一个孔相连接,即一个挂件同时与 4 块玻璃相连接。点式全玻璃幕墙如图 7.14 所示。

7.9.2 玻璃幕墙材料及构造要求

玻璃幕墙的主要材料包括玻璃、铝合金型材、型钢、五金配件、结构胶及密封材料、防火材料、保温材料等。因幕墙不仅承受自重荷载,还要承受风荷载、地震荷载和温度变化作用的影响，因此幕墙必须安全可靠，使用的材料必须符合国家或行业标准规定的质量要求。

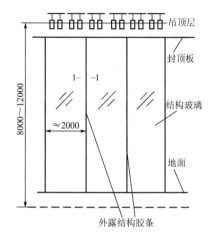
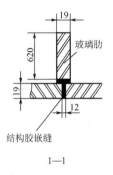
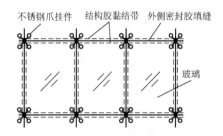

图 7.13　吊挂式全玻璃幕墙　　　　　图 7.14　点式全玻璃幕墙

玻璃幕墙的构造需满足以下要求。

（1）具有防雨水渗漏性能，设置泄水孔，使用耐候型嵌缝密封材料。
（2）设冷凝水排出管道。
（3）不同金属材料接触处，设置绝缘垫片，采取防腐措施。
（4）立柱与横梁接触处，应设柔性垫片。
（5）隐框玻璃拼缝宽不宜小于 15mm，作为清洗机轨道的玻璃竖缝不小于 40mm。
（6）幕墙下部设绿化带，入口处设遮阳棚、雨篷。
（7）设防撞栏杆。
（8）玻璃与楼层隔墙处缝隙填充料使用不燃烧材料。
（9）玻璃幕墙自身应形成防雷体系，并与主体结构防雷体系连接。

7.9.3　玻璃幕墙安装

玻璃幕墙的施工方式除挂架式和无骨架式外，还有单元式（工厂组装）和元件式（现场组装）两种。单元式玻璃幕墙施工是将立柱、横梁和玻璃板材在工厂拼装为一个安装单元（一般为一层楼高度），然后在现场整体吊装就位，如图 7.15 所示；元件式玻璃幕墙施工是将立柱、横梁和玻璃等材料分别运到工地现场，进行逐件安装就位，如图 7.16 所示。由于元件式安装不受层高和柱网尺寸的限制，它是目前应用较多的安装方法，适用于明框、隐框和半隐框玻璃幕墙，其主要工序如下。

1. 测量放线

将骨架（又称框架）的位置弹到主体结构上。放线工作应根据主体结构施工的基准轴线和水准点进行。对于由横梁、立柱组成的幕墙骨架，先弹出立柱的位置，然后再将立柱的锚固点确定。待立柱通长布置完毕，将横梁弹到立柱上。如果是全玻璃安装，则首先将玻璃的位置线弹到地面上，再根据外边缘尺寸确定锚固点。

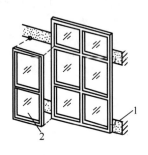
1—楼板；2—玻璃幕墙板。
图 7.15 单元式玻璃幕墙

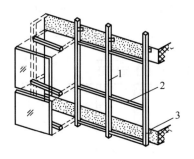
1—立柱；2—横梁；3—楼板。
图 7.16 元件式玻璃幕墙

2. 预埋件检查

幕墙与主体结构连接的预埋件应在主体结构施工过程中按设计要求进行埋设，在幕墙安装前检查各预埋件位置是否正确，数量是否齐全。若预埋件遗漏或位置偏差过大，应会同设计单位采取补救措施。补救措施为采用植锚栓补设预埋件，同时进行拉拔试验。

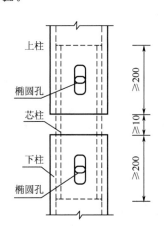

图 7.17 上下立柱连接方法

3. 骨架施工

骨架施工是根据放线的位置，将连接件与主体结构上的预埋件相连。连接件与主体结构是通过预埋件或后埋锚栓固定，当采用后埋锚栓固定时，应通过试验确定锚栓的承载力。骨架安装顺序为先安装立柱，再安装横梁。上下立柱通过芯柱连接，如图 7.17 所示。横梁与立柱的连接根据材料不同，可以采用焊接、螺栓连接、穿插件连接或用角铝件连接。

4. 玻璃安装

玻璃安装因幕墙的类型不同而不同。型钢材质的幕墙骨架安装玻璃时，因型钢没有镶嵌玻璃的凹槽，多用窗框过渡。将玻璃安装在铝合金窗框上再将铝合金窗框与幕墙骨架相连。铝合金型材的幕墙骨架，在成型时已经将固定玻璃的凹槽随同断面一次挤压成型，可以直接安装玻璃。玻璃与金属之间不能直接接触，玻璃底部设防振垫片，侧面与金属之间用封缝材料嵌缝。对隐框玻璃幕墙，在玻璃框安装前应对玻璃及四周的骨架进行清洁，保证结构胶能可靠黏结。安装前玻璃应粘贴保护膜加以保护，交工前将其全部揭除。安装时对于不同的金属接触面应设防静电垫片。

5. 密缝处理

玻璃或玻璃组件安装完后，应立即使用密封胶嵌缝密封，保证玻璃幕墙的气密性、水密性等性能。嵌缝密封做法如图 7.18～图 7.20 所示。玻璃幕墙使用的密封胶性能必须符合规范。密封胶必须是中性单组分胶，酸碱性胶不能使用。使用前，应经国家认可的检测机构对与结构胶相接触的材料进行相容性和剥离黏结性试验，并应对邵氏硬度和标准状态下的拉伸黏结性能进行复验。

6. 清洁维护

玻璃安装完后,应从上往下用中性清洁剂对玻璃幕墙表面及外露构件进行清洁,清洁剂使用前应进行腐蚀性检验,证明其对金属骨架和玻璃无腐蚀作用后方可使用。

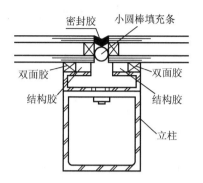

图 7.18 隐框玻璃幕墙密封胶嵌缝做法

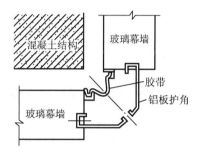

图 7.19 玻璃幕墙转角封缝做法

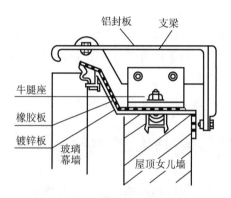

图 7.20 玻璃幕墙顶部封缝做法

课题 7.10 装饰工程冬期和雨期施工

7.10.1 抹灰工程冬期施工措施

1. 热作法施工

热作法施工是利用房屋的永久或临时热源来保持操作环境的温度,使抹灰砂浆硬化和固结,常用于室内抹灰。热源有火炉、蒸汽、远红外线加热器等。

室内抹灰以前,宜先做好屋面防水层及室内封闭保温,室内抹灰的养护温度不应低于5℃。水泥砂浆层应在潮湿的条件下养护,并应通风、换气。用冻结法砌筑的墙,室内抹灰应待抹灰一面的解冻深度不小于砖厚的一半时方可施工。不得采用热水冲刷冻结的墙面或用热水消除墙面的冰霜。砂浆应在搅拌棚中集中搅拌,并应在运输中保温,要随用随拌,防止冻结。

室内抹灰工程结束后,在 7d 以内,应保持室内温度不低于 5℃。抹灰层可采取加温措施加速干燥。当采用热空气加温时,应注意通风,排除湿气。

2. 冷作法施工

冷作法施工是指在砂浆中掺入防冻剂,然后在不采取保温措施的情况下进行抹灰,适用于装饰要求不高、小面积的外墙抹灰工程。

当抹灰基层表面有冰、霜、雪时,可采用与抹灰砂浆同浓度的防冻剂溶液冲刷,并应清除表面的尘土。

7.10.2　饰面工程冬期施工措施

室内饰面工程冬期施工可采用热空气或带烟囱的火炉取暖,并应设有通风、排湿装置。室外饰面工程冬期施工宜采用暖棚法施工,棚内温度不应低于 5℃,并按常温施工方法操作。

饰面板就位固定后,用 1∶2.5 水泥砂浆灌浆,保温养护时间不少于 7d。

外墙饰面石材应根据当地气温条件及吸水率要求选材。当采用螺栓固定的干作业法施工时,锚固螺栓应做防水、防锈处理。

釉面砖及外墙面砖在冬期施工时宜在 2% 盐水中浸泡 2h,并在晾干后方可使用。

7.10.3　油漆、刷浆、裱糊、玻璃工程冬期施工措施

油漆、刷浆、裱糊、玻璃工程应在采暖条件下进行施工。当需要在室外施工时,其最低环境温度不应低于 5℃,遇有大风、雨、雪应停止施工。

刷调和漆时,应在调和漆内加入 2.5% 的催干剂和 5% 的松香水,施工时应排除烟气和潮气,防止失光和发黏不干。

室外刷浆应保持施工均衡,粉浆类料浆宜采用热水配制,随用随配,并做料浆保温,料浆使用温度宜保持在 15℃ 左右。

裱糊工程施工时,混凝土或抹灰基层含水率不应大于 8%。施工中当室内温度高于 20℃,且相对湿度不大于 80% 时,应开窗换气,防止壁纸打皱起泡。

玻璃工程冬期施工时,应将玻璃、镶嵌用合成橡胶等材料运到有采暖设备的室内,操作地点环境温度不应低于 5℃。

铝合金、塑料框、大扇玻璃外墙不宜在冬期安装。

7.10.4　雨期施工措施

雨天不准进行室外抹灰,施工前,应至少预测 1～2d 的天气变化情况。对已经施工的墙面,应注意防止雨水污染。室内抹灰应尽量在做完屋面后进行,至少也应做完屋面找平层,并铺一层油毡。雨天不宜做罩面油漆施工。

单元小结

本单元主要介绍了常用施工机具、抹灰工程施工、饰面板施工、楼地面工程施工、吊顶与轻质隔墙施工、门窗工程施工、涂料工程施工、裱糊工程施工、幕墙工程施工、装饰工程冬期和雨期施工。在学习中，要着重了解各种建筑装饰材料的特点、质量要求和应用情况，熟悉其构造做法、主要施工工艺、操作要点以及工程质量验收标准。

推荐阅读资料

1. 《建筑工程施工质量验收统一标准》（GB 50300—2013）
2. 《建筑装饰装修工程质量验收标准》（GB 50210—2018）
3. 《住宅装饰装修工程施工规范》（GB 50327—2001）
4. 《建筑施工高处作业安全技术规范》（JGJ 80—2016）
5. 《建筑地面工程施工质量验收规范》（GB 50209—2010）
6. 《建筑施工安全检查标准》（JGJ 59—2011）
7. 《施工现场临时用电安全技术规范》（JGJ 46—2005）
8. 《建筑机械使用安全技术规程》（JGJ 33—2012）

习 题

1. 简述水泥砂浆地面施工工艺与水磨石地面施工工艺的相同点与不同点。
2. 简述抹灰工程的组成和作用。
3. 简述内墙抹灰的施工工艺流程及施工方法。
4. 简述木骨架罩面板吊顶的施工工艺。
5. 简述各种门窗工程的施工工艺的相同点与不同点。
6. 简述一般玻璃幕墙施工工艺。

拓展案例6

单元7 在线答题

单元 8　数字化施工

思维导图

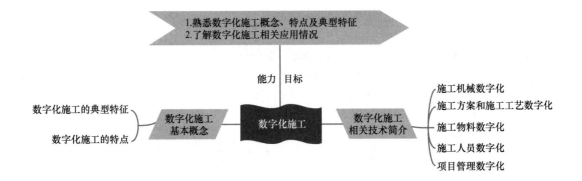

单元8 数字化施工

> **引 例**
>
> 北京大兴国际机场位于北京中轴线上,向北距离天安门 46km。北京大兴国际机场占地面积 140ha,配有世界上规模最大的单体航站楼,体量相当于首都机场 1 号、2 号、3 号航站楼的总和;远期规划建成 7 条跑道,年旅客吞吐量达到 1 亿人次,飞机起降量达到 88 万架次。请通过以上资料对项目施工过程进行调研与学习。
>
> 思考:(1)施工过程中哪些环节运用了数字化施工所提及的相关技术?
>
> (2)数字化施工相关技术主要涉及哪些方面?
>
> (3)数字化施工对项目提供了哪些帮助?

> **知识点**

数字化施工是当前施工技术发展的必然趋势。数字化施工与传统施工有很大不同,数字化施工以数据作为核心驱动,搭建数字孪生系统,通过在线实时协同和智能化系统实现施工全要素、全过程、全参与方数字化,同时弥补传统施工管理模式中存在的漏洞。数字化施工以数据作为依据,打通并强化管理决策层和作业岗位层之间的关联,从而提高管理决策效率和施工作业效率。

课题8.1 数字化施工基本概念

数字化施工是指利用 BIM 技术、云计算、大数据、物联网、人工智能、5G、AR 及 VR 技术、区块链等新型技术,围绕施工全要素、全过程、全参与方进行数字化而形成的全新建造模式。数字化施工如图 8.1 所示。

8.1.1 数字化施工的典型特征

1. 数字孪生

数字孪生是充分利用物理模型、传感器更新、运行历史等数据,集成多学科、多物理量、多尺度、多概率的仿真过程,在虚拟空间中完成映射,从而反映对应实体的全生命周期的过程。

数字孪生的概念最早由美国空军研究实验室提出。之后美国国防部认识到数字孪生的价值,认为值得全面研究,于是尝试通过数字孪生技术对航空及航天飞行器的健康进行维护与保障,如在数字空间建立真实飞机的虚拟模型,并通过传感器实现与飞机真实状态完全同步,这样每次飞行后,根据结构现有情况和过往载荷,及时分析评估飞机是否需要维修、能否承受下次的任务载荷等。

在施工领域,虽然数字孪生技术仍不够完善,仍处在早期探索阶段,但是发展迅猛。在当前技术环境下,通过数字技术的融合、集成、应用,可以构建人(人员)、机(设备)、料(原材料)、法(方法)、环(环境)等全面互联的新型数字虚拟建造模式,在数

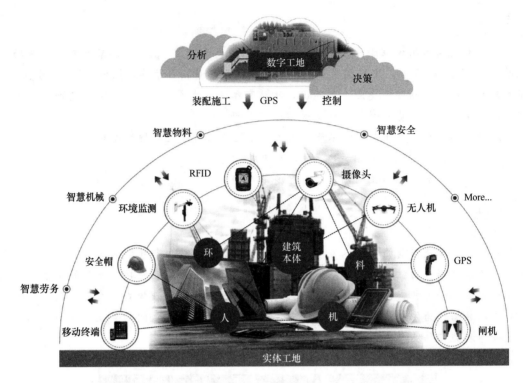

图 8.1　数字化施工

字空间再造一个与物理实体建筑对应的"数字虚体模型",与实体施工全过程、全要素、全参与方一一对应,通过虚实交互反馈、数据融合分析与决策,实现施工工艺、技法的优化和管理、决策能力的提升。虽然当前数字孪生技术还需要进行深入研究,但在建筑行业中已经开始得到了一些基础性应用,产生了一定的经济、社会效益。图 8.2 为数字孪生与实体建造。

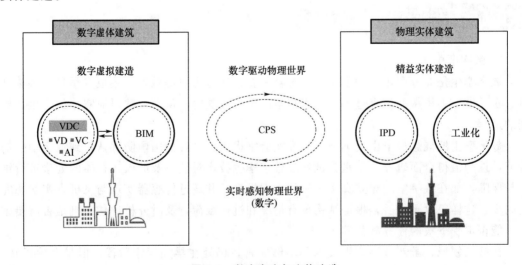

图 8.2　数字孪生与实体建造

2. 数据驱动

自从我国政府提出建设"数字中国"以来，数据已经越来越重要，甚至成为新的生产要素。习近平总书记 2013 年视察中国科学院时就曾指出："大数据是工业社会的'自由'资源，谁掌握了数据，谁就掌握了主动权。"可以说，产业业务数据的积累和沉淀，将为产业的发展提供有利的支撑。

数据自动流动水平将成为衡量一个企业、一个行业甚至一个国家发展水平和竞争实力的关键指标。正如丁烈云院士所指出的，"数据是数字经济的'石油'和'黄金'，我国拥有庞大的工程建造市场，产生的数据量极为庞大，但真正存储下来的数据仅仅是北美的 7%。少数存储下来的工程数据，大多以散乱的文件形式散落在档案柜和硬盘中，工程数据利用率不到 0.4%。"由此可见，我国建筑产业的大数据汇集与利用仍然任重道远。

施工阶段是产生数据量最大的阶段。工艺工法等技术数据，人、机、料、法、环等生产要素数据和成本、进度、安全、质量等管理要素数据，往往仅以电子文档和电子表格的形式零散地储存在不同人员处，无法发挥数据的价值。而当前随着数字技术的成熟和互联网影响的深入，施工阶段的核心数据能得到有效采集，通过数据驱动作业过程、要素对象、建立数字孪生模型，将成为数字化施工的核心工作。

3. 在线实时协同

在线实时协同是数字化施工的关键。若要实现数字孪生模型与实体建造过程的一一对应，就必须在线实时协同。在线实时协同能够将现实与虚拟同步起来，从而实现数据驱动的价值。

在传统的施工过程中，现场各类信息的传递非常滞后，经常出现无法及时处理现场重大施工问题的情况，工人遗忘、记录丢失、传递不够迅速都可能导致施工事故的发生。而数字化施工中，可以通过软件、平台，迅速传递重大施工问题，进行在线实时协同处理，实现管理层与作业层的紧密联结，从而提高施工效率，降低事故发生的可能性。数字化施工在线实时协同如图 8.3 所示。

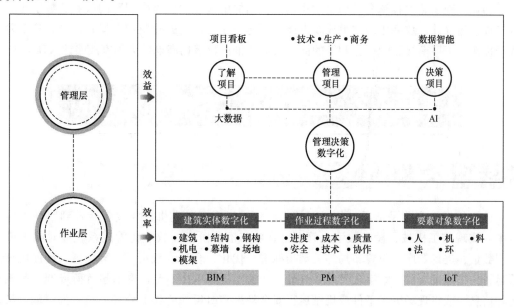

图 8.3 数字化施工在线实时协同

4. 智能主导

数字化施工带来的是具有宝贵价值的施工数据。以大数据、云计算、人工智能等新兴技术为基础，构建一套基于数据自动驱动的状态感知、实时分析、科学决策、精准执行的智能化闭环赋能体系。数字化施工将往智能化方向发展。数据驱动施工各要素参与活动，在线实时协同传递数据到软件平台，软件平台通过自动分析得出智能化最优方案与结论。软件平台有以下两方面作用：一方面，为项目管理层提供科学指导与决策依据；另一方面，软件平台通过不断深度学习，将数据迭代并反馈至施工现场的智能施工设备与管理设备中，实现施工现场的智能化管理。

8.1.2 数字化施工的特点

数字化施工与传统施工相比，具有以下特点。

1. 更高的施工品质和生产效率

建筑施工过程中的耗能占社会总耗能很大比例，因事故死亡人数居各行业前列，成本居高不下，同时产生严重的污染和大量的建筑垃圾，给国家带来了不可估量的损失。通过数字化施工，合理管控人、机、料、法、环，全面促进生产、质量、安全、物料、劳务等多方面的管理，将大大提高施工品质和生产效率，为可持续发展与产业转型升级打下坚实的基础。

2. 能够促进行业转型升级

建筑施工阶段碎片化、粗犷式的特点，给施工管理带来了巨大的挑战。数字化施工下，其技术、工艺、模式、业态、组织等方面的创新将会层出不穷。尤其是施工过程中数字孪生技术的发展，将促使行业重新思考其组织架构与作业模式，在全新的价值网络上构建数字化的施工模式。

3. 抢占数字化高地，为国家战略注入新活力

为抓住新一轮科技革命的历史性机遇，我国提出建设"数字中国"的战略。数字化施工将与数字化设计、数字化运维组成新设计—新建造—新运维的建筑产业模式，打破各个阶段数据传递、工序衔接、管理分割等的筒仓效应，抢占数字化高地，为国家战略注入新活力。

课题 8.2 数字化施工相关技术简介

8.2.1 施工机械数字化

施工机械数字化是指通过物联网技术，将施工现场各类机械、设备接入到智慧工地平台中，实现施工机械、设备数字化管理。在施工准备阶段，数字化管理系统能对施工机械使用数量、进场顺序、位置布局等关键指标进行优化，合理设置机械安装位置，确保机械高效运转。在施工阶段，数字化管理系统能全面监控机械运作工况，提示超负荷或低负荷机械运转信息，或将现场突发事件或机械运行安全隐患实时反馈给作业管理人员，为管理人员提供可视化的全天候在线数据分析，辅助管理人员对机械实时监管和快速调整。

单元8 数字化施工

1. 项目案例一

陕西建工第九建设集团有限公司在神木市第一高级中学项目中，应用塔式起重机防碰撞系统，对塔式起重机群体的运行状态、运行记录、障碍警报、事故预防等实施动态监控，有效控制施工现场塔式起重机与其他大型机械的交叉作业，最终提升施工机械安全管理水平和运行效率。该塔式起重机防碰撞系统如图 8.4 所示。

(a)

(b)

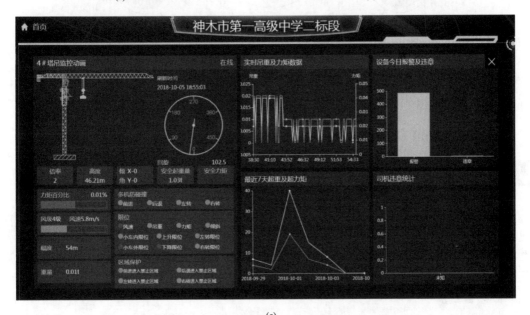
(c)

图 8.4 神木市第一高级中学项目塔式起重机防碰撞系统

2. 项目案例二

株式会社小松制作所是日本一家有着百年历史的工程机械制造公司，通过数字化转型，在施工机械制造的基础上，发展出基于 CPS（Cyber-Physical Systems）的智能施工管理。利用无人机和三维激光扫描仪对施工现场进行高精确度测量，据此形成施工现场的 3D 数据模型，将此模型与建设完工后的情况进行对比，可以准确地评估工作量。除此之外，还可以对

313

土壤、地下水、埋藏物等因素进行采样研究,评估施工可行性和对施工方案进行仿真、优化,确定最佳施工方案。根据施工方案,智能无人工程机械入场施工,将施工过程中的现场数据(包括机械当前位置、工作时间、工作状况、燃油余量、耗材更换时间等)即时发送到智能决策平台进行存储和分析。智能决策平台根据这些数据进行分析计算、实时将调整指令发给现场施工机械,以高安全性、高效率的方式进行现场施工管理。株式会社小松制作所基于 CPS 的智能施工管理如图 8.5 所示。

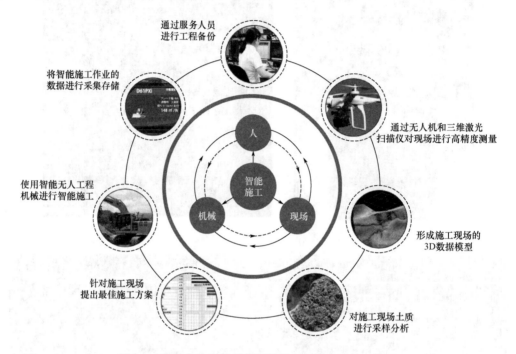

图 8.5　株式会社小松制作所基于 CPS 的智能施工管理

8.2.2　施工方案和施工工艺数字化

施工方案和施工工艺数字化是基于 BIM 技术将复杂的施工方案及工艺,通过进度计划、工序工艺与模型的结合,编制成可视化的技术方案。在进行现场技术交底时,利用各类终端查看技术方案,进行现场可视化技术交底,保证现场交底高效完成,并提高施工质量。施工方案和施工工艺数字化如图 8.6 所示。

1. 项目案例一

北京大兴国际机场为 4F 级国际机场,在项目建设的各阶段,均应用 BIM 技术对主要施工方案进行了模拟优化。在基础施工阶段,利用地表模型、土方模型、边坡模型和桩基模型,进行地质条件的模拟和分析、土方开挖工程量计算、节点做法可视化交底。北京大兴国际机场航站楼基础施工方案模拟如图 8.7 所示。在主体结构施工阶段,对劲性钢结构施工工艺、隔震支座施工工艺、钢结构施工方案等进行模拟与优化,最终使基坑施工比计划工期提前 13 天完成,主航站楼主体结构比计划工期提前 15 天完成,结构封顶比计划工期提前 12 天完成,大大提升了项目施工的效率与质量。

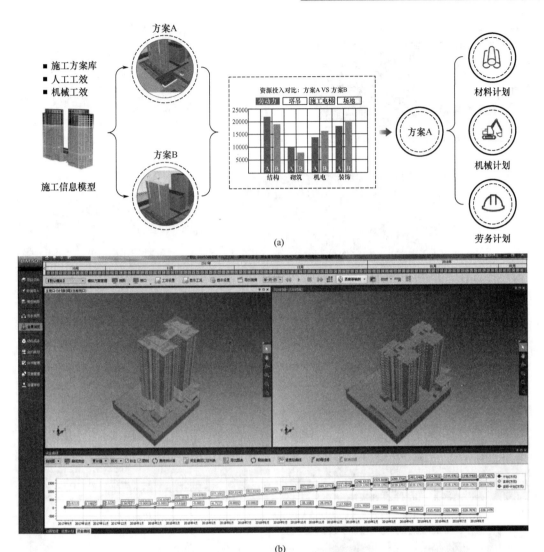

图 8.6 施工方案和施工工艺数字化

2. 项目案例二

在大直径盾构隧道工程中,盾构机刀盘直径达十几米,刀盘质量达几百吨,刀盘吊装过程需要先在地面水平翻转 90°,再水平行走几十米,这是施工的重难点之一。为了确保盾构机刀盘的精确吊装,华中科技大学研发了施工吊装虚拟指挥舱。在虚拟指挥舱中可建立盾构机刀盘和施工环境的数字模型,同时施工人员将传感器安装在真实的刀盘和施工环境中,通过模拟计算,确定吊装方案、具体步骤及细节参数。吊装开始后,虚拟指挥舱实时监测各项传感数据,根据计算模型实时调节吊装位置,确保一次性精确吊装到位。盾构机刀盘吊装动态监测与模拟如图 8.8 所示。

8.2.3 施工物料数字化

施工物料占据工程成本的 50%~70%,施工物料的质量与分配效率会给施工带来重大

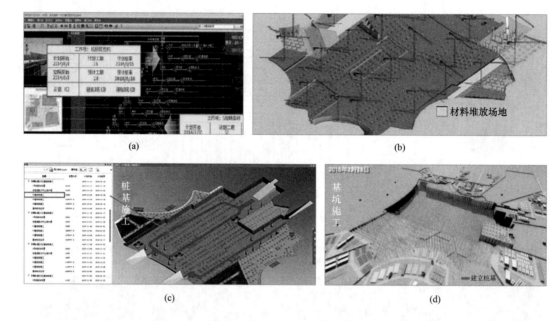

图 8.7 北京大兴国际机场航站楼基础施工方案模拟

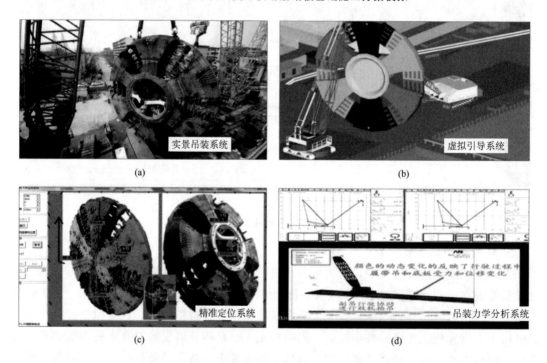

图 8.8 盾构机刀盘吊装动态监测与模拟

影响。通过软件与硬件结合，借助互联网技术和物联网技术，实现施工物料进、出现场数据的自动采集，全方位管控进场、验收各环节，堵塞验收管理漏洞，监察供应商供货偏差情况，预防虚报进场物料数量等，实现物料数字化管理，在提高施工技术实施效率的同时，规范施工物料使用，提高企业效益。施工物料数字化如图 8.9 所示。

山东华滨建工有限公司在山东名佳花园四期项目中，应用智能物料验收管理系统直接

单元8　数字化施工

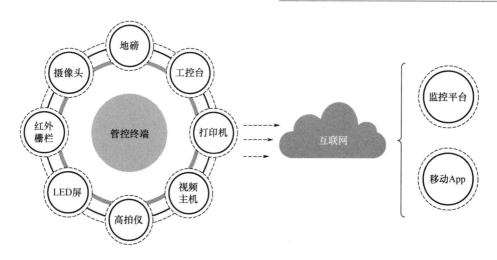

图 8.9　施工物料数字化

管理地磅，对进、出场的混凝土、钢筋、砂石料等物料进行全检过磅管理。智能物料验收管理系统如图 8.10 所示。系统通过自动读取称重数据、收（发）料单位信息、材料名称等，实现物料进场自动称重、偏差自动分析，有效地杜绝物料重复称重、一车多计等现象。据 2018 年 5 月—2019 年 4 月数据统计，系统共验收物料批次 2652 车，进场质量 7.04 万吨，分析得出进场混凝土整体超正常工作需要量 1.58%，建筑砂浆超 6.31%，水泥超 9.8%，确保了大宗物资进场呈盈余状态。

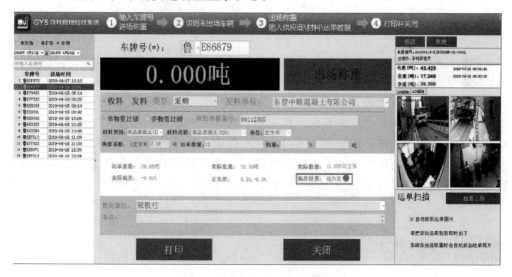

图 8.10　智能物料验收管理系统

8.2.4　施工人员数字化

施工人员数字化是指基于劳务管理实名制系统，通过物联网与智能设备相结合，将施工人员流动、考勤、分布、危险作业、事故隐患等数字化。先由软件系统实时采集和传输数据，再通过云端劳务业务系统将采集的数据进行实时存储、整理、分析，利用物联网智

317

能硬件终端实时展示现场作业和执行状态等情况，而责任人员可以利用移动设备实时接收业务数据，及时落实整改，在提升管理效率的同时降低事故发生的可能性，满足管控要求。施工人员数字化如图8.11所示。

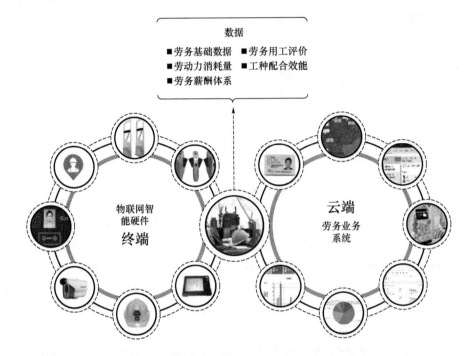

图8.11 施工人员数字化

北京住总集团有限责任公司在北京通州区首寰度假酒店项目中，通过引入劳务实名制管理系统，实现项目现场施工高峰期约2000名作业人员的全面管理。北京通州区首寰度假酒店项目劳务实名制管理系统如图8.12所示。管理人员利用系统分析数据，实时监控施工人员的作业状态、跟踪定位和观察作业运动轨迹，准确掌握作业人员基本信息，实现预控现场施工人员超强度作业情况、实时检视关键施工节点的劳务工种数量配比、辅助项目进度纠偏。同时，利用采集的工人实名数据、出勤数据、工资收支数据，定期报备政府监管部门，有效实现对劳务人员的动态监管，维护项目建设的稳定进行，有效避免各类不稳定事件发生。

8.2.5 项目管理数字化

基于云计算、大数据、移动互联网、人工智能、物联网、BIM等技术的应用，通过对项目的建筑实体、作业过程、生产要素的数字化，产生大量的可供深加工和再利用的数据，不仅满足施工现场管理的需求，也为项目进行重大决策提供了数据支撑。在这些海量数据的基础上，进行业务的协同，极大地带动项目的管理和决策方式的变革，使管理变得更加准确、透明、高效。

中国建筑一局（集团）有限公司在山东省肿瘤防治研究院放射肿瘤学科医疗及科研基地项目中，通过应用智慧工地管理平台实现了管理数字化。项目管理人员通过项目管理数

单元8 数字化施工

图 8.12 北京通州区首寰度假酒店项目劳务实名制管理系统

字化看板可以快速、直观地获取项目基本信息、实时监管作业人数、施工进度情况、现场施工质量、安全等情况。同时，通过进度管理系统，高效率地解决了专业分包多、单位工程多、交叉作业协调难度大的管理问题；通过塔吊防碰撞系统，实时跟踪监控设备运行，有效防控现场大型机械交叉作业带来的安全隐患；通过视频监控系统，使施工现场、办公区、生活区处于可视化状态，便于项目监督和管理人员实时检视现场各部位的运行情况，提高项目的整体管理效率。中国建筑一局（集团）有限公司智慧工地管理平台如图 8.13 所示。

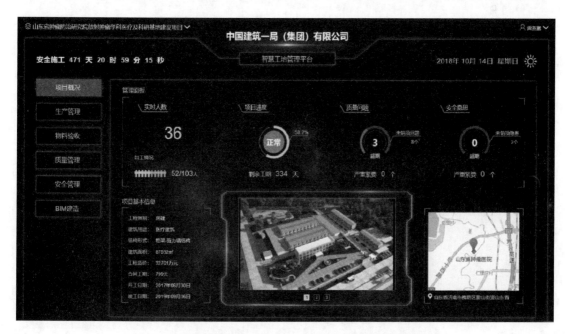

图 8.13 中国建筑一局（集团）有限公司智慧工地管理平台

319

单元小结

数字化施工是指利用 BIM 技术、云计算、大数据、物联网、人工智能、5G、AR 及 VR 技术、区块链等新型技术，围绕施工全要素、全过程、全参与方进行数字化而形成的全新建造模式。

数字化施工具有数字孪生、数据驱动、在线实时协同、智能主导等典型特征。

数字化施工相关技术较多，本单元主要介绍了施工机械数字化、施工方案和施工工艺数字化、施工物料数字化、施工人员数字化、项目管理数字化等涉及的相关技术以及项目案例。

拓展讨论

党的二十大报告提出，坚持把发展经济的着力点放在实体经济上，推进新型工业化，加快建设制造强国、质量强国、航天强国、交通强国、网络强国、数字中国。结合本章内容数字化施工，谈一谈在施工方面如何推进数字中国的建设，施工数字化有什么意义？

习 题

1. 数字化施工的定义是什么？
2. 数字化施工具有哪些典型特征？
3. 查阅资料，请简述当前大型工程项目中数字化施工技术的运用及效果。

参 考 文 献

《建筑施工手册》(第五版)编委会,2013.建筑施工手册:缩印本[M].5版.北京:中国建筑工业出版社.

陈守兰,2016.建筑施工技术[M].5版.北京:科学出版社.

董伟,2013.地基与基础工程施工[M].重庆:重庆大学出版社.

孔定娥,2010.基础工程施工[M].合肥:合肥工业大学出版社.

廖代广,孟新田,2012.土木工程施工[M].4版.武汉:武汉理工大学出版社.

毛鹤琴,2012.土木工程施工[M].4版.武汉:武汉理工大学出版社.

冉瑞乾,2014.建筑基础工程施工[M].2版.北京:中国电力出版社.

姚谨英,2017.建筑施工技术[M].6版.北京:中国建筑工业出版社.